未 A二古 DR | 探索家

UNNATURAL SELECTION

KATRINA VAN GROUW

非自然的选择

进化与人工选择的艺术

[英] 卡特里娜·范格鲁 著　黎茵 译

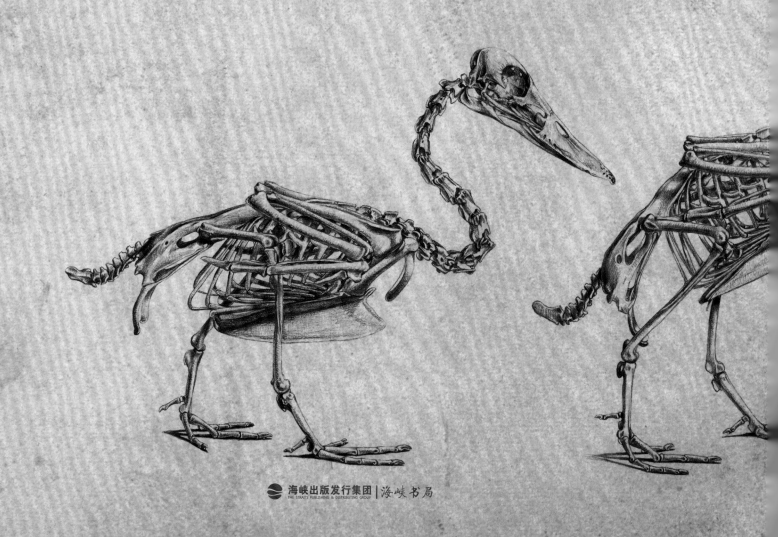

海峡出版发行集团 | 海峡书局
THE STRAITS PUBLISHING & DISTRIBUTING GROUP

图书在版编目（ＣＩＰ）数据

非自然的选择 /（英）卡特里娜·范格鲁著；黎茵
译. -- 福州：海峡书局, 2024.4
  书名原文：UNNATURAL SELECTION
  ISBN 978-7-5567-1170-3

  Ⅰ.①非… Ⅱ.①卡… ②黎… Ⅲ.动物学—研究
Ⅳ.①Q95

中国国家版本馆 CIP 数据核字 (2023) 第 204503 号

著作权合同登记号：图字 13-2023-111 号

出 版 人：林　彬
责任编辑：黄杰阳　龙文涛
特约编辑：王羽翯　姜　文
封面设计：吾然设计工作室
版式设计：鲁明静
美术编辑：程　阁

非自然的选择
FEI ZIRAN DE XUANZE

作　　者：[英] 卡特里娜·范格鲁
译　　者：黎　茵
出版发行：海峡书局
地　　址：福州市白马中路 15 号海峡出版发行集团 2 楼
邮　　编：350001
印　　刷：北京雅图新世纪印刷科技有限公司
开　　本：889mm×1194mm，1/12
印　　张：25.5
字　　数：120 千字
版　　次：2024 年 4 月第 1 版
印　　次：2024 年 4 月第 1 次
书　　号：ISBN 978-7-5567-1170-3
定　　价：268.00 元

关注未读好书

客服咨询

献给我的丈夫，

这是自然的选择

—目 录—

序 / VI

致 谢 / VII

导 言 / XIII

第一部分 起 源

第 1 章 分类问题 / 2

第 2 章 可塑的动物 / 24

第 3 章 达尔文的普遍定律 / 54

第二部分 遗 传

第 4 章 彩色液体，彩色玻璃 / 70

第 5 章 显性的疑问 / 86

第 6 章 自然无跃进 / 104

第三部分 变 异

第 7 章 "变"的含义 / 132

第 8 章 相同的线索 / 160

第 9 章 适用条款与条件 / 196

第四部分 选 择

第 10 章 契合的方方面面 / 218

第 11 章 各种各样的孤岛 / 242

第 12 章 犬与狼之间 / 264

注 释 / 278

推荐阅读 / 281

序

生物学犹如我的初恋，在我记事之前就已经开始了，然而实际上，当时老师们看到我在绘画方面如此出色，就将这份爱击碎了。我因为"天赋"异禀，所以就应当去从事艺术行业，无论我是否愿意。

可悲的是，许多占据着培养年轻人心智的特权地位的人，一开始的工作只不过是分类，硬要把多边形的楔子嵌进圆形的孔里，剪除所有萌发的须蔓，只因它们竟敢蜿蜒地伸向旁边那根方形木桩。当然，主观的归类方式贯穿于生命的始终，但就在一开始，如同分类学对植物和动物的基本划分一样，把科学与艺术从根本上隔离了起来。

在接受学校教育的过程中，几年的时间足以带来很大的改变。我的激情重新涌现，激情一贯如此，但遗憾的是已经太晚了，我来不及参加任何正式的课程。我仍然将道金斯教授回复我的一封信件珍藏在某个地方，信中对我申请进入牛津大学学习动物学的请求如此回应："我从来没有那么迫切地希望接受一个仅凭一腔热情的申请人，但遗憾的是，我觉得卡特里娜没有科学背景，将会举步维艰。"这个问题没有讨论的余地。

我在正规教育中曾错失的一切，是在没有导师或同辈帮助的情况下步履维艰地赢回来的。这太难了。但缺少导师并不完全是件坏事，它也会迫使人去开辟充满智谋的新途径：依靠个人的观察、密集的思考以及理性的问询。为了理解某些原则而不得不孜孜以求，由此认识到其中的陷阱和障碍，从而更容易向其他人讲解相同的原则。我之前的一本书有篇书评以这样的句子开头："有时确实需要艺术家来创作科学传播的佳作。"我毫不掩饰地为此感到荣幸，不过我也坚信事实正是如此。

在我上一本书将要写完的时候，我一直期待着回到以前从事的那种艺术创作中去，之前我绘制的是大型戏剧性图画——高耸的海崖上散落着大量的海鸟群。但我发觉这个时机已经过去了。我的几位艺术家同行对我轻而易举放弃绘画表示了哀悼，就好像我突然去世了一样，扔下了未完成的杰作。不过，我可没有死。我也并未终止作为艺术家的生涯。我只是继续前行。

事实上，对我来说，在这个时候出版自己独特的、非常漂亮的、关于进化的书籍，展示生物学中所有最深奥和最激动人心的领域，这正是创造力最为极致的表达。它用上了我所有的专长，挖掘出我全部的兴趣与技能——那个多边形楔子的所有侧面。艺术部分不仅仅是制作插图，而是整个创作和思维的过程。对我来说，没有什么比现在这种状态更好、更值得。

艺术和科学不是对立的，它们并不相互排斥，可以同时追求两者而无须妥协。事实上将两者结合起来会更好。很遗憾，那些干巴巴的科学家或者飘飘然的艺术家对世界的看法如此狭隘！艺术和科学加在一起，博大精深的程度远远超过了二者各部分的总和。这就是用一只眼睛还是两只眼睛看世界的区别。如果和我一样，你擅长其中一项，又对另一项充满激情，那就再好不过了。

激情需要一直培养，哪怕它似乎走进了死胡同。我走过的道路一片黑暗，然而蓦然回首，那曲折的路程又如此清晰。这段手忙脚乱却多姿多彩的职业生涯中的悲惨故事，总有一天值得我在专门讲述它的书中娓娓道来。这本书对我来说，标志着我回归初心的历程，兜兜转转，又回到我最初向往的地方，虽然我在其他生活状态下过得更富足，但这比我以前做过的任何事都更让我自豪。

虽然这种异常现象被称为"分裂"羽毛，但如果从是否受损的意义上说，它实际上并不是裂开的。仔细看，你会发现这两半边都发育成了完好的羽毛，每边都有一个中心羽轴和两片完整的羽片。

致　谢

最初写这本书是为了表达感谢。如果你读过《羽下之鸟》[1]的致谢部分就会知道，当我在绘画、阅读、研究和写作的时候，丈夫却不辞劳苦地在热气腾腾又臭气熏天的炉子前煮着那些死去的东西，清理出骨头，并将骨骼拼接成任何我想要的姿态。你可能也记得，就是他说服我将一些驯养的鸟类品种加入书中。不过，也许你还不知道，我的丈夫海恩·范格鲁（Hein van Grouw）是个迷上了驯养动物的"书呆子"，所以我想最好是出版一本描述他最爱的东西的书，以此来回报他。如果他知道这需要多少额外的付出，也许会对我说不要这么麻烦了。

毫不夸张地说，我所欠的感谢，只他一个人就占了99%。我从他那里学到了百科全书般的动物驯养知识，就像研究人员在图书馆里一样。大部分标本都是由他提供的。他清理、准备，以正确的姿态、在准确的时间阶段为每个品种完成精确的骨骼安装任务。他给我指明了方向，我后来发现确实有用，还给我伸出的双手送上一沓沓厚厚的科学论文。他耐心地（不止一次）解释孟德尔遗传学的实际应用，并用他自己的鸟类动物进行育种实验去验证假说。他接手了家务活（他坚持让我提及此事）。他不遗余力地展示了自己的专业知识，从一只20世纪70年代扇尾鸽的正确姿势，到他关于颜色异变的尚未发表的最新研究。

除此之外，他也做了所有长期受苦受难的作者配偶做过的事：把每个字都读了好几遍，讨论这本书，听我唠叨关于这本书的事情，听我述说关于这本书的梦想，还有我对这本书的疑虑、惶恐和担忧，直到他听厌了这本该死的书——一周7天，整整5年。我还可以顺着讲下去，但在这里还要感谢其他人。

事实上，要获取我所需要的帮助，其困难程度确实令人惊讶，即使是那些显然无害的请求，比如请求允许拍摄纯种狗或奇特的金鱼变种。而且我要很抱歉地说，大多数的障碍来自我自己国家的动物爱好者。最后我还是设法找到了我需要的一切，但是耗费了许多宝贵的时间和精力。我能给出的唯一反馈是他们不必去担心。我希望他们能阅读并喜欢这本书，并且看到，正如我说的那样，本书是从演化角度客观分析他们的成就，没有任何谴责的意思。我严重怀疑，他们不愿提供帮助，不是出于他们自身，而是出于对公众态度的恐惧，公众往往因情绪化的煽动以及知识方面的不足而急于谴责。我很希望本书有助于平衡这种偏见。

尽管如此，"唯有意外才萌生惊喜"[2]。现在是时候把荣誉归于那些提供帮助的个人和机构了。

首先，也是最应该赞赏的，是那些足够信任我的人，这信任使他们自愿捐出了心爱宠物的尸体。我很清楚这一定非常困难，我根本无法确定我有勇气这样做。我向米尔贾姆·里克特（Mirjam Riekert）、安妮塔·范特·克洛斯特（Anita van't Klooster）和朱莉娅·戴维斯（Julia Davies）致以最诚挚的谢意，还要感谢爱丽丝（Alice）、安布尔（Amber）和罗西（Rosie）。

多位鸟类和小动物的爱好者（特别是丈夫结识的欧洲鸽与家禽爱好者中的许多朋友和同事）不辞辛劳地捐出他们死去的种畜和展畜的尸体：鸭子、鸽子、鹅、金丝雀和兔子，这对我任务的完成意义重大。没有他们，这本书不可能完成。致罗伊·阿普林（Roy Aplin）、伊恩·霍恩斯比（Ian Hornsby）、亚历克斯·贝勒曼（Alex Beylemans）、理查德·赫奇斯（Richard Hedges）、艾伦·惠尔（Alan Wheal）、里奇·布朗（Richie Brown）、丹尼斯和汉·范·多恩（Dennis and Han van Doorn）、尼科·范·威克（Nico van Wijk）、汉斯·布尔特（Hans Bulte）、格雷厄姆·贝茨（Graham Bates）、丹尼斯·莫斯（Denise Moss）、艾德和伊内克·里伊斯（Aad and Ineke Rijs）、亨利·韦尔希斯（Henry Verhees）、齐斯·德·布尔（Cees de Boer）、萨贾克·海克（Sjaak Hinke）、埃德加·德·波尔（Edgar de Poel）、雅各布·詹森（Jacob Janssen）、西兹·德·布鲁因（Sytze de Bruine）、亚德·博克斯（Ad Boks）、罗林卡·斯尼杰德斯（Rolinka Snijders）、罗尔夫·德·鲁伊特（Rolf de Ruiter）、阿洛伊斯·范·明格洛特（Alois van Mingerot）、艾瑞·范·鲁恩（Arie van Roon）、肯尼斯·布罗克曼（Kenneth Broekman）、汉斯·迪尔（Hans Diehl）、比尔·霍华德（Bill Howard）、托尼·杰弗里（Tony Jeffrey）和约翰·罗斯（John Ross）（他那个很棒的网站"达尔文的鸽子"，非常值得一看）——对你们给予的帮助表示深深的感激。在此还要特别感谢科林·罗纳德（Colin Ronald），英国鸽子爱好者的中坚分子之一，也是我亲密的朋友，另外还有优秀的西奥·杰肯斯（Theo Jeukens），他们两人的贡献都已超出了职责范围。

说到更大的动物，我十分感谢我亲爱的朋友、动物标本师巴斯·珀迪克（Bas Perdijk）。他用了很多方法帮助我们，同时为本书提供了许多标本（那具瘤牛骨架现在还在我家客厅里），数量之多，远超本书所能容纳。

其他标本制作者也非常友好地借出标本或允许使用私人藏品和工作室中制备好的标本。我们非常感谢威尔·希格斯（Will Higgs）、史蒂文·波沃尔（Steven Porwol）、卢克·威廉姆斯（Luke Williams）的帮助和款待，特别是制作马骨架的沃尔特·瓦尔科（Walter Varcoe）和他的女儿梅丽莎（Melissa）。有人愿意专门为你拼好一副马骨架，这实属难得。

博物馆研究藏品的获取也至关重要，尤其是对于一本涉及历史标本、灭绝动物和解剖结构随时间变化的书。遗憾的是，许多博物馆把作者，尤其是插画师的申请当成商业咨询，大概没有意识到这一职业的极端贫困程度。高额的板凳费（bench fee，自己发起的图书项目罕有出版商会为此出资）就已超出了我们的承受能力。

谢天谢地，我接触过的大多数博物馆都是高度文明的机构，馆长们很欣赏我的工作中包含的教育和研究价值，而且非常乐意提供帮助。我希望能有更多像他们这样的人。这些开明人士包括：阿尔伯特·海姆基金会（Albert Heim Foundation）魅力非凡而又平易近人的马克·努斯鲍默（Marc Nussbaumer），该基金会为瑞士伯尔尼自然历史博物馆（Natural History Museum of Bern）的组成部分；德国哈雷大学朱利叶斯·库恩驯养动物博物馆（Julius Kühn Museum of Domesticated Animals）乐于助人的馆长雷纳特·沙夫伯格（Renate Schafberg），以及担任该博物馆的主任，我们的前同事弗兰克·斯坦海默（Frank Steinheimer）；迈克尔·舍夫齐克（Michael Schefzik），他让我拍摄了哈雷州立史前博物馆（Halle State Museum of Prehistory）里令人叹为观止的原牛（Aurochs）骨架，这是我参观过的最好的博物馆。然后是丈夫的职位继任者，荷兰国家自然历史博物馆（Dutch national natural history museum）的史蒂文·范德米耶（Steven van der Mije）；史密森自然历史博物馆（Smithsonian Museum of Natural History）的玛丽·帕里什（Mary Parrish）、克里斯滕·夸尔斯（Kristen Quarles）和奇普·克拉克（Chip Clark），在他们协助下我画出了格罗弗·克兰茨（Grover Krantz）和他的狼犬克莱德（Clyde）的骨骼图；还有布雷特·索恩（Brett Thorn），我的家乡艾尔斯伯里的白金汉郡博物馆（Buckinghamshire County Museum）的考古学馆长。此外，还有我的朋友保罗·维斯卡迪（Paolo Viscardi），伦敦大学学院格兰特动物博物馆（Grant Museum of Zoology）的前馆长；英国皇家兽医学院的安德鲁·克鲁克（Andrew Crook）和约翰·哈钦森（John Hutchinson）；待人和蔼的马尔科姆·皮尔奇（Malcolm Pearch），就职于肯特郡的哈里

查尔斯·达尔文的石膏半身像（朋友送的结婚礼物）就在客厅的书架上——每天都能想起这位伟人和他的理论，而这正是本书的基石。本书被安排在达尔文的《动物和植物在家养下的变异》[3]出版150周年之际发行，以作纪念。

森研究所（Harrison Institute），那里规模虽小但非常出色，以及皮尔奇的志愿者伊泽贝尔·钱德勒（Isobel Chandler），她友好地帮我挑选了标本；我的好朋友吉娜·奥尔纳特（Gina Allnatt），牛津大学自然历史博物馆（Oxford University Museum of Natural History）的前馆长助理，在她的帮助下，我画了蚕蛾；萨利·戴维斯（Sally Davis）和她在阿伯加文尼博物馆（Abergavenny Museum）的所有同事，感谢他们允许我拍摄图片，包括小威士忌的插图；哈佛比较动物学博物馆（Harvard Museum of Comparative Zoology）的马克·奥穆拉（Mark Omura）是我有幸见到的最不吝给予帮助的馆长（还有那个我忘了记下名字的可爱图书管理员）。

也感谢英国犬业俱乐部（Kennel Club of Great Britain）允许我定期进入他们非常棒的图书馆，感谢德国基尔大学的雷纳特·吕赫特（Renate Lücht）和胡安·瓦尔基（Juan Valqui），感谢莱斯特大学"骨骼实验室"的理查德·托马斯（Richard Thomas），感谢莎拉·皮尔森（Sarah Pearson）让我观看了皇家外科学院默顿勋爵的伯切尔氏斑马（Quagga）和马的绘画藏品。

现在要感谢的是我具体工作的相关人士，非常感谢耶鲁大学皮博迪博物馆（Yale Peabody Museum）的芭芭拉·纳伦德拉（Barbara Narendra）和克里斯托夫·齐斯科夫斯基（Kristof Zyskowski），他们帮我寻找"狒狒狗"的骨骼标本；还有哈珀·亚当斯大学的杰基·麦卡锡（Jackie McCarthy），曾帮我寻找无翅鸡。同样，感谢罗伯托·波特拉·米格斯（Roberto Portela Miguez）在寻找尼亚塔牛（Niata cow）头骨方面的帮助。养蜂人安德鲁·泰扎克（Andrew Tyzack）和丽贝卡·布鲁斯-尤尔斯（Rebecca Bruce-Youles）为我提供了蜜蜂方面的信息，莎拉·罗伯逊（Sarah Robertson）则提供了卡马格马（Camargue horse）的信息。犬类育种家大卫·莱维特（David Leavitt）好心寄来了优秀的莱维特斗牛犬（Leavitt bulldogs）的头骨照片。安迪·卡恩（Andy Kahan）和卡罗尔·塔什詹（Carol Tashjian），特别是后者，为了帮我在费城的展览上拍摄特别的标本而颇费周折。史蒂夫·博迪奥（Steve Bodio）同样费尽心思让他的朋友马克·科特纳（Mark Cortner）把他家的缪尔福特猪的猪脚照片发过来（顺便说一句，是史蒂夫帮我认识到本书的真正意义，此前连我自己都没意识到）。纳撒尼尔·"奈特"·马塞格里亚（Nathaniel "Nate" Marseglia）——鲍里斯（Boris）骄傲的主人——是我在脸书上举办的"虎斑猫摄影大赛"的获胜者，她为我第8章的插图选了一只猫。普林斯顿大学出版社的克劳迪娅·克莱森（Claudia Classon）发来了她深爱的已经死去的查理士王小猎犬（Cavalier King Charles spaniel）考基（Corky）的照片，它出现在第2章中。

我还要感谢艾莉森·福斯特（Alison Foster）、托尔·汉森（Thor Hanson）[如果你没有读过他的书《羽毛》（*Feathers*），真的应该读一读]、艾伦·布莱施（Alan Brush）、斯蒂芬·霍尔（Stephen Hall）、汤姆·惠廷（Tom Whiting）和汉娜·奥瑞根（Hannah O'Regan），他们都慷慨地拿出时间和专业知识来帮我研究，还提供了学术论文与其他资料。

我们拜访了大量的农场、鸽舍、鸟舍和小农场，有一些是丈夫原本就知道的，另外一些对我们两人来说都是新发现。我们和短腿的曼基康小猫（Munchkin kitten）玩耍，欣赏漂亮的弗里斯兰种马（Friesian stallion）。阿诺·滕（Arno ten）允许我们研究并拍摄他那一群凤头鸭（Crested duck）。同一天的晚些时候，我拍摄了皮埃特·范·帕里登（Piet van Paridon）的侏儒球胸鸽（Pygmy pouter）。旺达·斯瓦特（Wanda Swart）和贝尔塔·范·德梅尔（Berta van der Meer）是欧洲为数不多的长尾鸡（longtail chicken）育种家，他们都为我们提供了宝贵的信息，丈夫后来有一次去欧洲旅行时拜访了贝尔塔，亲自了解了不同羽毛群的换羽模式。克里斯·莱兰德（Chris Leyland）带我幕后考察了奇灵厄姆野牛群（Chillingham wild cattle herd），而拉夫·博姆比克（Raf Bombeek）（感谢皮埃尔·马利厄）则与之相反，极其高调地让我观赏了比利时蓝牛群（Belgian blues）。

本书这类长期项目在实施过程中，本就会不断发展并改变方向。因此有大量素材没有出现在最终版本中，但这些都是必要的，也非常值得感谢。布伦达·道尔顿（Brenda Dalton）和伊丽莎白·韦伯斯特（Elizabeth Webster）对我的项目十分感兴趣，千方百计想弄到一具里海马骨架，不过最终没弄到，我反而松了口气，因为我后来意识到并不需要这具骨架。理查德·麦考恩（Richard McKown）因为疾病和厄运而无法准备我们讨论过的鱼类标本，他为此感到抱歉，只因未能及时完成这些标本。进化遗传学家约翰·"特雷"·方登（John "Trey" Fondon）突然写信给我（巧的是，那时我刚好在读他的论文），让我去参观他在得克萨斯州收藏的犬类头骨。那时我已经在伯尔尼的犬类头骨收藏品中忙得不可开交，但他的提议也同样值得感谢。我的好朋友塞缪尔·巴内特（Samuel Barnett）热心地帮了一大堆忙，但最终都没有用上，抱歉，塞缪尔！

有一小部分人已无法亲自看到这里的正式致谢了，但他们仍然值得被铭记。特别是艺术家兼鸽子爱好者简·德容（Jan de Jong），是丈夫的亲密朋友，给了我们国际鸽禽锦标赛上所有禽类的独家VIP摄影权。另一位养鸽子的朋友戴夫·威利斯（Dave Willis）为我们提供了许多标本。驯养方面的学术专家，尊敬的朱丽叶·克鲁顿-布洛克（Juliet Clutton-Brock）在我们有机会见面之前就不幸罹患癌症去世。她的女儿丽贝卡·杰威尔（Rebecca Jewell），我的长期合伙人，在朱丽叶最后的日子里，将我邮件上的问题念给她听，但她已无法回答。我的朋友史蒂夫·卡西尔（Steve Kacir）因心脏病而猝死，年仅43岁。虽然我们认识的时间很短暂，但以一种特殊的方式联系在了一起，我一直期待着他在分子生物学方面的遗传学观点。真希望他能看到成书。最后要感谢的是罗伯特·沃克（Robert Walker），在写这本书的早期，他在我情绪最低落的时候帮助了我，但当轮到他自己的时候，却无法自救。

说回尚在人世的人，非常感谢马克·克莱门茨（Mark Clementz）允许我在第2章的结尾分享那个令人触动的故事。同样感谢马克·文森特（Marc Vincent）和才华横溢的达伦·奈什（Darren Naish），他们通读了我的文稿并连连称赞。还要感谢纳蒂·普塔皮帕特（Natee Puttapipat），她漂亮至极的手写注释为许多页面增色不少。达伦、马克和纳蒂也是我在古动物学界和四足动物学界新朋友圈子里的核心人物，他们敞开心扉欢迎我并支持我。也要感谢我慷慨的帕特里翁（Patreon）[4]赞助人，真希望像帕特里翁这样的优秀计划早点存在，让像我这种从传统藩篱中悄悄溜出来的创作者能继续工作，不必束手束脚。

和我有同样音乐品位的人，也许会认出"非自然的选择"和"犬与狼之间"这两个名称。无论是缪斯（Muse）[5]还是新模范军（New Model Army）[6]，都可能对我"借用"了他们的歌曲或专辑的名称毫不知情，不过如果知道了，希望他们会将这看作敬意的表达。

一本书的诞生需要太多人去促成，更不用说宣传和营销了，我很难列出所有人的名字，有些人的名字我甚至都不知道。最后但非常重要的是，我要感谢普林斯顿大学出版社的每个人，感谢他们的善意与热情，还有对我和这本书无比坚定的信任。

导　言

这是一本关于选择性育种的书。

虽然这是发生在圈养动物身上的事情，包括家养动物，但这与驯化并不是一回事。驯化是最先发生的事情——从野生动物到自我保持温驯的种群的转变。本书讲的是在那之后发生的事情：那些温驯的动物不断演变成更美丽、更有用、更高产、更高效的种群，或仅仅是它们的新变种。最重要的是，这本书讲述了更大、更广范围内的选择性育种，这个范围包括所有野生动物（以及植物）的转变。我们称之为进化。

虽然现在有很多人在科学上对驯化大惊小怪，但选择性育种——一个"贫穷而卑微的灰姑娘"学科——实际上被忽视了。然而，要说本书完全独一无二，严格说来也并非如此。此前还有一本著作，出版于1868年，也就是150年前，作者是查尔斯·达尔文。

非常遗憾，《动物和植物在家养下的变异》（通常简称为《家养下的变异》或《变异》）并不是达尔文最伟大的成就。它甚至远不如《物种起源》第1章那样表达清晰或目标明确，在那一章中，他第一次明确地类比了选择性育种与自然选择进化论（不必担心，如果不清楚这件事的历史背景，第3章有详细的解释）。《变异》这本书是为了扩展《物种起源》，最重要的是指出了一种途径，使个体之间的细微差异可以遗传下去。不走运的是，达尔文并没有找到答案。

首先我想说明的是，我并非一直都是选择性育种方面的专家。这是我丈夫的研究领域，在大约十年前，他进入我的生活之前，我和其他大多数现代博物学家一样，对动物爱好者的成就抱有偏见。也就是说，我那时很无知，还以此为荣。

2007年，在维也纳举行的欧洲鸟类策展人会议（European Bird Curators' Conference）上，我们相识并相爱。当时我是英国自然历史博物馆鸟类收藏品的策展人，海恩·范格鲁是荷兰国家自然历史博物馆鸟类和哺乳动物的藏品主管。你可以想象这样的一幕：在壮丽的博物馆圆形大厅中，烛光晚宴正在举行。窗外是星空下美丽动人的景色，多瑙河绵延流淌，幽暗的水面映出维也纳华灯璀璨的光辉。无法言说的化学反应像无形的线将我们牵在一起，我们沉浸在美妙浪漫的二人世界里，对周围的人浑然不觉。就是在这样的时刻，这个即将成为我丈夫的男子破坏了我美好的幻想，他说他养鸽子。

鸽子爱好者，戴着平顶帽，白色外套上绣着俱乐部的徽章，至少在我的国家是这个样子。一般至少60岁，就算实际年龄不是，也给人这样的感觉。通常他们很难让人感兴趣。我觉得这个念头很好笑，也有点让人不安。

我没有认真对待爱好者们真是太愚蠢了。我忘记了一个事实，这些男士（还有女士）通过他们自己的途径，对于鸟类的了解并不比任何博物馆鸟类学家或野外观鸟者要少。他们技艺高超，鸽子在他们手中如同塑泥，几代之内就能被塑造成任何形态，出现任何颜色。爱好者可以像H.G.威尔斯（H. G. Wells）的时间机器一样加速进化。他们能将单个性状从一个品种转移给另一个品种，且不会引入不想要的性状；将体态由平伸变为挺直；让身体的特定部位而不是其他部位的羽毛变长；制造新的颜色和花纹组合。动物爱好者们早就已经是遗传学大师了，早在贝特森（Bateson）首次使用"遗传学"这个词之前，在孟德尔用豌豆做实验之前，在年轻的达尔文尚未登上"小猎犬号"之前。在驯化过程中，他们在个别物种中制造了比自然界中所有现存的或曾经存在过的物种更广的多样性。然而，从专业的生物学家到夸夸其谈的博物学家，许多现代生物多样性的倡导者却如此漫不经心地对他们的成就不屑一顾，甚至加以指责。

英国短脸筋斗鸽（short-faced tumbler）的骨架，这是公认的最古老的奇特鸽子品种之一，也是查尔斯·达尔文的最爱。该品种与第5章中描述的杏仁色花斑有特殊的相关性，这种图案曾是育种者们长达几个世纪的挑战。

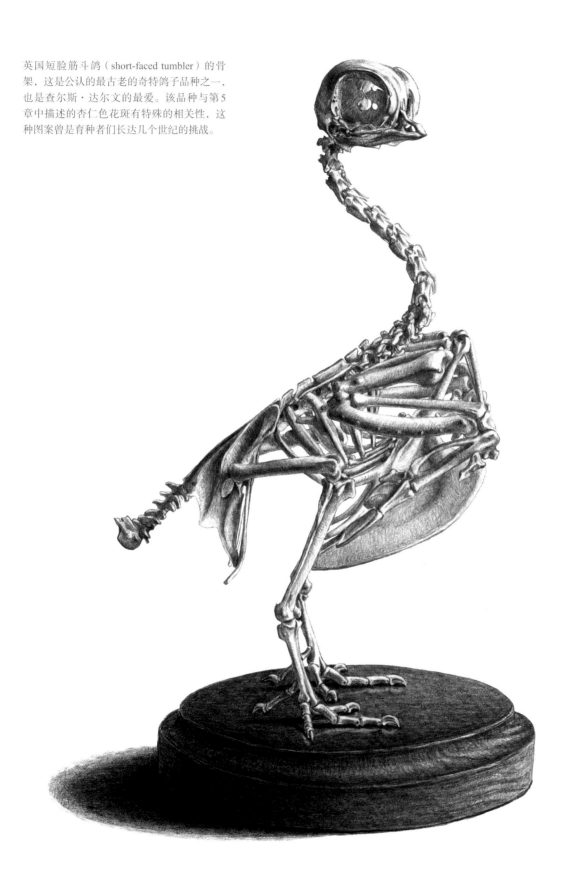

丈夫其实一生都在培育各种各样的花色（展示）鸽，但不是以展览为目的。他还培育过鸡、沙鼠、金丝雀、虎皮鹦鹉和环颈鸽（barbary dove），并对整个动物界物种共有的变异性状（特别是颜色异变）进行了持续广泛的研究。他花了几十年的时间，做实验的方式连达尔文看了也会高兴。例如，将鸽子的丝毛（silkie）突变品种培育成饰背（Frillback）品种，来研究羽毛倒钩是否在羽毛卷曲中起作用；利用点突变来验证丝状羽毛的鸟类是否比正常羽毛的鸟类对寒冷更敏感；培育白羽鸡和白雉的杂交品种，来观察两者是否有相同的遗传特征。诸如此类还有很多。

达尔文在观察生物和做实验时也是最快乐的。实验范围甚广，从测试海水对种子的影响，以了解其在海洋岛屿的定植情况，到通过观察蚯蚓对不同乐器的反应来研究蚯蚓的感知能力，其中我最喜欢的一个是他在非常幼小的奶猫身上测试视力和听力之间的相关性。达尔文曾经观察到，大约9天大的小猫在睁开眼睛之前似乎对声音没有反应。他的方法是：（1）蹑手蹑脚爬到一窝小猫那里，拿着拨火棍和铲子，小心翼翼不发出任何声响；（2）将拨火棍和铲子狠狠相击，尽可能发出吵闹的声音。小奶猫们继续呼呼大睡，浑然不觉。

最近看到我们养的那一小群矮脚鸡在花园里觅食（作为丈夫的鸟，它们不是什么公认的品种，而是一系列有趣的遗传性状集合）。显然，柴堆下面有很多好吃的东西，但只有那些肢体短小的鸟儿才能挤进狭小的缝隙里，其他的只能留在外面听着它们大快朵颐。达尔文的结论与我们的结论相同：如果食物短缺，短腿的个体比正常的个体有更好的生存机会。

我将本书分为4个部分，每部分各3章："起源""遗传""变异"和"选择"。第1部分"起源"为其余部分奠定了基础。

这本书从分类系统开始，分类系统是早在生物之间的进化关系被科学接受之前，卡尔·林奈（Carl Linnaeus）就已经设计好的。尽管这个系统在大部分情况下都很好用——大多数动、植物物种似乎都处于静态而变化不大，但这毕竟是一个与进化的渐进性完全相悖的人为架构。最明显的问题莫过于该系统如何细分，或者说无法细分驯养动物。

动物有可塑性，一直在变化。它们的外观经历了从一个地理位置到另一个地理位置的无缝转换，并随着时间的推移而变得稳定。有时会从之前的单一形态分支成两个或两个以上的形态。虽然野生动物的变化往往发生在世世代代，无法观察，但对于驯养动物的变化，人可以用一生的时间记录下来。这种形成分支的可塑性是第2章的主题。

第3章介绍了达尔文的自然选择理论，它和任何自然法则一样，都基于由数个元素组成的简单且考究的公式，其中有两个组成部分：选择和变异。但是为了让自然选择发挥作用，变异必须是可遗传的。这是达尔文的关键论点，也是第2部分的主题。

"遗传"是第2部分，以融合开始，双亲的品质混合在一起，产生介于两者之间的后代。几个世纪以来，融合一直是遗传运作原理的公认解释，但它势必导致每一步都有损失变异。另一方面，达尔文的理论需要不断注入新的变化。换句话说，达尔文也有问题。

由孟德尔揭示的遗传真实机制以及其中的一些复杂问题是第5章的主题。孟德尔的遗传学说与达尔文的自然选择学说本应是天作之合，如果孟德尔的工作从默默无闻中显现出来的时候达尔文还活着，我毫不怀疑，达尔文会敞开心扉去接受它。不幸的是，两个阵营的追随者在进化是依靠巨大飞跃还是小步渐进的问题上存在分歧，这是第6章的主题。

在本书的中间部分，即19世纪结束后不久，是时候告别达尔文和他的追随者，回到自然选择的先决条件上来了。

在第7章，即第3部分"变异"的首章中，我介绍了一个崭新且激动人心的词："突变"。尽管突变与怪胎和怪物有着千丝万缕的联系，但事实上，突变是所有变异的最初来源：DNA复制过程中的微小随机变化可能导致重大的形态差异，或者是细微的差异。

相同或十分相似的突变可以发生在非常不同的动物群体中，这是第8章的主题，而第9章会提醒我们，基因并不是只要按下去就能奇迹般产生确定结果的按钮。在特定环境条件下进化的性状通常需要相同的条件才能充分表达。环境（内部的及外部的）与基因同样重要。

到了第4部分，也是最后一部分——"选择"，第10章着眼于选择的不同方面（其中一些是相互对立的）以及野生动物和驯养动物之间的相互对应。生殖隔离对种群的影响以及种群未来的进化途径会受到偶然力量随机作用的影响，这些会在第11章中阐述。

到此为止，本书只专一地讨论了选择性育种，论述人工选择与其他进化过程是有可比性的，也是达尔文用以解释其自然选择理论的绝佳类比。直到第12章，我才开始介绍驯化过程，再次提示，我认为这是一种进化过程，与其说是"我们对动物做出来的事情"，不如说是在日益被人类主宰的世界中，一种休戚相关的共生关系的渐进过程。

得益于一个半世纪的后见之明，这本书有意写成类似于达尔文的《变异》的形式，假设他有那把难以捉摸的丢失的钥匙——对遗传如何起作用的理解。根据《物种起源》第1章的精神，我已经能够证明，达尔文在自然选择和人工选择之间的类比在很多方面比他意识到的更为恰当。虽然这本书包含了很强的历史因素，但我并不打算写一部进化论的成就史。我一直把注意力集中在达尔文和他的理论在现代综合进化论开启之前所遇到的挑战上。虽然已经借助各种出版资料进行了广泛研究（本书最后有文献精选部分，虽然不可能包括所有内容），但我仍然充分利用了丈夫的丰富知识和毕生经验，结合我自己对进化生物学的兴趣，希望这本书能被认为是学术著作，只不过满篇都是达尔文风格的第一手观察资料。

我对本书的期望是多方面的。当然，我希望它能获得好评，期待全世界的书店和图书馆都会收藏这本书，人们会蜂拥而至抢购它。如果再大胆设想一步，它甚至可能会获奖（天哪，我真的好想获奖）。然而，我最希望的是，它能鼓励人们以不同的方式看待驯养的动物及其所处的环境，或者更确切地说，用你看待任何动物及其所处环境的方式去看待这一切。现在不该再去想，一只宠物狗在"野外"会活得多糟糕，而要意识到人为环境与其他环境一样都是环境。很可能未来在狼被消灭之后很久，世界上仍然有宠物狗。不管你喜不喜欢，宠物狗（即使短鼻子宠物狗）都是进化上的成功。正如我在第7章结尾所说，对抱怨"看看人类对京巴狗做了什么"的人士，我的回应是："看看花朵对刀嘴蜂鸟做了什么！"

我还有另一个愿望。就像我朋友的父亲（他的故事在第2章结尾），少数怀疑论者或许会因此受到启发，重新考虑他们对进化论的看法，也许会得出这样的结论：进化论并非如此糟糕、如此冷酷、如此空泛。我希望能实现这个愿望，并非出于十字军那种征服欲，只是和所有人一样，想把自己发现的美丽动人的事物分享出来。自然选择对人类来说确实是极其震撼的概念，但它也蕴含着深刻的、令人叹为观止的瑰丽和精致优美的诗意。踏进这样的深渊需要勇气（我已经自行迈出了这一步），但是，正如我在第3章中会再次提到的那样，有可行之路，景色壮丽无比。

在单一物种中就有如此惊人的多样性，令人惊讶的是，自达尔文以来的生物学家并没有更多地关注人工选择。驯养可以让我们看到在不同环境下自然选择可能会青睐的一些变异，也许确实能识别出受欢迎的变异。选择性育种使我们能探索它们遗传和发育的界限。

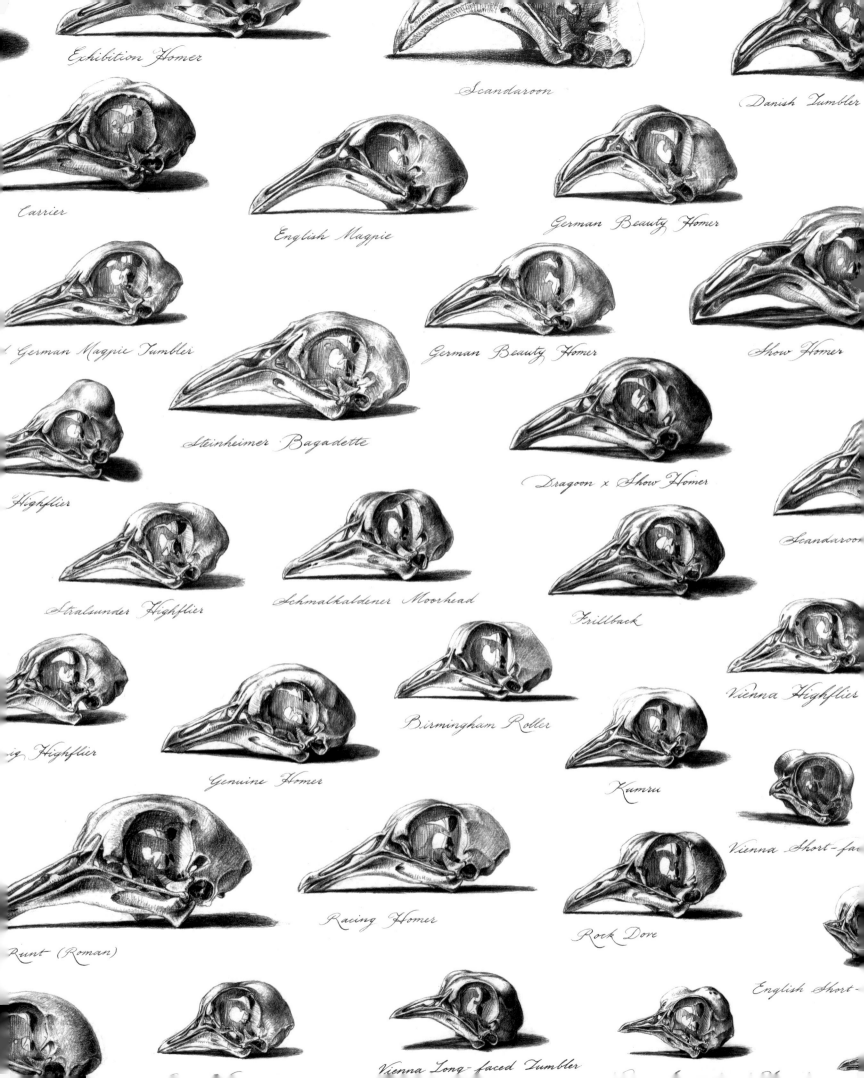

Exhibition Homer

Scandaroon

Danish Tumbler

Carrier

English Magpie

German Beauty Homer

German Magpie Tumbler

Steinheimer Bagadette

German Beauty Homer

Show Homer

Highflier

Dragoon x Show Homer

Stralsunder Highflier

Schmalkaldener Moorhead

Frillback

Scandaroon

...g Highflier

Genuine Homer

Birmingham Roller

Vienna Highflier

Kumru

Runt (Roman)

Racing Homer

Rock Dove

Vienna Short-fa...

English Short-...

Vienna Long-faced Tumbler

第一部分

起　源

第 1 章 分类问题

名称非常重要。它是一种代码、一个缩写，允许我们在排除歧义的情况下交流，也不需要冗长的描述。和其他代码一样，名称唯一的作用就是让所有使用它的人都能理解它。在小范围内，如果每个人都把欧歌鸫（Song thrush）称为画眉（Mavis），或者把斑头海番鸭（Surf scoter）称为臭鼬鸭（Skunk duck），其实并没有什么区别，名字没有优劣之分，只要所有人都能将这名称与被称呼的对象联想到一起就可以。然而，如果到访的外来者或探险家听到"沼泽公牛""巴特邦普""泥潭鼓"或"雷霆泵"这些词，认为它们是四种不同类型的动物时，是情有可原的。而事实上，它们都指向同一个物种：美洲麻鳽（American bittern）。众所周知，"知更鸟"一词指代大西洋两岸两种截然不同的鸟。德语中的 Butterfische 在英语中是 Rock gunnel fish（岩尾鱼），而英语中的 Butterfish（鲳鱼）在德语中则是 Medusenfische。

这些名字其实都没有错。它们只是被带出了所属的地理界限，进入了它们的意义已经失去或改变的领域。当讨论的范围是国际科学界时，只有使用最严格的规则才能避免误解——防止名称重复的规则、防止同一名称用于不止一个物种的规则，以及规定名称必须采用的形式的规则。

只有一个问题：规则过于死板时，会无法适应理解上的变化。也可以为知识的发展做出预案，但那完全是另一回事。

我们的动物命名系统属于前达尔文时代。这个系统由瑞典植物学家卡尔·林奈于 1758 年在其著名的《自然系统》（Systema Naturae）第 10 版中创建，然而，与大多数伟大成就一样，林奈是在前人奠定的基础上将已经存在的体系加以完善。相同的原则仍在使用，由国际动物命名法规（ICZN）支持，通常简称"法规"。

从达尔文诞生（也就是达尔文纪元）至今已进入第三个世纪，人类已经花了很长时间来认真领悟进化这个概念，并习惯于期望生物的分类能反映物种之间和物种内部的实际关系。对大多数人来说，几乎不可能想象生物之间毫无联系的概念。不过，林奈的意图是将相似的事物归类，仅仅作为一种分类手段。相似的种归纳成属，相似的属归纳成目，目又归纳为纲，纲再合并为界。他认为只有种和属才能反映自然界中的亲缘关系，他称之为"上帝所赐"。其他的层次，他认为只是出于方便而人工归纳的类别。事实上，他将此作为了自己的信条"Deus creavit, Linnaeus disposuit"（上帝创造，林奈整理）。在前达尔文时期的思想中，分类纯粹是为了把上帝的创造物组合成类群，并将这些类群组合成更大的类群，越大的类群相似性越小。分类，就其最纯粹的形式而言，是一门完全独立于系统发育学之外的学科，系统发育学是根据生物的进化关系将其组织起来。事实上，从逻辑上讲，我们没有理由不努力地去理解有机世界，并根据每种动、植物的用途或危害性、习性或栖息地进行分类。在历史的大部分时间里，人们都是这样做的，就像把珍珠纽扣、黑色纽扣和棕色纽扣放在缝纫盒的不同格子里一样。纯粹是机缘巧合，林奈分类法以图解的形式绘制，结果成了大家熟悉的树状结构，小的分支从大分支上延伸出来，如此一级又一级，终归都是从一个主干上生长出来的。它提供了现成的框架，让

昆虫学收藏柜里的一抽屉蚕蛾。大型白色蚕蛾是驯养的不会飞的家蚕（Bombyx mori）。注意它们的身体与相对较小的翅膀相比有多庞大。体形更匀称、图案颜色更深的蚕蛾是它们的野生祖先野桑蚕（Bombyx mandarina）。不同的名字、不同的外表并不能证明这些动物源自不同的物种。

生物学家最终可以根据它们在进化史上的合理位置标注出分类群，这就是生命的系统进化树。

这样极致优雅的分类学系统，乍一看似乎与我们对生物学的现代认知完全吻合，让人想毫不犹豫地接受它。事实上，我们将事物归纳为不同类别的实际需要与自然世界本身并不相符，主观武断的划限区分阻碍了我们对过渡形式的识别，那就是我们一直在寻找的"缺失的环节"。达尔文本人已经意识到物种与种系、种系与多样性、多样性与个体之间的差异纯粹是武断的。无论使用何种系统，分类学——命名和定义生物体的科学——都是一种人为限定，试图固化一个不断变化的过程。把一个其实没有真正不同部分的过程分开，而这个过程只能与其他生物及其环境协调一致。

对野生动物来说，这种分类准则尚且可行。进化演变通常是缓慢的，足以让我们相信物种和种系是真正分开的。而换成驯养动物时，麻烦就出现了。驯养动物并非与动物界的其他部分分开。它们受到与塑造野生动物的力量直接相似的进化力量的影响，它们也在进化，来填补日益由人类主宰的世界所呈现的生态位。区别就在于，驯养的动物变化非常快。

通用的命名系统需要通用的语言。拉丁语被选中，尽管许多名字是希腊语或其他语言的拉丁语版本（这就是为什么最好称它们为学名而不是拉丁名）。林奈没有使用描述性的文字段落，而是采用了由两部分组成的命名——双名法。学名的第一部分是属名，通常以大写字母开头。这个名称把每个物种与其类似物种放在同一个集合里。例如，大多数熊都有同一个属名 *Ursus*（熊属），而这个名字不能用于动物界的其他属。第二部分是这个物种的特定种名，使用小写字母，即使是国家名或人名。只有美洲的黑熊被称为美洲熊（*Ursus americanus*），尽管其他属的许多动物也会用美洲（*americanus*）作为特定种名。

与大多数家养动物不同，鹅有两个野生祖先：体形修长、长喙的鸿雁和体形较大的灰雁。它们很容易杂交并产生可育的后代，无视传统上定义物种界限的既定规则。甚至一些公认的品种都是这两个物种的杂交种。

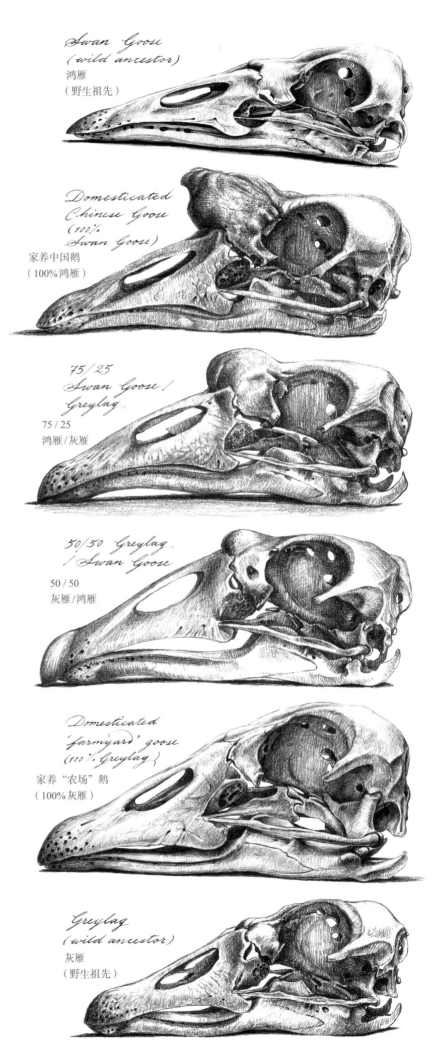

Domesticated Chinese Goose
(100% Swan Goose)

家养中国鹅
（100%鸿雁）

Swan Goose (wild ancestor)

鸿雁（野生祖先）

除了头骨形状外，鸿雁和灰雁颈部羽毛的图案和结构也有所不同，杂交的中间产物显示出两个物种之间的无缝过渡。而且值得注意的是，驯养的鸟比它们的野生祖先在躯体上大很多。

50/50 Greylag / Swan Goose

50 / 50 灰雁 / 鸿雁

Domesticated 'farmyard' goose
(100% Greylag)

家养"农场"鹅（100%灰雁）

灰雁（野生祖先）

Greylag (wild ancestor)

给某个事物命名需要能定义该事物的决定因素——确切地知道它何时不再是某个事物，而是另一个事物。物种的定义是通过杂交能产生可育后代的动物种群，因此至少在表面上，它形成了明确的标准单位。然而，地理分布范围广的物种往往表现出明显的地区差异，这些差异使人们在特定种名之后加上第三个名称来表示种系或亚种。二项式双名法就变成了三项式三名法。例如，来自加利福尼亚的美洲黑熊被称为美洲加利福尼亚黑熊（*Ursus americanus californiensis*）。

决定种系是否属于它们各自的物种，或者是否应该将它们本身视为物种，这足以让大多数分类学专家投入毕生精力研究。历史上甚至有过将物种和种系归并或分裂的不同趋势。有一件事情，不同种系很容易做到，而不同物种一般不会去做，那就是杂交，这似乎是一种一劳永逸地确定决定因素的方法。然而，仅仅因为两种动物实际上并不一起繁殖（如两个种群在物理时空上是分离的），并不意味着它们在一起时不能杂交。问题在于它们是如何分开的，是多久以前的事，因此无法搞清楚应该在哪里分出界限。而两个在正常情况下也许永远不会有交集的物种，在圈养环境下却可能很容易做到这一点。

通过将一个物种限定在只能与同一物种的其他成员杂交（并产生可育后代）的范围，实际上否认了任何物种之间杂交的可能性——否则它们就不算物种。然而动物物种之间确实会杂交，而且确实产生了可育后代。要寻找证据，只需再看一看驯养动物，就以鹅为例。

鹅是为数不多的并非仅有一个野生祖先的驯养动物，它们有两个祖先。我指的不仅仅是细微的基因组差异，那意味着它们在驯化历史的早期就发生了杂交事件。不，纯种鹅来自两个完全不同的物种——中亚的鸿雁（*Anser cygnoides*）和中欧的灰雁（*Anser anser*），它们很容易并且有规律地杂交。在任何混合的农场禽类群体中，发现两者之间有大量的杂交种是再正常不过的事。即使是一些公认的品种，如德国的施泰因巴赫尔鹅（Steinbacher），也是这两个亲本物种的杂交种。由鸿雁驯化而来的是高贵优雅的中国鹅和体重更大的非洲鹅。虽然鸿雁的头和喙都像天鹅一样纤细，喙底部只有一个微微隆起的"肉垂"，

但这两个驯化品种的头骨都更厚，喙瘤绝对巨大。然而，两者都有鸿雁那样异常光滑的颈部羽毛和（除非它们是白变种）从头顶到颈部下面的深巧克力褐色条纹。灰雁的喙比鸿雁要深得多，有力得多，脖子上有深深起褶的羽毛，这是大多数鹅种的典型特征。两者之间的直接杂交在各种特征上都是平分秋色：两种色调互相调和，略微起褶的颈部和中等的体重，角度适中的喙。而四分之三的杂交组合，无论是以哪种方式，都带有占比较大的那个物种更多的品质。

杂交并不是简单的意愿问题。杂交后代的生育能力一般被认为是判定两种动物是否属于同一物种的真正标准。你可以让狮子和老虎杂交，培育出（取决于亲代是哪一方）狮虎兽和虎狮兽，但只有极少数情况下，它们中的某个个体能生出自己的后代。然而，两个物种之间的可育能力不一定是全有或全无。而且，只有在驯养动物身上，例外情况才得以揭示。个体之间和性别之间的生育能力是不同的。在偶然情况下，无法产生可育后代也只不过是通过不懈努力就可以跨越的界限。

孟加拉猫（Bengal cat）就是很好的例子，它不是同属的两个物种之间的杂交种，而是两个不同属之间的杂交种：家猫和来自东亚的外来野生物种豹猫（*Prionailurus bengalensis*）。据称，只有前几代的雄猫是不育的，而雌猫却始终保持着生育能力，而且只有在经过最初的大约四代以后，杂交猫才会失去野生的本能，表现得像自信、好奇的家养宠物。孟加拉猫现在很受欢迎而且数量丰富。尽管孟加拉猫和施泰因巴赫尔鹅是公认的品种，但动物学命名法中完全没有规定如何为它们命名，无论它们的谱系延续了多少代。

正如我在本章开头所说，名称很重要。但这不仅仅是每个人都理解某个名称的意义的问题，而是这个名称的对象——它所代表的东西——是否保持不变的问题。动物会随着时间的推移而变化，驯养的动物在一代人的时间内就可以发生根本性变化。我们该什么时候停止使用一个名称而开始使用另一个名

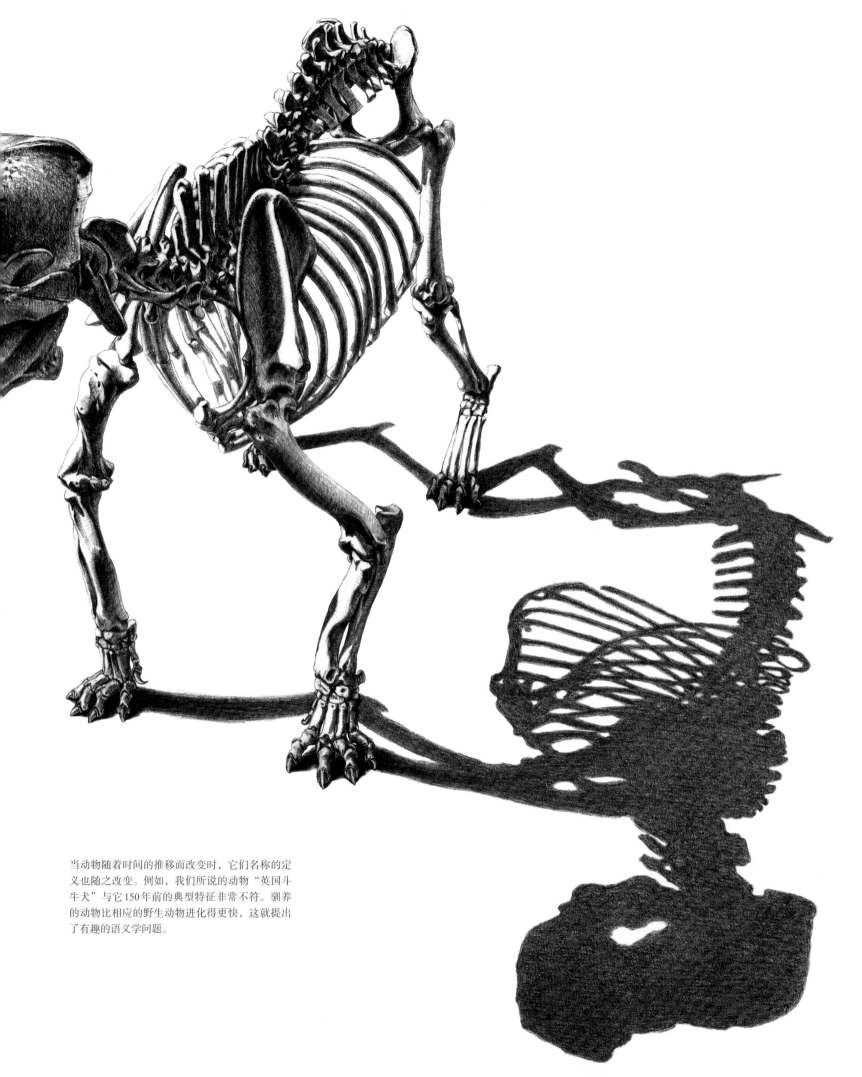

当动物随着时间的推移而改变时，它们名称的定义也随之改变。例如，我们所说的动物"英国斗牛犬"与它150年前的典型特征非常不符。驯养的动物比相应的野生动物进化得更快，这就提出了有趣的语义学问题。

从20世纪早期开始，遗传学家一直试图复活已经灭绝的原牛（Aurochs）[7]——几乎所有驯养牛种的野生祖先，外形颇为壮观。但即使这种再生出来的物种在体形和行为方面都像原牛并且带有原牛的基因，它是否一定就是原牛呢？这幅画是参照德国哈雷的国家史前博物馆（State Museum of Prehistory）的标本铸模而描绘的（但同样令人印象深刻）。

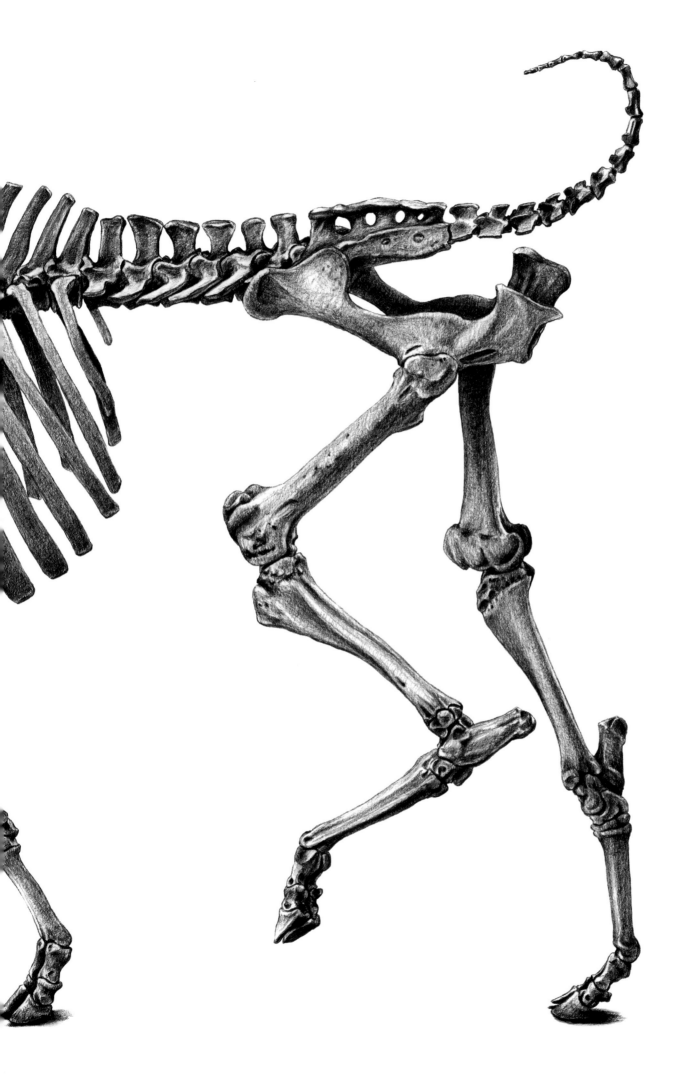

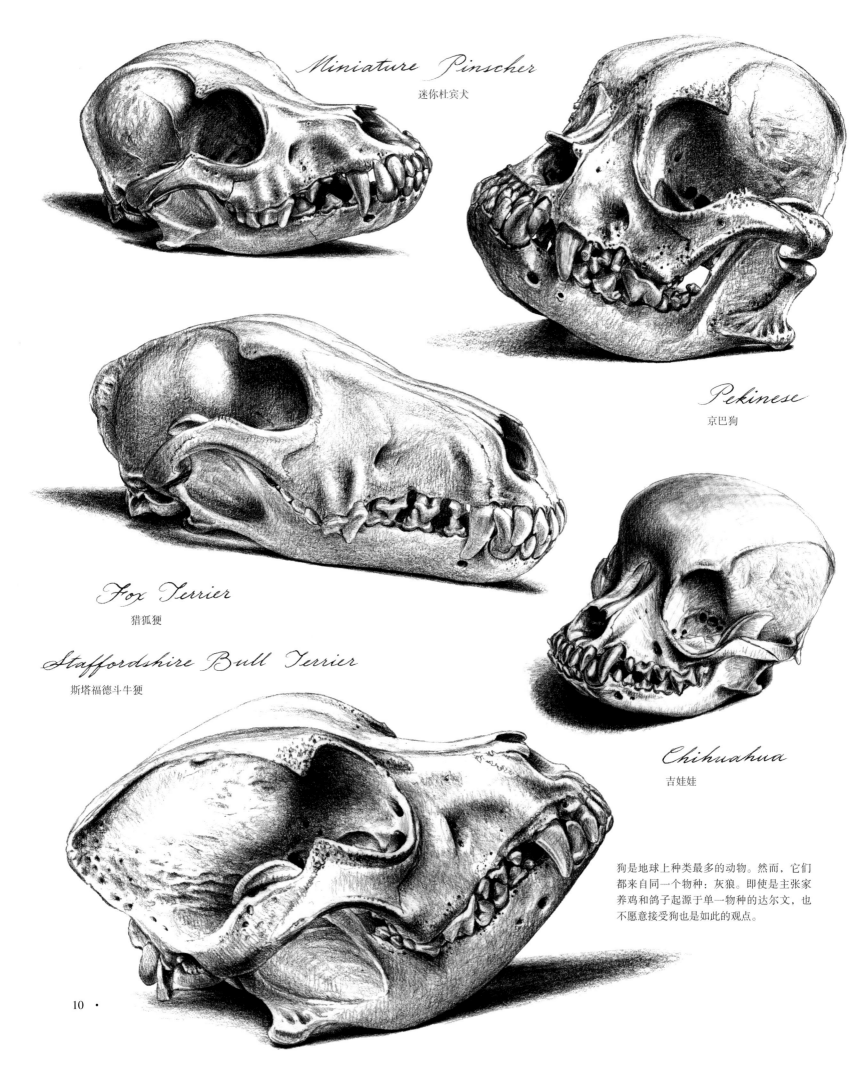

Miniature Pinscher

迷你杜宾犬

Pekinese

京巴狗

Fox Terrier

猎狐㹴

Staffordshire Bull Terrier

斯塔福德斗牛㹴

Chihuahua

吉娃娃

狗是地球上种类最多的动物。然而，它们都来自同一个物种：灰狼。即使是主张家养鸡和鸽子起源于单一物种的达尔文，也不愿意接受狗也是如此的观点。

10 ·

称？如果我们继续把最初的名称用于正在变化的对象，那么名称的定义也会随之改变。如此一来，如果种群的一部分以某种方式发生变化，而其余部分保持不变，或者朝着另一个方向变化，我们该怎么办？

一个极好的例子就是英国斗牛犬（English bulldog），稍后会与其他早期品种一起，在第10章中讨论。"英国斗牛犬""达尔文斗牛犬"等名称都让人联想到我们在犬类展中司空见惯的纯种英国斗牛犬形象——宽阔的额头、突出的下颌和短而上翘的吻部。而事实上，这些名称都是在斗牛犬的样子还非常不同的时候创造出来的。今天，任何人看到19世纪中期的斗牛犬（吻部相对较长而笔直），都会否认它是斗牛犬。因此，当育种者试图重新创造这种类型的动物（不是为了引诱公牛，而是作为一种更健康、更活跃的狗。在理论上符合其最初目的，就算实际上并未符合）时，具有讽刺意味的是，他们遭到了铁杆爱好者的反对，称他们创造的"根本不是斗牛犬"！

现在让我们来看看同样的问题。如果两种动物在技术上属同一物种、同一种系，长相相似、行为相似，但是被其他因素分隔了，如时间，那它们是同种动物吗？

在魏玛共和国的最后几年，海因茨·赫克和卢茨·赫克兄弟——两位对新兴遗传学领域有着浓厚兴趣的科学家——给自己制定了一项挑战：通过选择性育种，重新创造已经灭绝的原牛（Aurochs），就是家养牛那令人敬畏的野生祖先。（用"s"作为单数名词的结尾似乎很奇怪[8]，那就把它想象成"x"，变成aur-ox，而aur-oxen作为复数。听起来就很熟悉了！）最后一只野生原牛于1627年死于波兰。它们一定是巨大而可怕的野兽。尤利乌斯·恺撒（Julius Caesar）非常尊崇原牛，曾写过："它们不能忍受人类的目光，也不会被驯服，即使是幼兽。"重建这样一个标志性的国家级大型动物物种对当时的德国人来说有十分巨大的吸引力，这也不足为奇。这两兄弟得到了赫尔曼·戈林（Hermann Goering）的资助，他是新兴的民族社会主义德意志工人党（纳粹党）的创始人，也是狂热的猎人。这两人各自独立工作，身为慕尼黑海拉布伦动物园（Hellabrunn Zoological Gardens）负责人的海因茨，主要使用包括匈牙利灰

牛（Hungarian grey）和苏格兰高地牛（Scottish highland）在内的北方牛品种。与此同时，身为柏林动物园负责人的卢茨则使用了南部品种，包括西班牙斗牛和法国南部的卡玛格牛。

尽管最终育成的赫克牛从未达到原牛的大小和体格，而且它们的身形和牛角形状也有细微的不同，但这一尝试在欧洲各国引发了其他更为科学的尝试，尤其是荷兰的"金牛计划"（Taur-Os program）。因此，再次出现类似于原牛的物种只是时间问题。但它们是真正的原牛吗？

尽管几乎所有的家养牛都是原牛的后代，理论上仍然可以和原牛共同繁殖，而且现在也可以让它们的外形与行为都很像原牛，但它们也不一定就是原牛。对我来说，从驯养动物中重新创造已经灭绝的动物这种挑战，就如同把一杯水倒进湖里，再试图从中取回完全一样的那杯水。这里的湖水代表了真正的原牛消失之后基因组发生的所有突变、分裂、重组和消亡。也许我们应该扪心自问一句"为什么"。由于大多数大型哺乳动物物种正面临灭绝的威胁（我们甚至无法保留稀有的牲畜品种），也许我们应该确保目前依然拥有的物种的未来，最重要的是，在考虑复活被我们自己赶尽杀绝的动物之前，应该先减缓人口增长。

还是回到科学命名法上来。如果你发现了一个新物种，为了让它拥有正式地位需要做三件事，命名只是其中之一。最重要的是，相关描述要发表在科学文献上。此外，理想情况下应该有实物证据来作为这个名称的附证。这通常是一个或多个保存下来的标本，被称为"模式标本"，然后存放在重要的博物馆里，但在特殊情况下，由DNA样本支持的图片或照片，也可以作为替代品。

当然，科学家也不是绝对正确的。不同个人在不同地方发现同种动物，会各自发表其命名和描述。有时候这只是不知情而为之。其他时候，抢先发表则是一种残酷竞争。在科学文献中也和口语中一样，可能会出现四个拉丁学名都对应"雷霆泵"[9]这样的情况，但当同义名称被识别出来时，首先发表的描述会抢占优先权，而其他三个则被弃用。同样地，两个或两个以上的物种可能有相同的名字。在人们更热爱收集标本而不是

· 11

观察动物行为的时代，这种情况并不少见。在这种背景下，一个物种会保留原来的名称，而其他物种则被分离出来并获得新名称。颜色突变体通常会被误认为新物种。（丈夫以一己之力拯救了一个"物种"，使其免于被判定为灭绝，仅仅因为证明了现存的唯一标本是熟悉的现生物种中颜色异变的个体！）

有10000种已知鸟类和55000种哺乳动物都已在文献中被描述，包括它们的众多种系、季节性皮毛和羽毛特征，还有年龄和性别的差异。更不用说种类繁多的鱼类和昆虫了。将这些动物与它们相应的模式标本进行比较，不会有根本性的不同。因此，林奈的系统似乎十分合理——在1000个实例里有999个都

可行。然而，在非常特殊的条件下，有极少数的野生动物在外表和习性上发生了多样的变化，不再像原来的样子，甚至彼此之间也不再相似。它们之间的差异大到让科学家忘记了它们同宗同源，而将其命名为单独的物种。当然，我说的是驯养动物。

所有的驯养动物都是野生祖先的后代（有时还有其他祖先物种加入到基因组中）。尽管它们可能已经分化成多种外形、体形大小、皮毛类型和颜色，但它们都属于同一物种，至少在理论上，它们都能繁殖并产生可育后代。很明显，一些解剖学和行为学的细节会阻止这种情况在现实生活中发生，但至少在遗传学上是有可能的。家蚕（*Bombyx mori*）在中国被驯化，并

红原鸡是所有家养鸡的野生祖先（一些基因组证据表明它与近缘的灰原鸡有过早期杂交）。虽然只有现代矮脚鸡那么大，但大多数矮脚鸡品种都是后来才出现的，它们被选择性地培育成体形较大的同类的缩小版。换句话说：鸡在变小之前先是变大了！

已经进行了几千年的商业化养殖，它们与推断中的野生祖先中国野桑蚕（*Bombyx mandarina*）没有任何相似之处。动物权益保护者将蚕蛾放归野外并不会有太大作用，它们的繁殖已经完全依赖人类，甚至失去了飞行能力。

在某些情况下，驯养动物的野生祖先已经灭绝，或者已经被分隔了很长时间，这一关系只能通过基因组测序来证明。很久以前，狗从狼中分化出来，现在在众多品种中几乎无法辨认出它们的祖先。事实上，狗的多样性如此丰富，连查尔斯·达尔文（他认识到家鸡和鸽子有共同祖先）都无法相信它们可能起源于单一的犬科动物。

林奈给许多驯养动物起了学名，纯粹是为了承认它们的存在。他还碰巧给它们的许多野生祖先命了名。记住，他并不是试图根据它们的真实关系来命名。即使这样做，他也不太可能分辨出摩弗伦羊（*Ovis orientalis*）[10]就是家养绵羊（*Ovis aries*）的主要祖先。他当然也分辨不清狗，这是单个物种中最为多样化的物种——被他命名为狗（*Canis familiaris*）的动物——都是灰狼（*Canis lupus*）的后代。

这些名称中的大多数，还有更多类似这样有对应关系的名称，于1758年在同一版本的《自然系统》（*Systema Naturae*）上出版。因此，根据命名法，它们有同等的优先权。两者都可

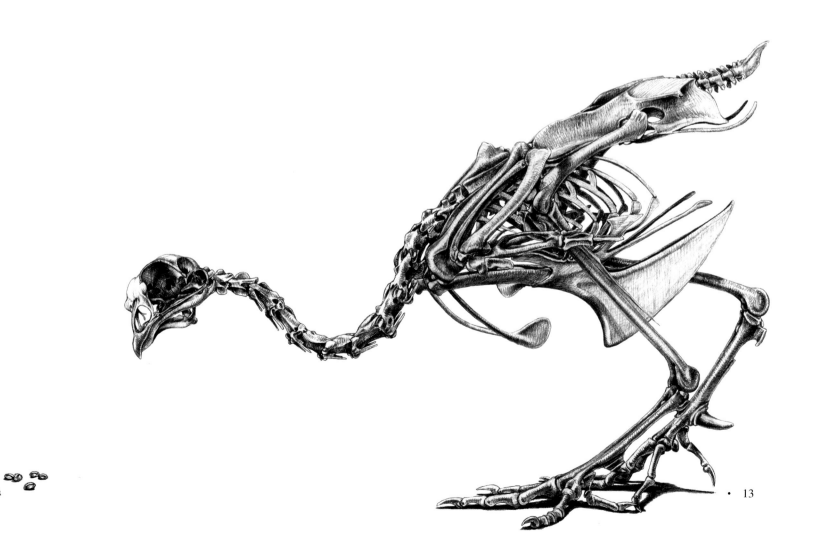

14

驯养的马来西亚鸡比它矮小的野生祖先红原鸡要高大得多，它很可能就是 "*Gallus giganteus*" ——一种巨大的假想原鸡，博物学家特明克（Temminck）根据骨头碎片给出了命名。特明克错误地认为，每一种不同类型的鸡都来自不同的野生物种。

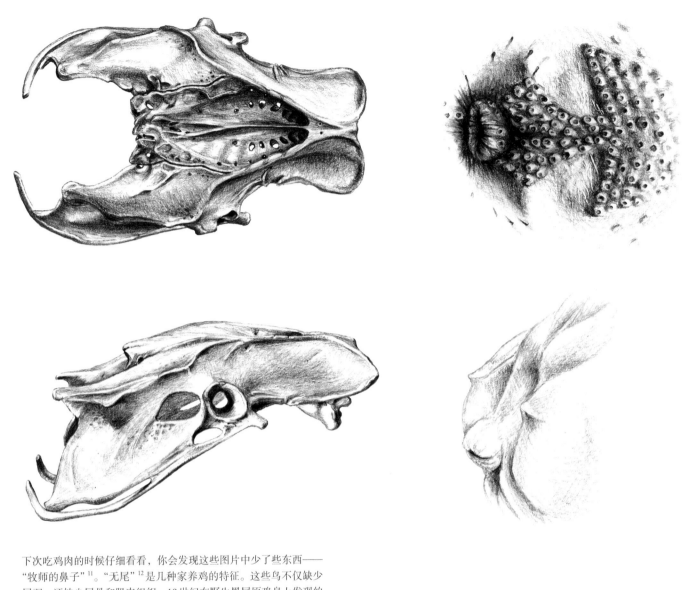

下次吃鸡肉的时候仔细看看，你会发现这些图片中少了些东西——"牧师的鼻子"[11]。"无尾"[12]是几种家养鸡的特征。这些鸟不仅缺少尾羽，还缺少尾骨和肌肉组织。19世纪在野生黑尾原鸡身上发现的这一特性，使博物学家特明克认为驯养的无尾鸡有一个无尾的野生祖先，而它们并没有。

以合法使用，忽视了它们实际上指的是同一物种。

如果这还不够糟糕的话，还有更多例子表明，对野生祖先的描述出现在对驯化祖先的描述之后。1777年，野猫（*Felis silvestris*）由约翰·冯·施雷伯（Johann von Schreber）描述发表，但由于优先权原则，至少在技术上它不得不与它的驯化同类［林奈在1758年描述的家猫（*Felis catus*）］同名。这件事情由于野猫有不少于五个不同的地理种系而变得更加复杂。家猫被认为是非洲种系 *lybica* 的后代，尽管它们很容易与欧洲种系 *silvestris* 杂交。

半个多世纪以来，人们提出了许多解决方案，试图使驯养动物的命名和它们野生祖先的命名一以贯之。一种方法是将驯养动物的种名用引号括起来；另一种方法是使用野生物种的名称加上 *f.*（= *forma*）的后缀，再加驯化动物的名称。另一个建议是完全抛弃驯养动物的学名（包括林奈最早确立的所有学名），这样很粗暴，会严重影响历史资料。还有一种更复杂的解决方案几乎不可行，那就是添加一系列后缀，将动物标为 "*familiaris*"（家养的）、"*ex-familiaris*"（野生的），或者是 "*praefamiliaris*"（即将被驯化的）——并提供包括野生祖先种系，甚至是拉丁化版本的品种名称的选项。所有方案的共同点是，它们标榜着动物命名的既定规则，这种系统根本无法处理驯养动物这样非常规的事物。

最终，系统本身不得不改变。2003年，ICZN认定在17个物种中，不论其优先顺序如何，都可以使用指定的野生祖先名称，而不是驯化祖先名称，并且可以选择使用驯化对象的名称作为亚种名称。这样做的结果是：狗可以叫作 *Canis lupus familiaris*。

不过，这样的妥协仍然令人不自在。亚种名称被正确地用来指代地理种系，而驯化动物则绝对不是。事实仍然是，不管命名法规多么周全，对驯养的动物来说就是不合适。

植物界有专门针对植物的命名规则。它对栽培更"友好"，甚至为植物物种设置了特殊规定，而如前所述，这种对植物来说很容易做到的事却不适用于动物，如种间杂交。

随着深入研究不同驯养物种的基因组，我们发现越来越多的案例表明，在驯化的早期阶段，更多的种系甚至物种可能对它们的遗传构成做出了贡献。有些物种是走出了原本的范围去到不同的地理区域而独立驯化的，因此野生祖先可能有不止一个种系。如果这些种系被分类学家分成不同的物种，那么驯化的后代就会突然拥有额外的物种身份！一些其他种系确实有不止一个野生祖先。正如我们所见，生殖兼容并不像我们想象的那样有排他性。当动物被它们的人类守护者运离了原本所在的地理范围后，与当地品种发生交配关系也在意料之中。

关于家养鸡的起源问题一直存在争议，这一争论表面上似乎挑战了达尔文的观点，即鸡只有单一野生祖先——红原鸡（*Gallus Gallus*，当时被称为野鸡，*Gallus bankiva*）。争论的焦点在于许多鸡都有黄色的腿和皮肤，这是由黄色色素——类胡萝卜素——的积累引起的。红原鸡能产生一种可以分解类胡萝卜素的酶，而灰原鸡（*Gallus sonneratii*）则不能。灰原鸡对鸡基因组的贡献现在已经被遗传分析所证实。然而，这与拥有多个祖先并不完全相同。理论上，只需一次杂交就可以将变异隐性基因引入种群中。不管你在大众科普读物上读到什么，都绝不意味着达尔文是错误的，它只是在我们关于鸡祖先的已有知

识基础上增加了更多细节。

必须站在历史背景下去理解这个问题。在达尔文之前，每种不同类型的驯养动物都被认为起源于相似的祖先类型。没有人会争辩说动物根本没有变化——有充分证据表明驯养下的品种有所改良。但是这些变化被认为是平行的和线性的，并且一直都有相同的确定类型。例如，体形巨大的长腿斗鸡马来亚鸡（Malayan fowl），被人从东南亚带到欧洲，人们认为它的祖先是已灭绝的巨型物种 *Gallus giganteus*，而不是小型的红原鸡。它是由19世纪早期的荷兰博物学家科恩拉德·特明克（Coenraad Temminck）根据一些大块的鸡骨头碎片命名的，这些骨头很可能只是马来亚鸡的骨头。特明克坚信，他所认识的六种主要家养鸡种都是从一个祖先物种衍生而来的。除了前面提到的野鸡 *Gallus bankiva* 和巨鸡 *Gallus giganteus*，还有 *Gallus morio*，它是所有深色皮肤鸡品种的祖先，以及 *Gallus lanatus*，由它延续下来的鸡，羽毛是丝质的（在当时，大多数"丝毛鸡"不像现在这样有深色的皮肤），而 *Gallus crispus* 则有卷曲的羽毛。大多数这些祖先种想当然地被认为已经灭绝。

第六种鸡更有趣，它被特明克命名为 *Gallus ecaudatus*，意思是没有尾巴。没有尾巴是好几种家养鸡种的共同特征（更确切的说法是"无尾椎"），不仅尾羽缺失，下面的脊椎骨和所有相关的肌肉组织也都缺失了。它是由单一的基因突变引起的，至少有两个原鸡种类都发生了独立的基因突变，正如特明克所描述的标本（仍保存在荷兰国家自然历史博物馆），显然就是未经驯化的黑尾原鸡——*Gallus lafayettii*。

不要把特明克想得太糟糕。如我们所见，达尔文自己在狗的品种上也犯了同样的错误。林奈也把家鸽的六个主要品种命名为扇尾鸽（Fantails）、浮羽鸽（Turbits）、球胸鸽（Pouters）、信鸽（Carriers）、鸾鸽（Runts）和毛领鸽（Jacobins）（后来又增加了三种）——他将它们描述为明确的物种，而不与世界上的野生鸽种作任何特别区分。它们只是人类饲养的鸽子的品种，而且将会一直由人类饲养。

虽然特明克在鸡种类的平行谱系上的观点是错误的，但在鸽子方面，他甚至领先于达尔文。特明克非常正确地指出，家

驯养的鸽子品种有数百种，有些非常相似，而另一些却非常不同，如诺维奇球胸鸽（左）和毛领鸽（右）。然而，它们都由同一个野生物种——原鸽（*Columba livia*）——演变而来。顺便说一句，诺维奇球胸鸽曾被用来与毛领鸽杂交，使后者有更直立的姿势。

信鸽，以及其他几种不同的家鸽，包括前几页上的品种，都被林奈列为独立物种。然而林奈主要是为了寻求动物分类的办法，而不是辨别它们之间的真正关系。他将"Deus creavit, Linnaeus disposuit"（上帝创造，林奈整理）作为个人信条！

养鸽的单个变种既不是独立的物种，也不是亚种。它们是通过人工选择由单一的野生祖先原鸽（Rock dove）进化而来的。因此，所有这些提到的鸽子品种，以及数百种以上的鸽子，全都共享学名 *Columba livia*（后来可选择加上家养"domestica"）。

顺便说一句，"dove"和"pigeon"这两个词[13]没有区别，可以互换使用。Rock doves（原鸽）和 Rock pigeons（原鸽），Fantail doves（扇尾鸽）和 Fantail pigeons（扇尾鸽）都是完全相同的，尽管鸟类学家通常会保留"dove"一词来指代体形较小的种类。在本书中，当我不提及鸽子的单个变种时，我会将 *Columba livia* 的驯化类别都简单地称为"鸽子"。

对达尔文和特明克来说，质疑这些非常不同的类别是否可能起源于更少的祖先——甚至是单一祖先，这简直是灵光一现。从那时起，达尔文就顺理成章地将这种推理运用到野生动物身上，并考察它们是否也可能有共同的祖先，这是很合乎逻辑的。

取代平行、线性的进化，达尔文给我们呈现了分支进化的"生命之树"。

尽管家鸽以及其他动物外形的多样性掩盖了它们是同一物种的事实，但单个变种之间远非毫无关联。然而不幸的是，即使是在顶尖的科学机构里，仍然有很多人对驯化的产物存在着忽视与偏见。无数珍贵的标本已经并将继续变得毫无价值，因为博物馆清除了它们的育种数据，而这仅仅是为了符合既定的分类法。

对达尔文和今天更开明的生物学家来说，选择性育种所带来的永久性变化明示了我们对野生动物进化过程的理解，而这正是本书想表达的一切。选择性育种被认为是所有科学实验中最伟大的实践。那进行这项突破性研究的实验室呢？好吧，大部分就是后院、小农场，还有成千上万卑微的动物爱好者的家。我们可以通过更多地关注他们的成就来了解自然世界。

Euphema undulata.
Gould. ♂ Cat: 1. Australie.

第 2 章　可塑的动物

位于瑞士伯尔尼的阿尔伯特·海姆犬类研究基金会（Albert Heim Foundation for Canine Research）收藏了世界上最非凡的科学藏品之一：国家自然历史博物馆的其中一整个分部专门研究这一个物种。但如果期望里面的东西整齐划一，那就大错特错了。整整一个星期，我乐不知返，在整排整排摆满狗头骨的抽屉里翻找、探寻，研究头部狭窄的猎狼（borzois）、下颌巨大的马士提夫獒犬（mastiffs）和脑袋又小又圆的吉娃娃（chihuahuas），对它们爱护有加；还有口鼻部短而上翻的头骨和口鼻部下翻的头骨。我摆弄着巴里（Barry）[14]的头骨，它是一只来自大圣伯纳修道院（Great St. Bernard Hospice）的著名山区救援犬，与其他大型犬的头骨没有太大区别，但与跟它共享一个抽屉的带有现代血统的圣伯纳犬有着天壤之别。是的，让我震惊的不仅仅是品种之间的多样性，还有品种本身的多样性。尽管现代同类的头骨都很特别，甚至有些夸张，但最早期的标本更为普通，与其他抽屉里的最古老的头骨难以区分。其中最古老的是一些新石器时代的狗头骨（很久以前就和它们的牙齿分离了），而它们看起来多少有些相同。

我突然想起了在杂志上看到的一张黑白照片，那是一篇关于克鲁夫茨狗展（Crufts Dog Show）[15]历史的文章。照片看起来像一只普通家养金毛猎犬（Golden retriever），但配文说这是一只大白熊犬（Pyrenean mountain dog）[16]。我很困惑——我一直以我鉴别狗品种的能力为荣。不能把它解释为只是该品种的糟糕典型，因为它曾在克鲁夫茨狗展中得过奖。然后我注意到配文的日期——这是50年前大白熊犬的样子。

我惊讶地发现，即使是最独特的品种，在一百多年前看起来也一定非常普通。例如，19世纪早期的斗牛犬只是头骨稍微缩短了一点，使其下颌突出，而更引人注目的是斗牛㹴（Bull terrier）的变化。斗牛㹴在历史上是捕鼠犬，它们名字中有"牛"是因为它们由斗牛犬和㹴犬杂交而成：牛＋㹴。它们原本的头骨是笔直的，甚至有轻微上翘的口鼻部。随着时间的推移，口鼻部向下弯转超过45度，使它们的轮廓独特而富有魅力。在巴基斯坦仍然有可能找到与原始的直鼻斗牛㹴非常相似的狗，它们是英国军队在英属印度时期引进的狗的后代。

当然，没有人为了动物的头骨或骨骼外形而培育它们。许多育种者甚至不知道他们培育的动物的基本骨架是什么样子。他们根据动物的用途或商业属性来选择它们，或者，就狗和其他展览动物而言，根据公认的品种标准来描述该品种的完美范例应该是什么样子，更像是"虚拟模型标本"。品种标准经常被修订，使难以捉摸的目标更加遥不可及，无意识地造成了品种的外观在不断变化，即使它的名称可能一直保持不变的状况。

这种转变也许并不总是永久性的，也不一定是单向的。人们对动物福利问题的意识日益增强，可能需要改变某些特征，或者只是时尚发生了改变。狗是个很明显的例子，然而变化是所有驯化的动物以及植物选择性育种的必然结果，正如自然界中相似的进化力量所导致的变化一样。这里以扇尾鸽的体态为例。

当虎皮鹦鹉在19世纪中叶从故乡澳大利亚进入英国时，其体形立即开始增大。这可能是圈养过程无意识地选择大鸟的结果，也可能是在野外居无定所的生活方式只适合最小型的鸟。该野生标本来自著名鸟类学家和出版商约翰·古尔德（John Gould）的收藏。

从它们的头骨形状可以看出，一些最具特色的现代犬种，如圣伯纳犬，在历史上的外观更普通。动物是可塑的，有巨大的生理变化潜力。狗头骨的形状也许是可塑性最强的。

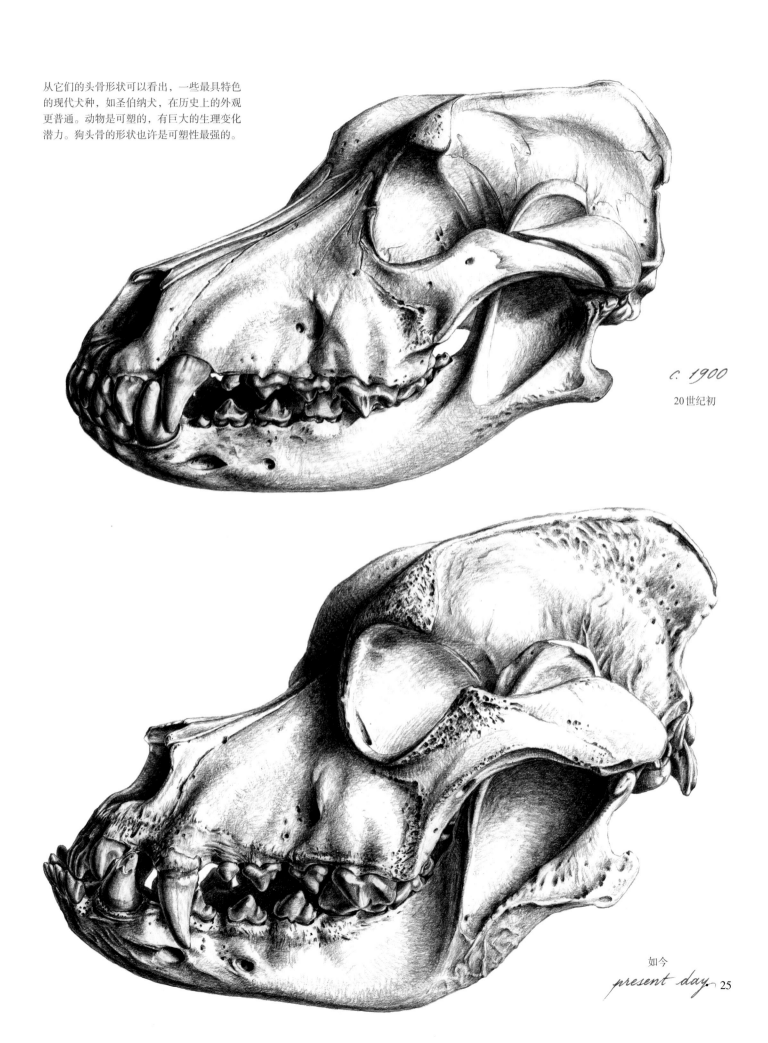

c. 1900

20世纪初

如今

present day. 25

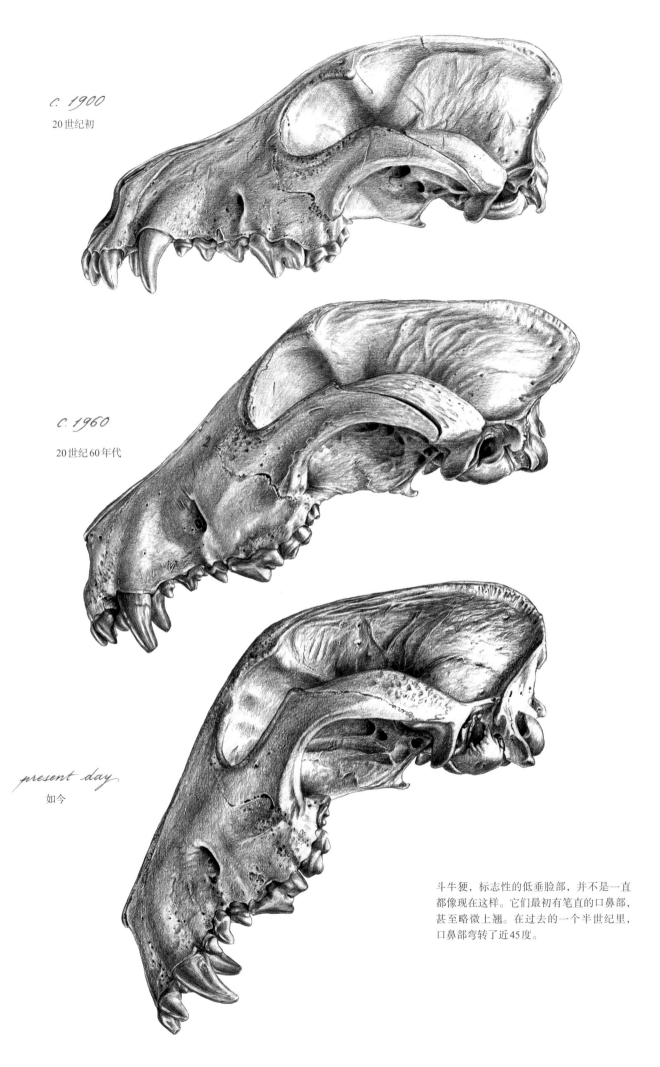

c. 1900
20世纪初

c. 1960
20世纪60年代

present day
如今

斗牛獚，标志性的低垂脸部，并不是一直
都像现在这样。它们最初有笔直的口鼻部，
甚至略微上翘。在过去的一个半世纪里，
口鼻部弯转了近45度。

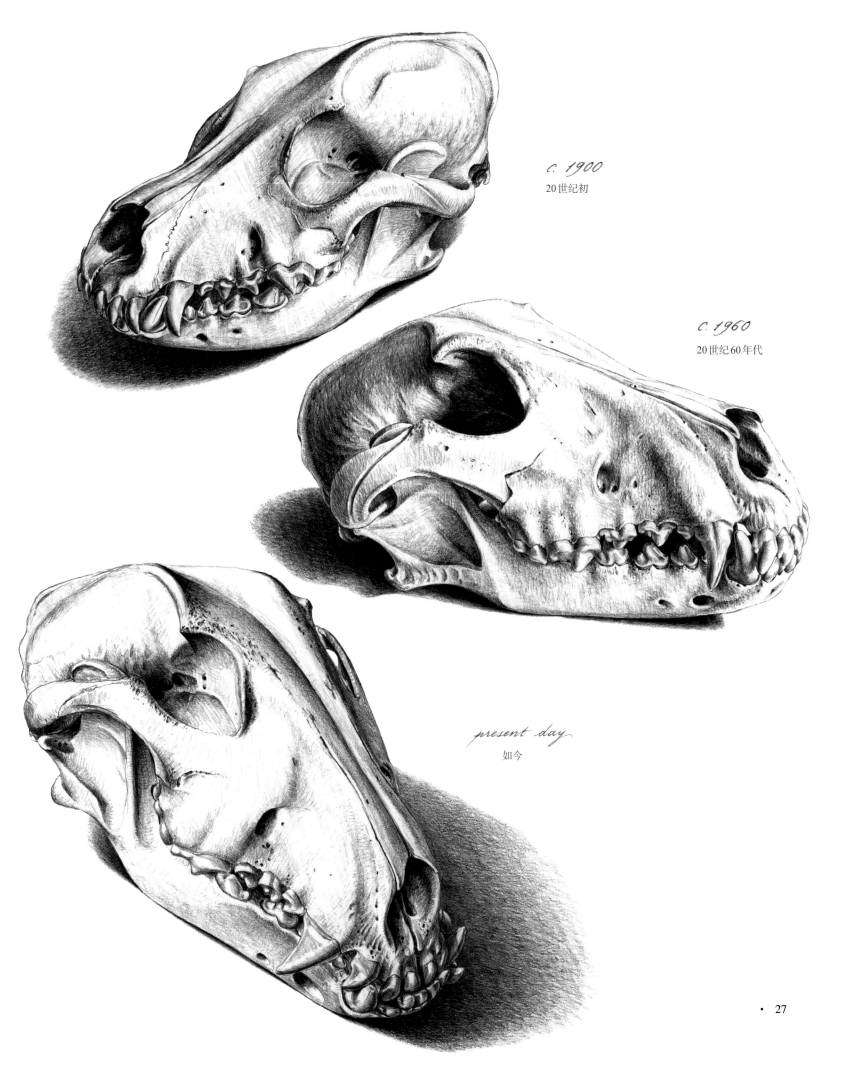

c. 1900
20世纪初

c. 1960
20世纪60年代

present day
如今

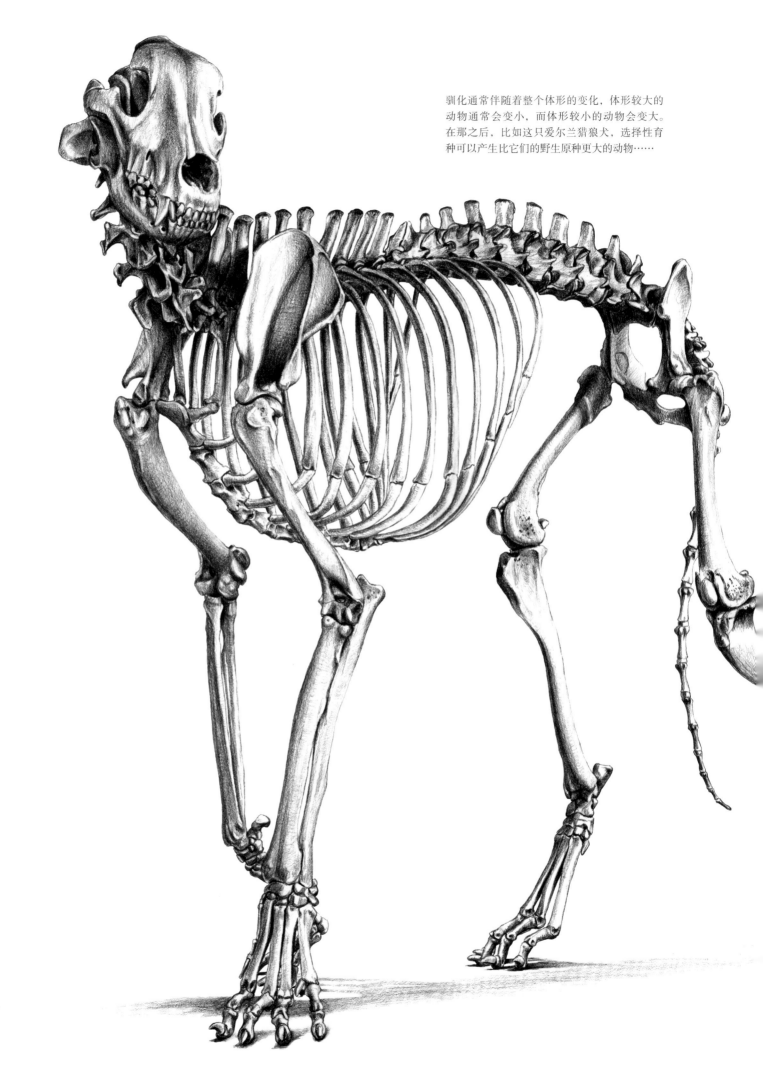

驯化通常伴随着整个体形的变化，体形较大的
动物通常会变小，而体形较小的动物会变大。
在那之后，比如这只爱尔兰猎狼犬，选择性育
种可以产生比它们的野生原种更大的动物……

28 ·

早期的扇尾鸽体态相当平直。你仍然可以在还没有被选作展示用的观赏"花园扇尾鸽"中看到像它们一样的鸟。尾部斜向上倾斜，末端略微低于头部。它们最可爱的特征位于颈部，通常以天鹅般优雅的S形挺立着，使胸部向前凸起。顺便说一句，另一种和扇尾鸽一样有着优雅的脖子姿态的品种是莫其鸽（Mookee），它们都习惯在兴奋时抖动颈部。扇尾鸽和莫其鸽似乎与英国鸟类学家弗朗西斯·威洛比（Francis Willoughby）在1678年所描述的宽尾震头鸽（Broad-tailed shaker）和窄尾震头鸽（Narrow-tailed shaker）相对应，它们很可能有着共同的起源。不过回到扇尾鸽的话题上来，越来越多的爱好者选择了更直立的姿势，逐渐导致整个身体扭转到几乎垂直的位置。大腿的方向大致保持水平，但现在它们不再沿着胸腔的两侧平伸，而是纵向跨过了腹部的深度。颈部也变得更加弯曲，再加上直

立的姿势，实际上使头部远远低于胸部，所以正面观看时，根本看不到头部！事实上，颈部被选育成向后反折的幅度很大，使脊柱形成了轻微的凹陷来容纳它。处于最极端表演姿势的鸟类会经常踮起脚来调节平衡，使重心保持在脚上。不过，这种扇尾鸽现在很少见了，当然也不会在展会上出现。在我的插图中，我用了我们自己的非展览鸟类中的一只母鸽（它碰巧也有丝质羽毛的变异——后面会详细介绍）以及它的父本，这只父本鸽子死后，骨骼就被慷慨地捐赠了出来。

渐渐地，扇尾鸽的潮流又发生了改变。这一次，其身体再次前倾，往斜线方向发展，但也下沉得更低，膝关节比大腿的水平位置还高。颈部向后伸展，致使头部靠在臀部上方，尾巴完全竖直并展开，整只鸟呈球形。

驯养动物的变化速度如此之快，为科学家们研究可能发生

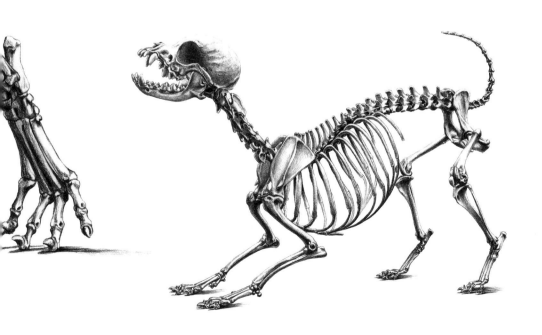

……或者明显更小。这是一只吉娃娃——
体形极小，但身上每一寸都是狼的衍生！

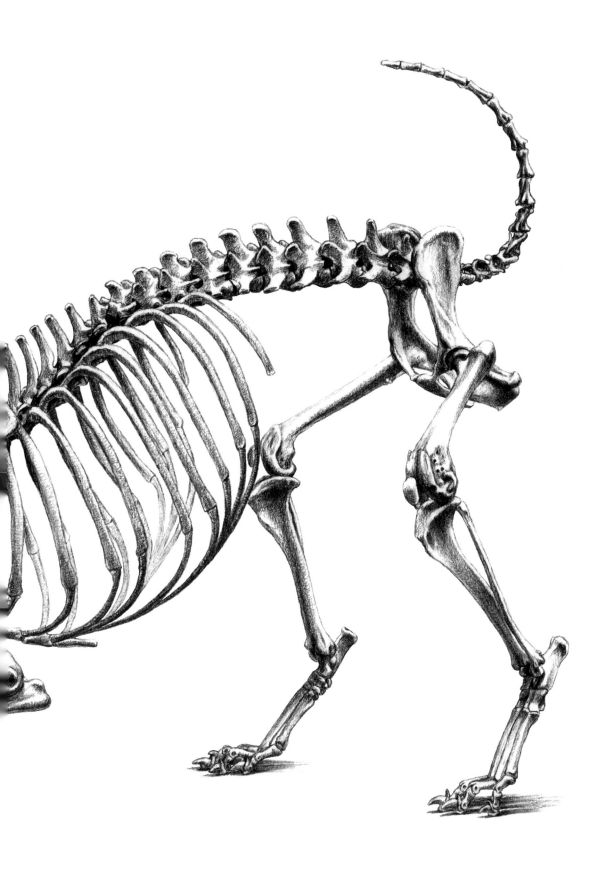

扇尾鸽最初的姿势相当平直,尾巴斜斜地伸出。尽管在过去的几十年里,展览扇尾鸽已经发生了根本性的变化,但被称为"花园扇尾鸽"的古典类型扇尾鸽仍然可以被看作观赏用的鸽房鸟。除了尾巴,它们最显著的特征就是优雅弯曲的颈部和抖动颈部的习惯,这一特征与其他几个鸽子品种(包括对页上的莫其鸽)有共同之处。

尽管表面上有很大的不同，扇尾鸽和莫其鸽在驯养观赏鸽的早期历史上可能有着共同的起源。它们很可能与鸟类学家弗朗西斯·威洛比在1678年所描述的宽尾震头鸽和窄尾震头鸽相对应。

目前展览扇尾鸽的趋势是体形近乎球形、尾巴直立的鸟类（下）。然而，就在几十年前，一只"好的"扇尾鸽几乎是垂直站立的，头部藏在肩膀以下，尾巴稍微倾斜（上）。这里展示的这只鸟是我们自己的，有丝状羽毛。

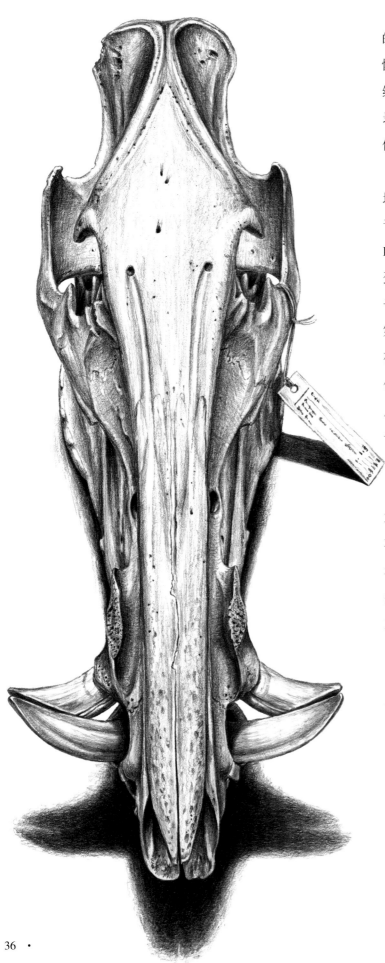

的各种解剖变化提供了宝贵机会。但为此，他们需要标本。遗憾的是，正如我在上一章结尾时简要提到的，很少有博物馆会给予驯养动物标本应有的尊重。也没有先例让死去的有血统记录的动物轻易进入科研机构，在那里它们对科学家最为有用。伯尔尼的犬类研究基金会是个值得钦佩的例外。

一位非常古怪却几乎不为人所知的收藏家曾经非常认真地对待驯养动物，确实值得在此一提，他真的值得有一本关于他自己的传记。荷兰动物学家威廉·范·海恩（Willem van Heurn）在整个20世纪中叶收集了大量畸变的猫、狗、猪和鸡蛋。甚至在他生命的最后几周，他还在病床上的一张特制桌子上制备标本！后一书页的大白猪（Large white pig）头骨和第6章开篇的一抽屉小猪头骨都是他的藏品，现收藏于莱顿的荷兰国家自然历史博物馆。相信我，你真的不会想知道他是如何获得这么多的标本的——尤其是猫。不管怎样，他对体重和尺寸以及骨骼数量的个体差异进行了极为细致且有科学价值的记录。

无论一个博物馆的藏品有多好，不可避免地，有些方面会比其他方面更有代表性，总会有缺失存在：它们所代表的物种或品种，它们所代表的历史时期，或它们来自的地理位置，都存在着缺失。在理想的情况下，如果有一系列来自同一地理区域的标本，没有严重的时间间断，那么任何一个品种外观的渐变都会更容易设想。而在另一些情况下，这种变化似乎是跳跃式的，仿佛是这些完全不同的物种凑在了一起。

这里我要指出的是，无论如何，驯养动物的变种还是有很多"跳跃性"的变化。这是因为所有的狗（或猪，或鸡，或其他任何动物）属于同一物种，所以它们都能杂交繁殖。除此之外，几乎每一个公认的品种，在其历史上的某个时候，都曾为了获得或给予特定的品质而与另一个品种进行过杂交——改善现有品种或者创造新的品种。

不管有多少标本存在，它们的价值都取决于伴随它们的数据。最重要的是日期和地点，不过添加有关它们的父母本和血统的信息提供了宝贵的潜在线索，可以真正弥合个体之间的缺失环节，并由此分辨出它们之间的关系线索。以这种方式，血统记录或者谱系树起到与进化的"生命树"类似的作用。我在调研期间参观的另一个博物馆是位于德国哈勒的朱利叶斯·库恩驯养动物博物馆，它于19世纪中叶开始，作为实验性的育种场而存在，用来研究驯养动物的性状遗传。现在它仍然占有着原来的农场建筑。现在，牛羊的骨骼被安置在动物生前居住的同一个牛棚和马厩里，有着详尽的家谱记录、生长发育描述，甚至还有完整的照片档案。这些要素中的任何一个都有其自身价值，它们加在一起却是无价的科学资源，是文化史上令人感伤的一页。

如果没有这样的档案，单个的标本会随着时间的推移代表不同的时间点，而不是无缝的进展过程。想象一下，用铁锹砍断植物的根部——可以看到根的一些切段，但不是每次都能分辨清楚一条根是否与另一条相连，或者到底是与哪一条相连以及在哪儿连成一整条的。同样地，驯养动物在相对较短的时间内发生变化也不是线性的过程。历史上也存在过这样的分支和节点，一种体形的动物从另一种体形的动物中分离出来，形成两种或更多种不同的类型——就像野生动物在漫长的时间跨度中经历的那样。

进化树的分支永远不会发生的情况就是重新连接在一起。但是，由于我前面提到的杂交育种的频繁，如果像达尔文那样，试图为某种动物（如家鸽）绘制进化树，而不是一系列相关个体的谱系树，就会发生这种情况。杂交育种这个主题我们会在第4章中更详细地讨论，而它绝不会削弱动物的显著可塑性，这是本章的主题。

野猪特有的纤长头骨，它是所有家猪的祖先。随着人类定居到新的地理区域，并把家猪一起带来，自由放养的方式允许家猪与当地野猪品种杂交，增加了猪基因组的复杂性。

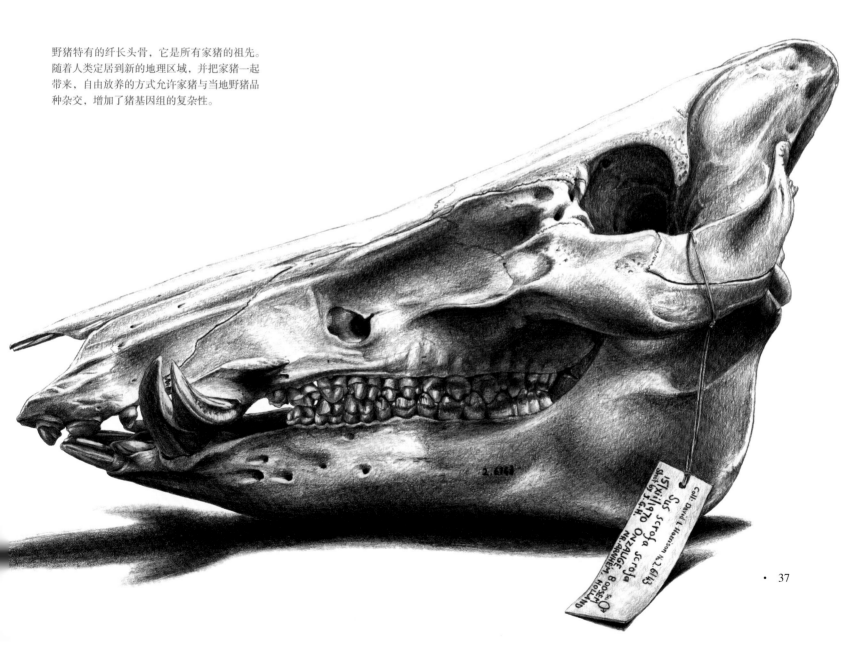

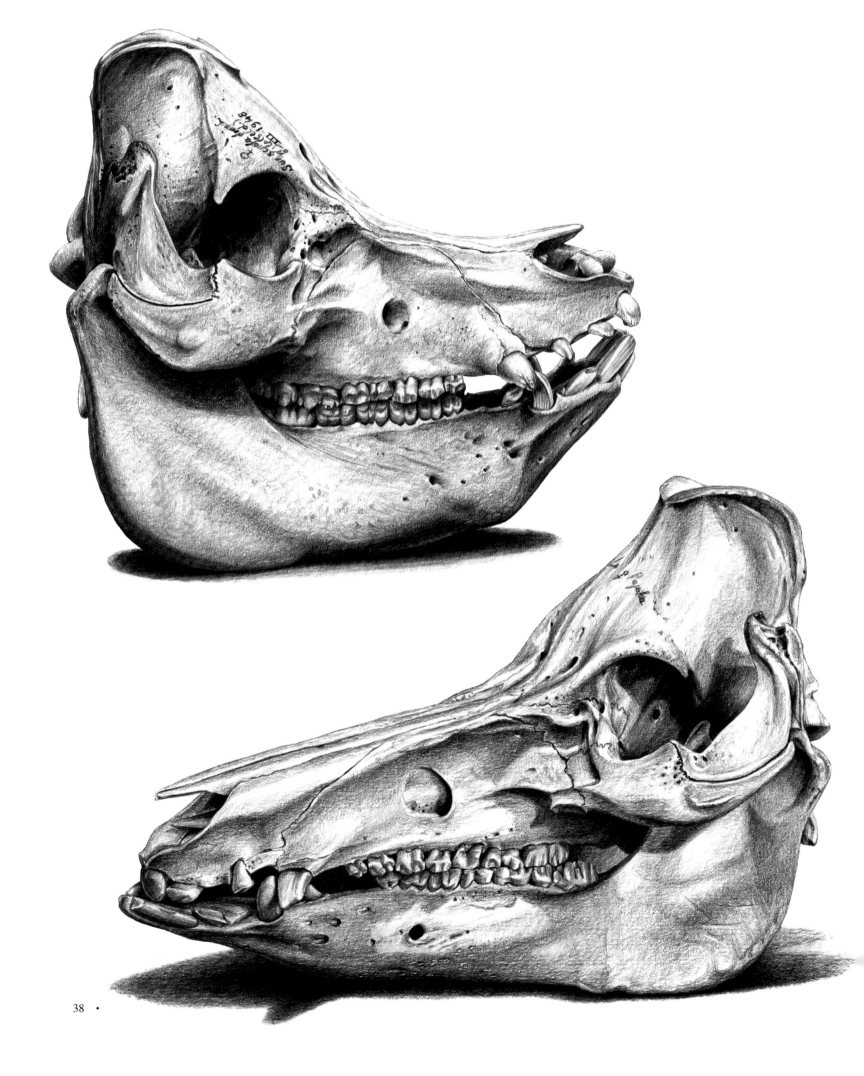

38 ·

猪的头骨在可塑性方面仅次于狗。很明显，除了颅骨长度的缩短，还有更多因素在起作用。例如，前额到口鼻部的角度，如图所示的这只鬃毛猪（Mangalitza pig）（下），宽度也有所增加，这在大白猪身上是显而易见的（上）。

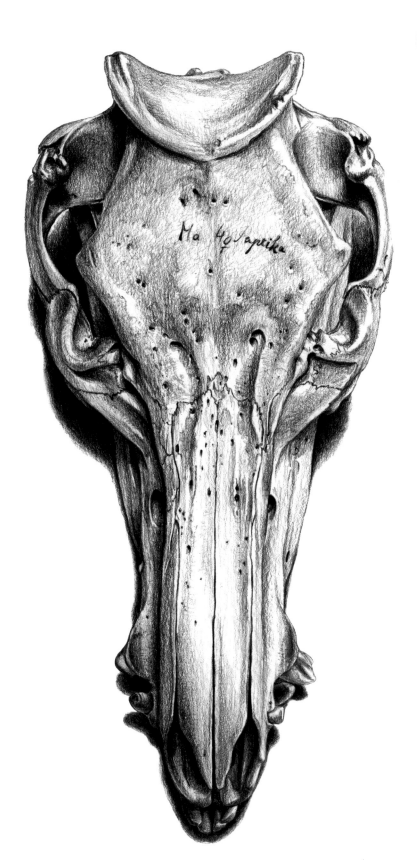

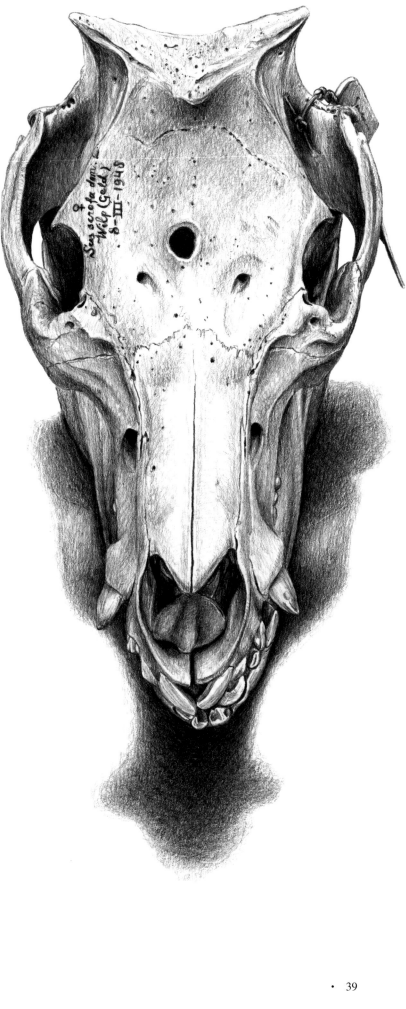

中国猪种的特征是脸部比欧洲同类短。它
们带来的影响可以从18世纪末欧洲出现的
许多改良品种中看出来，这些品种通过与
中国引进的猪杂交来提高肉产量。这是一
只中白猪，在所有欧洲品种中脸最短。

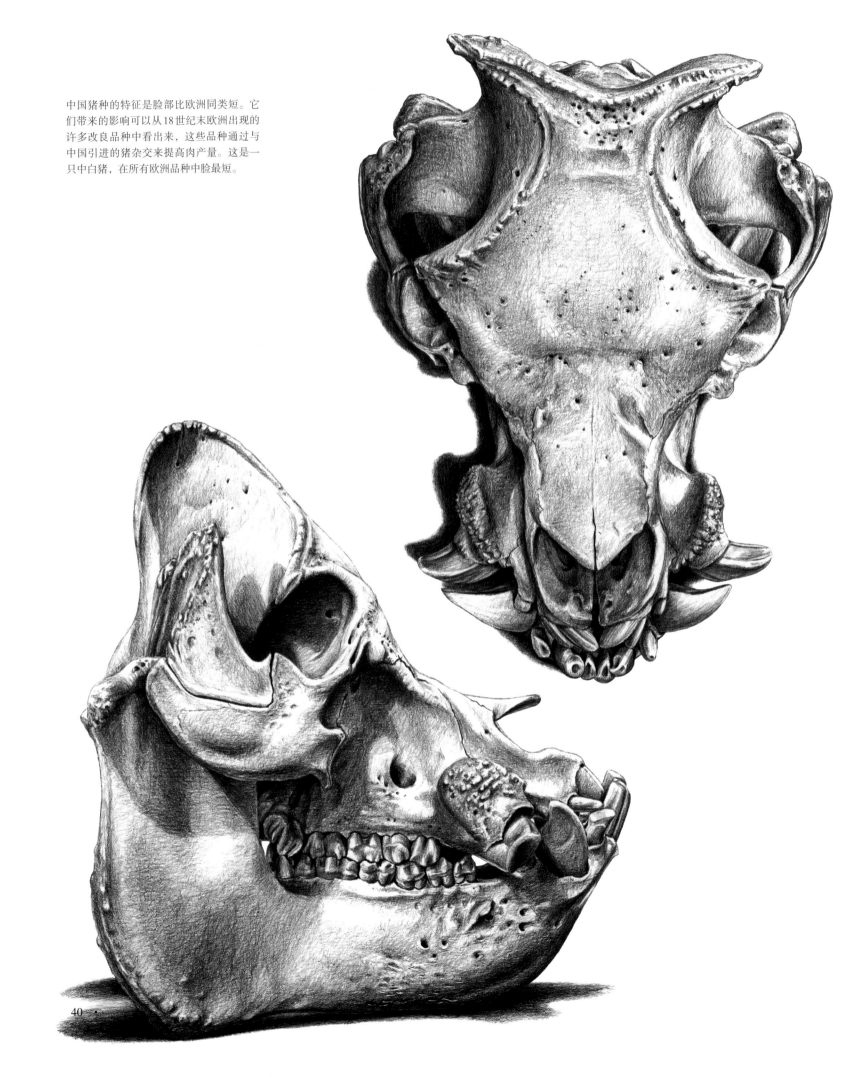

这里的可塑性不是在说生长、灵活性或个体克服体格缺陷的能力，而是说变化在代代相继中累积的潜在能力。最重要的是，可能会分支并分化成多种多样的形态。可塑性与适应性并不完全相同——它更多的是适应或被其他进化力量塑造的能力。一些特征有可能以更剧烈的方式改变（原因我们将在本书后面的内容中讨论），而狗的头骨形状可以说是所有特征中改变最为极端的。

在狗之后，第二位就是……猪。在猪的案例中，这并不是刻意选择外观或功能的结果，而是人类在全球各地迁居的复杂历史所造成的——猪一直跟随着人类。在欧洲、西亚和中国，猪被分开独立地驯化，导致了大量地方品种的产生。尽管第一批真正的品种是在中国繁育出来的——在19世纪末已经超过100种。更复杂的是，历史上养猪业的性质允许家猪继续与其祖先野猪（Wild boar）的不同种系自由杂交，野猪仍然占有以前大部分地理范围，因此产生的遗传效应就像洗牌一样。

中国猪种的特征是脸部比欧洲同类短，而且这种影响可以在许多品种中看到，包括脸部极短的中白猪（Middle white），它们是18世纪末，为了提高肉类产量，与从中国引进欧洲的猪种杂交而产生的（现在欧洲却正在向中国出口猪）。然而，不仅仅是头骨长度缩短。至少有三个不同的变量影响头骨的长度和宽度，以及前额到口鼻部的角度。在不同的杂交组合中表现出不同程度的改变，这导致了头骨形状惊人的多样性，所有这些都是对其他品质选择的偶然结果。

人们对猪的基因组学已经进行了一些详细的研究，到目前为止我们所了解的完整版本比这里给出的有限概述要复杂得多。但也许这正反映出我们所知尚少。考虑到时间跨度和人类族群的地理迁移，大多数驯养动物的历史很可能同样复杂。我们知道得越多，就越能意识到事情的复杂性。

改变的不仅仅是驯养动物，所有生物都会改变。然而，野生动物的变化通常看起来非常缓慢，难以察觉，而驯养动物的进化模式则很容易在人的一生中观察到。即使对21世纪的读者来说，也很难真正接受这样的观点：给动物命名并严格分类。这样的分类意味着动物在整个人类历史中似乎一直保持不变，

在可预见的未来也没有任何变化的迹象，而它们其实是可塑的、不断变形的东西。我们见到的只是某一时刻存在的东西的横截面。用进化树放大来类比，就像俯视一棵树：你可以清晰地看到顶端的树枝，但在那下面，哪些小树枝与较大乃至更大的树枝相连，谁也不知道。化石记录以一幅极不完整的画卷向我们展示了在其他时间点上存在的一些东西，但除了认识到某些相似性之外，仍然不可能找出所有的关联。更糟糕的是，动物的可塑性使它们能很好地适应环境，最终变成与它们不同的东西。

这就是达尔文时代的科学家面临的问题。化石和活的有机体，或栖息在不同大陆的生物体之间的许多解剖学上的相似之处，都支持了当时所谓的物种"嬗变"的论点。几乎没有严肃的博物学家会把手按在胸口上说，自创世以来，所有物种都是完全不变的。问题是这种变化是如何发生的，以及如何最终适应的。

迈向理解的关键第一步是从达尔文笔记本上那张著名的分支线图中总结出来的，图上简单地写着"我认为"。这样的几条线花费了巨大的精力。在此之前，人们普遍认为，目前存在的所有物种都可以沿着平行的、没有分支的路线追溯到它们对应的祖先类型。这种想法甚至非常受欢迎，因为它似乎代表着进步。苏格兰记者罗伯特·钱伯斯（Robert Chambers）在他1844年出版的《创世的自然志遗迹》（Vestiges of the Natural History of Creation）一书中匿名（他最终在第12版出版前才认为可以安全地公开自己的身份）写到，这一理论不仅适用于动、植物，而且适用于整个太阳系。尽管受到当时神学家和资深科学家的攻击［达尔文在剑桥大学的前导师亚当·塞吉威克（Adam Sedgewick）说，这本书太肮脏了，一定是出自女人之手］，它还是销量惊人，卖出了十万本——我一心向往的非凡成就——阿尔伯特亲王每天下午都会把它大声朗读给维多利亚女王听。

驯养动物也包括在这种观点之下，而且动物爱好者们普遍认为，所有驯养动物都是从一长串级别较低的品种进化而来的，每种谱系都可以追溯到其各自的野生祖先，而野生祖先被轻易地宣布要么已经灭绝（不太可能），要么迄今尚未被发现（更

不可能）——就像前一章描述的特明克关于多个鸡祖先的理论一样。

然而，在驯养动物中找到分支系统发育的充分证据却出奇地容易。骑士查理王小猎犬的产生就是很好的例子，也是特别有趣的一个，因为它涉及一种刻意倒退的趋势。

1925年，纽约商界大亨罗斯韦尔·埃尔德里奇（Roswell Eldridge）在英国访问时出席了克鲁夫茨狗展，当时他非常失望，没有看到一只口鼻部突出的可爱玩具小猎犬（toy spaniels），它们在国王查理二世时期的古典油画中非常典型。当时流行的玩具小猎犬（1902年正式命名为查理王小猎犬）脸部扁平，几乎没有伸出的口鼻部。早在1848年，博物学家威廉·尤亚特（William Youatt）就在他的《狗》（The Dog）一书中抱怨道："口鼻部几乎和斗牛犬一样短，前额也和真正的斗牛犬一样丑陋且突出。眼睛增大到原来的两倍大，并且露出一副愚蠢的表情，真是和它们的性格太吻合了。"这种变化的特征可能部分是由于杂交种源，如京巴狗（Pekinese）或日本狆（Japanese chin）。巴哥犬（Pugs）也经常受到指责，尽管它们也经历了鼻子缩短的转变，以霍加斯自画像中的宠物巴哥犬为例。事实上，直到1925年，扁平脸的小猎犬才开始流行起来，并且较之尖鼻小猎犬更受育种者的偏爱。

埃尔德里奇的回应是在次年的克鲁夫茨展览上刊登一则广告，为"经典"小猎犬中最优秀的公狗和母狗各提供25英镑的奖金（在当时是相当可观的一笔钱）——"如查理二世时代的油画所示，长脸、线条流畅、头骨扁平而不呈圆形拱起"。重赏之下，必有勇夫，而且毫无疑问，有人会花大价钱去买那些本该被淹死的垃圾，育种者们响应了号召。

于是，新品种——骑士查理王小猎犬（Cavalier King Charles spaniel）——诞生了。［讽刺的是，"骑士"这个名字取自1832年埃德温·兰瑟尔爵士（Edwin Landseer）的画作《骑士的宠物犬》（The Cavalier's Pets）——晚于查理二世国王几个世纪之久！］将骑士查理王小猎犬的头骨与数百年前的玩具小猎犬头骨进行比较，发现两者的头骨形状非常相似，这表明埃尔德里奇的努力得到了回报。在最初的广告发布两年后，一个育种俱乐部成立了，尽管受到了来自查理王小猎犬硬核育种家的嘲笑，骑士查理王小猎犬还是在1945年被英国犬业俱乐部接受，不过要是罗斯韦尔·埃尔德里奇得知美国犬业俱乐部（American Kennel Club）直到1997年才接受，他一定会很失望。

以鸟类为例，虎皮鹦鹉（Budgerigar）没有任何既定的品种，但它在非常短的时间跨度内发生了相当大的变化，甚至可以说已经分成了三个不同分支。

"虎皮鹦鹉"是19世纪中叶才被驯化的。第一对鸟由著名出版商兼鸟类学家约翰·古尔德（John Gould）从它们的原产地澳大利亚带到英国，他把它们形容为"你能想象到的最活泼、最快乐的小动物"。它们很快就成了宠物，几乎同时它们的平均体形也开始变大。到了1900年，虎皮鹦鹉的体形已经大大超过了它们的野生同类，这发生在大型虎皮鹦鹉展览开始流行之前。这种变化很可能是无意识地将体形与健康或活力联系起来的结果（即使是现在，我们仍然对人类婴儿出生时的体重有一种难以解释的重视）。另一种可能性是，大型个体在其原始栖息地的生存能力较低。虎皮鹦鹉无固定栖息处，在干旱的灌木丛和草原上成群远行，从一个贫瘠的水源地到另一个水源地。长时间的持续振翅飞行需要大量的能量，并且会产生危险的热量水平，对相对表面积较大的小动物来说，这更容易控制。这只是猜测，但事实仍然是野生虎皮鹦鹉的体形完全符合它们实质性的新陈代谢需求。有时很难知道一种改变是适应某些情况的积极选择结果，还是抵抗某些情况的限制选择结果。如果环境条件发生了根本性变化，例如在一种新驯化的动物身上，两种情况都有可能发生，而且也许两者都起了一点作用。

自20世纪60年代以来，展览虎皮鹦鹉的育种者对大型鸟类的偏爱将它们的体形推向了前所未有的极端。能走多远是有极限的——一个物种的体形不能永远增加下去——但这个障碍的克服是通过下意识地选择繁育更长的羽毛，这也给人一种"鸟儿更大了"的错觉。如今，羽毛如此之长，以至于"最优秀"的展览鸟在外行看来可能有点儿凌乱不堪。与此同时，宠物虎皮鹦鹉虽然比它们的野生同类大，但与展览鸟相比，它们和野生同类却相似得多。因此，在不到200年的时间里，驯养的虎

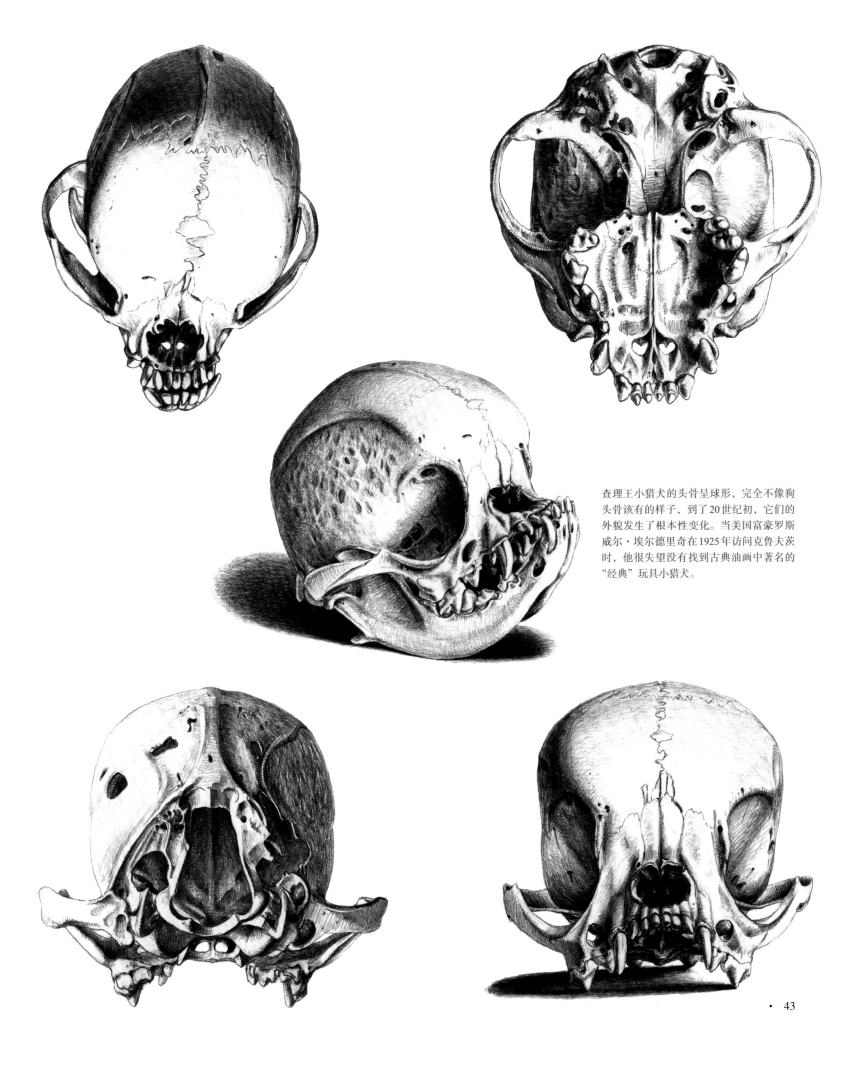

查理王小猎犬的头骨呈球形，完全不像狗头骨该有的样子，到了20世纪初，它们的外貌发生了根本性变化。当美国富豪罗斯威尔·埃尔德里奇在1925年访问克鲁夫茨时，他很失望没有找到古典油画中著名的"经典"玩具小猎犬。

罗斯威尔·埃尔德里奇在克鲁夫茨资助了"经典"玩具小猎犬特别奖项，帮助创造了新品种——骑士查理王小猎犬。查理王猎犬（左）和骑士查理王小猎犬（右）如今并行存在——它们是从同一个进化支上分出来的两个小分支。

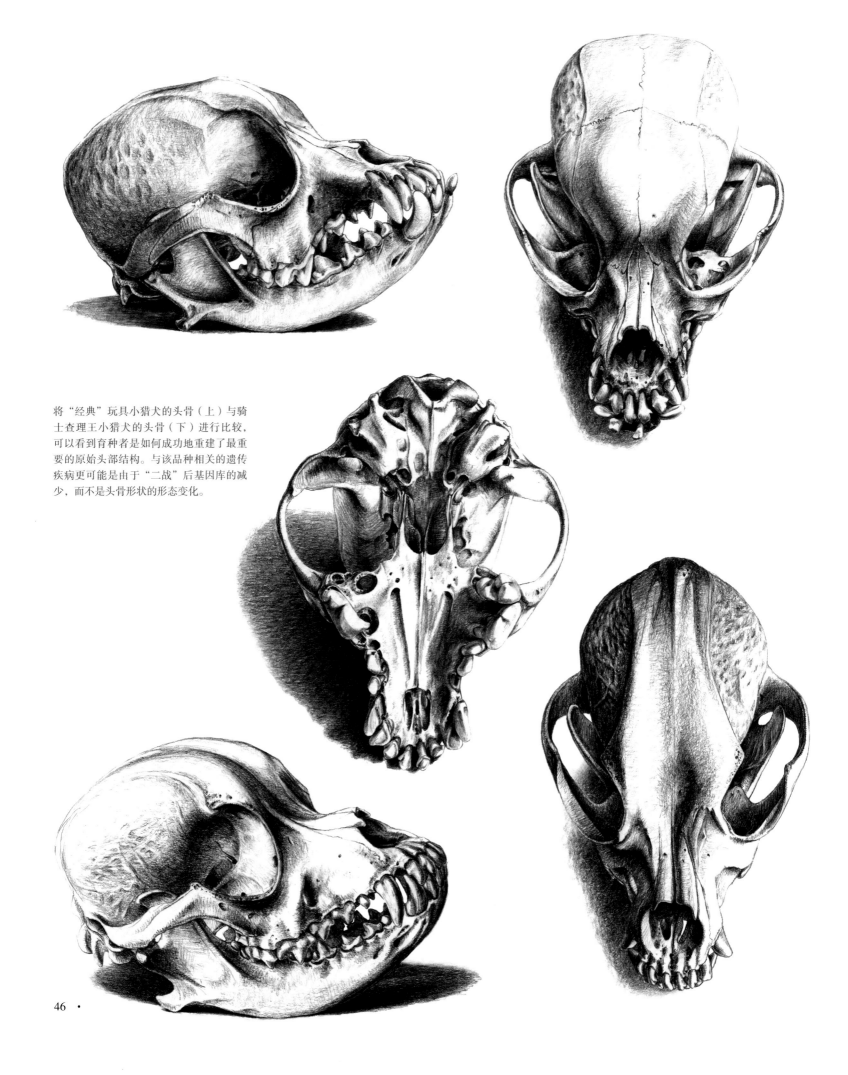

将"经典"玩具小猎犬的头骨（上）与骑士查理王小猎犬的头骨（下）进行比较，可以看到育种者是如何成功地重建了最重要的原始头部结构。与该品种相关的遗传疾病更可能是由于"二战"后基因库的减少，而不是头骨形状的形态变化。

46 ·

皮鹦鹉不仅从野生虎皮鹦鹉进化而来，而且有效地分成了两种不同的类型。在这种情况下，只需要种群的生殖隔离，大型的、长羽毛的展览虎皮鹦鹉就会从较小的宠物虎皮鹦鹉中分离出来（两种都是从它们小型的澳大利亚原种中永久分离出来的），从而在进化树上产生新的分支。

当然，这两个20世纪的例子在达尔文试图寻找进化机制的尝试中都无法实现，但他找到了更多的例子。然而，在选择物种分化的已知历史实例与宣布它是普遍现象之间，还是有很大区别的。我们需要将争论转向其源头，把现存的多样性追溯到单一物种。

正是通过将几种不同的鸽子品种杂交三代或三代以上，达尔文才注意到出现了与野生原鸽非常相似的花纹和颜色。根据线性变化理论，这应该是不可能的——任何对祖先类型的回归都应导致后代具有与亲本相同的品质。达尔文的结论是，这意味着数百种鸽子变种——短喙猫头鹰和浮羽鸽、钩嘴的斯堪达隆鸽（Scandaroon）、颈部带有饰边的毛领鸽、硕大的鸾鸽（Runt）和娇小的菲格瑞塔鸽（Figurita）——实际上是否都起源于同一个野生祖先？正如他在《物种起源》一书中写的那样：

> 总之可以选择至少二十几只鸽子，如果把这些鸽子展示给鸟类学家看，并告诉他这是野生鸟类，我想肯定会被他分类为定义明确的不同物种……虽然鸽子品种之间的差异很大，但我完全相信……它们都起源于原鸽。

达尔文并不是唯一持这种观点的人。正如我们已经看到的，特明克以及达尔文的几位鸽迷同行也得出了同样的结论。

詹姆斯·莱尔（James Lyell）在其1881年出版的《花式鸽子》（*Fancy Pigeons*）一书中，公开质疑了鸽子起源的多祖先理论，尤其是本章前面描述过的有丝状羽毛的鸽子（丝毛鸽——当时被称为"蕾丝鸽"——不会飞，而且很怕被雨水打湿）。"如果说花式鸽是独立的物种，而不是来自同一个起源，我很想知道这种蕾丝鸽在被鸽迷们照顾之前是如何存在的。"

尽管与崇高的物种形成科学相比，驯化动物新品种的创造似乎是肤浅的，但它仍然表明，一个动物谱系是多么容易分裂成多种孤立的形式。虽然同一物种的不同变种可以在一起繁殖，但展览育种者通常会确保它们不会共同繁殖，这就像把它们隔离在遥远的海洋孤屿上一样有效。事实上，达尔文把变种看作刚开始形成的物种。任何一个严肃的虎皮鹦鹉爱好者都不会拿他养的鸟去和宠物店的虎皮鹦鹉杂交，纯种查理王猎犬与骑士查理王小猎犬也不再会被允许杂交繁殖。这些物种都将沿着各自的轨迹继续进化。

这一点至关重要。多个分支继续独立进化，所有现存的动物只占据这里所比喻的分支的顶端。从逻辑上讲，任何时段内存在的动物，都不能说可以从另一种进化而来。所以扇尾鸽可能与莫其鸽有密切关系，或者说人与黑猩猩是近亲并没有错，但认为扇尾鸽是从莫其鸽进化而来，或者认为人类是从黑猩猩进化而来，就是非常错误的。它们有共同的祖先，而这些祖先和其他不那么相似的动物又有共同的祖先——如此一路追溯到进化树的底部。同时期的进化产物不存在一个比另一个更"完美"或进化程度更高。

虽然有些动物可能看起来进化得更慢，甚至长时间处于停滞状态，但推动进化的机制——自然选择——从未停止过。在

家鸽的头骨，所有家鸽都与原鸽有着共同的祖先，并显示出可能形态的巨大多样性。尽管处于明显的过渡阶段，但所有这些鸟类都是同时期的，代表了进化分支的顶端。单从外表上看，关于哪个分支从哪个分支衍生出来的假设纯属臆测——尤其是许多品种是通过杂交产生的。

Exhibition Homer

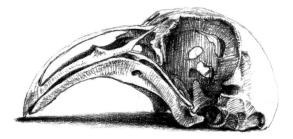

Scandaroon

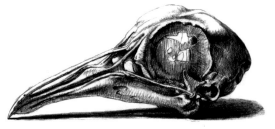

Carrier

English Magpie

German Beauty Homer

Old German Magpie Tumbler

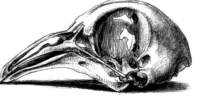

German Beauty Homer

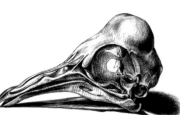

Polish Highflier

Steinheimer Bagadette

Dragoon x Show Homer

Stralsunder Highflier

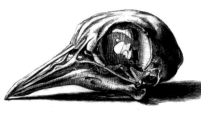

Schmalkaldener Moorhead

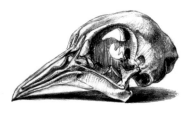

Frillback

Danzig Highflier

Genuine Homer

Birmingham Roller

Kamru

Racing Homer

Runt (Roman)

Rock Dove

48.

Danish Tumbler

American Show Racer

African Owl

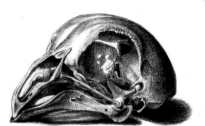

Show Antwerp

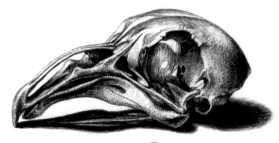

Show Homer

Ancient Tumbler

Old Dutch Owl

Scandaroon x Barb

Vienna Short-faced Tumbler

Zaganrog Tumbler

Königsberg Colourhead

Vienna Highflier

English Short-faced Tumbler

Kumru x Figurita

Figurita

Portuguese Tumbler

Berlin Short-faced Tumbler

Vienna Hellstork

Vienna Long-faced Tumbler
x Fantail

Vienna Long-faced Tumbler   49

博物馆的虎皮鹦鹉剥制标本，显示了自19世纪中叶从澳大利亚引进以来，其体形迅速而稳定地增长。请注意右侧现代展览鸟的长羽毛，使其看起来体形更大。左边的小型鸟是野生虎皮鹦鹉。

大的时间尺度上，进化也不是仅仅在一个方向上起作用。环境中最小的变化也可以带来短期的变化，这种变化每隔几年来回摆动一次，总体差异很小或没有，在对环境波动更敏感的小种群中尤其如此。例如，众所周知，加拉帕戈斯群岛上的13种雀类有着不同的喙形和大小，它们能迅速适应环境，填补了通常由几个不同科的鸟类占据的生态位。不过，多亏了普林斯顿大学罗斯玛丽和彼得·格兰特（Rosemary and Peter Grant）的开创性研究，我们现在知道，随着条件的波动，雀类种群也会经历短期的进化变化。

达尔文自己在"小猎犬号"航行中收集的加拉帕戈斯群岛雀类标本以及近代收藏家的标本，都保存在大英自然历史博物馆我以前办公室外面的一个柜子里，我有大把的机会去检查它们。即使在最短的时间内，同一物种个体之间的差异也是惊人的。在"小猎犬号"航行中收集到的大嘴地雀的喙比几十年后收集到的要大得多。再后来，喙的平均尺寸再度增加。这些振荡式变化是对零星时期的洪涝或干旱快速适应的结果，气候影响了不同大小的种子的丰度。当大种子植物丰产时，喙较大的大嘴地雀会大量增加，而较小的种子则给了小喙个体选择性优势。

达尔文认识到的动物改变和多样化的能力——可塑性——是他进化论的基石。他还从育种者改变驯养动物外形的方式中看到了完美的类比，来说明进化是如何进行的。作为有效的实验研究对象，人工选育驯养动物与细菌或果蝇一样（而且有更广泛的吸引力），在每个层面上都提供了与进化等同的过程。著名遗传学家德米特里·贝尔耶夫（Dmitry Belyaev）在1978年莫斯科召开的国际遗传学大会上宣布——在短短15000年里，驯养动物在行为和形态上产生了进化史上前所未有的最了不起的变化。

而在另一个不那么起眼但同样深刻的层面上，我从我的友人马克（Mark）那里听到一个令人感动的故事，他是美国西部的大学古生物学教授。马克最怕与他父亲见面。他们两人属于两个不同的世界，每次谈话都像面临意见冲突的雷区。有天傍晚，在一次很不自在的晚餐上，话题转向了马克的工作，尽管他用了最大努力来绕开这个话题，免得扯上进化论。他满腹牢骚，等待着一场总是会发生的宗教争论。他的父亲身处一个关系紧密的乡村教会信徒社区。但争执并没有爆发。相反，老人看上去若有所思。"你知道，儿子，"他说，"我在这一带生活了很长时间，周围农场里总是有很多动物，猪和牛之类的。这些年来，我已经看到这些动物跟以前不一样了。不管怎样，我一直在想，如果猪和牛会变化，那么也许其他动物也会变化。"

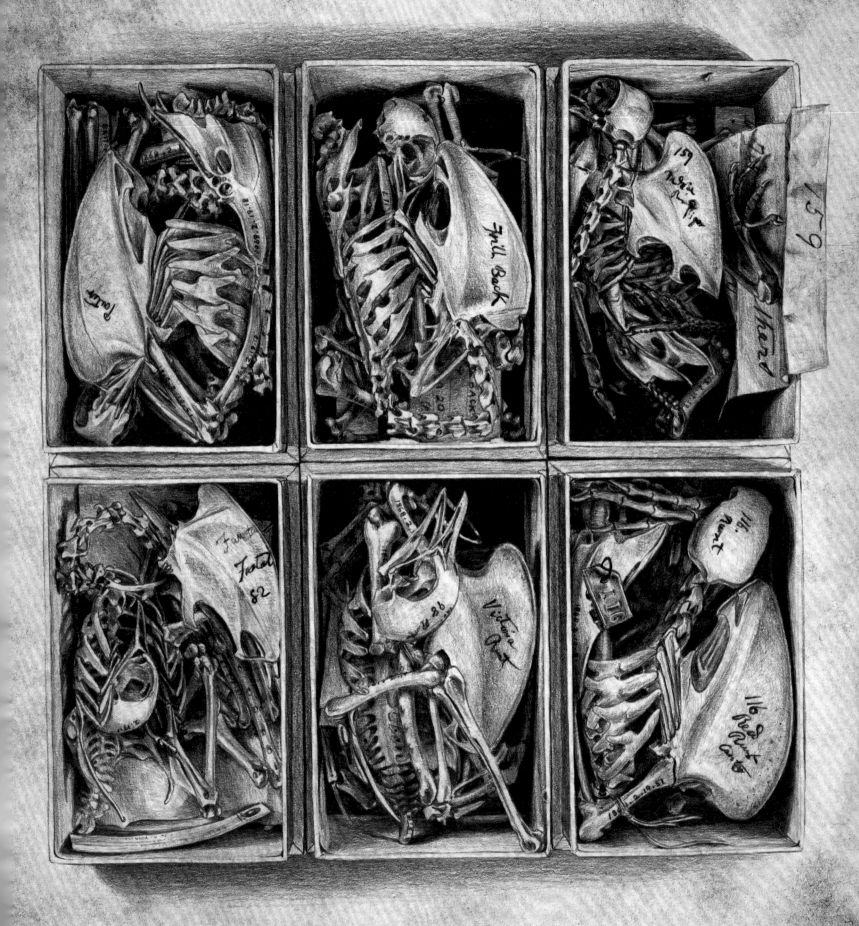

第 3 章　达尔文的普遍定律

当我第一次尝试阅读《物种起源》时才16岁，很遗憾，我没读懂多少。我还以为是一本关于外来野生动物及其适应性的书。我当然没有准备好一页一页地浏览关于驯养鸽子问题的讨论，我茫然无所知地认为这是不值得关注的。令我反感的是，第1章的全部内容都是有关家养下的变异，尤其是鸽子。讨论不同变种的起源，有意识和无意识的选择，以及变种和物种之间的差异——这些我都觉得非常乏味。还有语言风格的问题，对在20世纪还是青少年的我来说，实在太冗长了。不过，我认为最重要的是，我根本无法想象不把进化视为理所当然的世界观。还没读完第1章我就放弃了，把它放回了书架。

我到现在还是没有坐下来把《物种起源》从头读到尾，但在长时间绘制插图的过程中，我已经把它当作有声读物听了好几遍，我可以诚实地说它非常鼓舞人心。尤其是最后几段，像文学作品中美丽动人的片段一样。我读到它们的时候，激动得几乎落泪，我强烈建议那些担心自然选择过于虚无主义、过于冷漠、过于冷静的人花点儿时间去读一读：

> 这种对生命的看法是宏伟壮丽的，因为它的几种力量最初被赋予一种或几种形式；当这颗星球按照固定的万有引力定律运行时，从如此简单的起点，以无穷无尽的形式，最美丽、最奇妙的物种已进化而成，并依然在进化。

我无法想象一个没有自然选择的世界，达尔文的读者也无法想象一个有自然选择的世界。人们对自然曾有一种理想化的看法，认为它是纯粹的，认为生命没有更宏伟的目标这种想法是不能容忍的。适应——远远没有为进化提供证据——给了这种观点额外的力量，即生命太过完美，不可能没有经过事先规划。而自然选择似乎是可怕的、无神论的深渊。

于是驯养动物登场了。达尔文的物种书（他对这本书如此称呼）以驯养动物为开头是有原因的，我在上一章的结尾谈到了这个原因。如果人们能接受通过逐步选择来创造和改良家畜品种这种想法，他们就已经迈出离开悬崖的第一步，并发现一条可行之路。之后就更容易走在这条路上，接受物种——甚至所有形式的生命，包括人类——都能以相同的方式形成。

关于达尔文是否也是沿着这条道路走向他的理论，还是仅仅用一种巧妙的心理学手段去吸引读者，这一直是学者们争论不休的话题。晚年时期的达尔文曾声明，人工选择在他自然选择理论的形成过程中起到了重要作用，我相信这一定曾为他的理论做出了重大贡献。19世纪的博物学家比现代博物学家更兼收并蓄，渴望汲取任何来源的知识。

达尔文自己的一些家鸽骨架。达尔文养了好几年花式鸽，进行繁殖实验并仔细比较它们的骨骼，试图了解进化的机制。

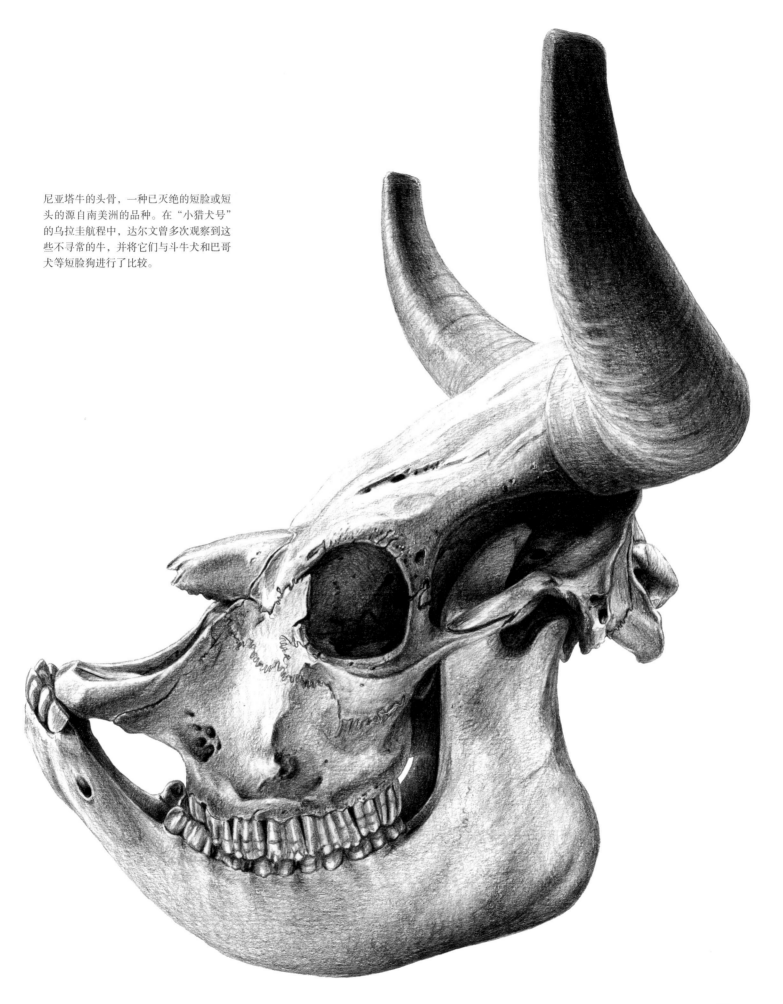

尼亚塔牛的头骨，一种已灭绝的短脸或短头的源自南美洲的品种。在"小猎犬号"的乌拉圭航程中，达尔文曾多次观察到这些不寻常的牛，并将它们与斗牛犬和巴哥犬等短脸狗进行了比较。

在狩猎者群体里，在经济萧条时期，没有什么比一只好猎狗更有价值了。当人类的生存需要依靠狗的时候，他们会不惜一切代价保护最好的狗，使每一代动物都更有效率。逐渐地，不同的类型进化出来，每种类型都适合其特定的猎物。

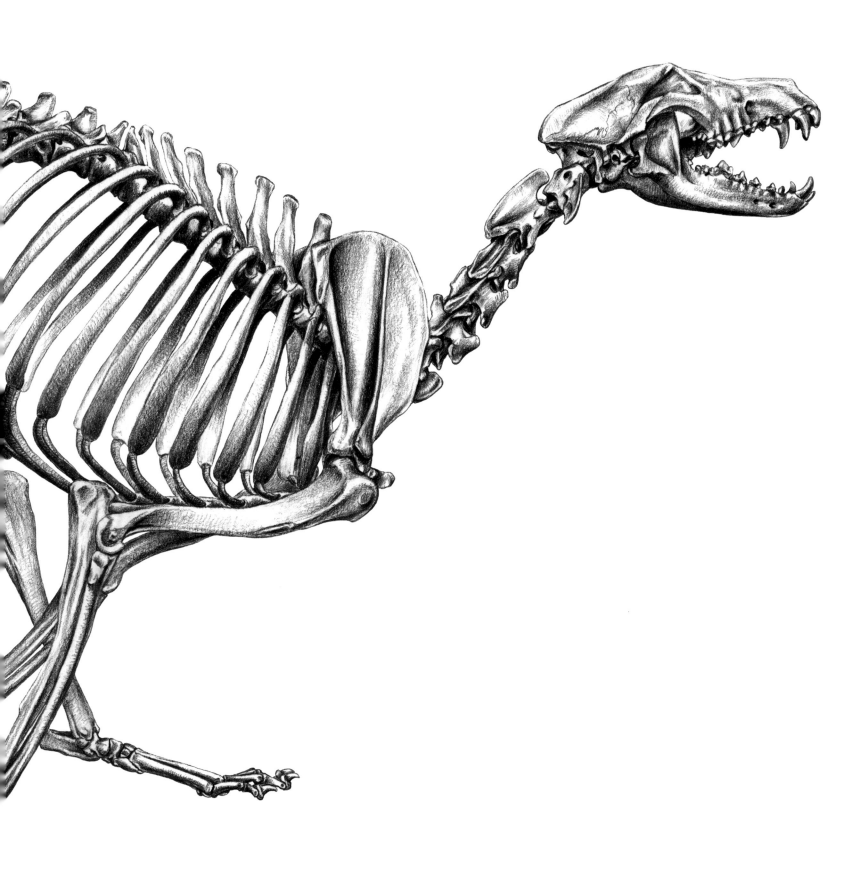

即使在"小猎犬号"的航行中，在达尔文还非常年轻时，他就已经随时准备像观察野生动物一样观察驯养动物了。例如，他对在乌拉圭看到的短脸尼亚塔牛品种非常感兴趣，将它们不同寻常的头骨与斗牛犬或巴哥犬的头骨进行了比较。他从火地岛的土著居民那里了解到，在困难时期，族群里会被杀死并吃掉的是老妇人，而不是狗。"狗能捉水獭，老妇人却不行。"虽然这无疑让当时的他十分反感，但在后来的岁月里，这句话给达尔文留下了深刻的印象，好猎犬的价值如此之高，应该不惜一切代价确保它们的生存。他意识到，经过很多代的无意识选择，将会产生越来越优秀的猎犬。

我们已经讨论过不同科学家对各种驯养动物的单起源或多起源有不同的看法。正如我们所见，达尔文相信所有的家鸽和鸡都来自同一个野生祖先，尽管他对狗持保留意见。他感兴趣的是，少数几个野生祖先物种是如何分化成数量如此惊人的独立品种和变种的。他并不特别关心驯化过程本身。事实上，正是他的堂兄——多才多艺的弗朗西斯·高尔顿（Francis Galton）（后来以优生学方面的成就而闻名）——第一个发表文章，论述了有关导致某些动物（而不是其他动物）更适合驯化的特质。达尔文的兴趣在于驯化之后会发生什么，主要是通过选择性育种产生的越来越多的品种和变种，这一过程可能与自然界物种多样性增加的过程相似——以此作为进化的比喻，而不是将其本身视作进化过程。这本书的目的正是要说明这是一个多么绝妙的比喻——甚至比达尔文自己意识到的还要恰当。

达尔文把《物种起源》描述为一篇冗长的论证，而事实也确实如此：对他的自然选择进化论或"遗传变异"理论的严谨透彻的阐述。和大多数科学发现一样，有关达尔文在加拉帕戈斯群岛时"灵光一闪"的流行说法完全是误传。加拉帕戈斯之行的确引出了一些基本问题，但自然选择理论是由谨慎的推理、细致的实验和多年自律的努力工作支撑的。"小猎犬号"航行的真正馈赠是让达尔文养成了仔细观察和独立思考的习惯。即使与达尔文有着如此密切关联的加拉帕戈斯雀类，当时也几乎没有给他留下什么印象。直到回到英国，达尔文在伦敦动物学会向约翰·古尔德（John Gould）展示了他的鸟类标本之后，它

们作为同一祖先物种的不同后代的重要性才显现出来。

从"小猎犬号"的航行到《物种起源》出版，中间隔了23年。在5年的航行之后，缠身的疾病使达尔文无法再次离开不列颠群岛，但他从当地自然史、熟人饲养的动物和栽培的植物，以及大量的来往书信中，找到了继续研究所需的一切。他对那些可能在繁殖上被隔离了一段时间的驯养变种特别感兴趣，坚持认为变种只是正在形成的物种。他写信给住在国外的博物学家，要求提供鸽子和家禽的标本［其中在婆罗洲，有个年轻的英国博物学家，名叫阿尔弗雷德·罗素·华莱士（Alfred Russel Wallace）］。他从每个可能有可用信息的人那里获取建议，从德高望重的学者到卑微的园丁。

兼收并蓄、求知若渴、勤勉尽责是维多利亚时代博物学家的特点，那时很少有人像现在的生物学家那样局限于某个狭隘的专业领域。此外，饲养各种各样的圈养动物——鸽子、家禽、兔子、狗——在整个社会阶层中都非常流行。因此，为了理解更重大的科学问题，比如物种的进化，大多数博物学家会为了植物学而去从事园艺，或者为了研究野生动物而去研究选择性育种的各种产物。这些同僚以及更多的同行一定为各种实验和观察进行了无休止的激动人心的讨论，为达尔文的进化论思想提供了大量的原始材料。

达尔文的同僚有威廉·泰格特梅尔（William Tegetmeier），是鸽子、家禽和养蜂业专家；还有自学成才但相当聪明的鸟类学家威廉·亚雷尔（William Yarrell），就是他建议达尔文养鸽子；还有药剂师雅各布·贝尔（Jacob Bell），一位寻血猎犬（Bloodhounds）育种家，他对狗的热情仅次于他对艺术的热情（当最心爱的狗从阳台上摔下来受重伤时，贝尔没有去找兽医，而是把它送到埃德温·兰瑟尔爵士那里，赶在它死掉之前，让它在画布上永垂不朽）；还有达尔文的远房表亲兼密友威廉·达尔文·福克斯（William Darwin Fox），他是牧师兼昆虫学家，非常喜爱狗和户外活动。

除了社会上享有特权的同龄人之外，达尔文还与来自伦敦东区斯皮塔菲尔德地区的鸽子爱好者——未受教育的工匠阶层——接触，那是英国鸽子爱好者中的一群黑心家伙。1856年

英国垂耳兔是最古老的观赏兔品种之一，当然也是最不寻常的品种之一。在19世纪的小动物饲养中特别流行，不仅仅是为了食用，更是为了展览，这种潮流达到了前所未有的高涨程度，超越了社会阶层。

9月，他自豪地给美国同事写信说："我现在收集了大量活鸽子和死鸽子，还跟斯皮塔菲尔德的织布工以及各类喜欢鸽子的奇奇怪怪的人混在一起。"达尔文可能认为涉足伦敦这些不那么健康的地区是一次伟大的冒险，而斯皮塔菲尔德的织布工很可能

觉得达尔文有点可笑，他们几乎肯定会将品质低劣的鸟儿高价卖给他！

用达尔文自己的话说，他"很快就意识到，选择是人类成功培育出有用的动植物物种的基石。但是，如何将选择应用于

生活在自然状态下的生物体，在一段时间内仍会是个谜"。

他获得的答案不是来自生物学领域，而是来自经济学家托马斯·马尔萨斯（Thomas Malthus）的言论。1838年，达尔文拿起这本备受争议的书时，马尔萨斯的《人口原理》（*An Essay on the Principle of Population*）已经出版到第6版。马尔萨斯论述道，任何由个体组成的群体，其数量增长的速度超过了可获得的食物资源的增长速度，如果任其不受限制地继续下去，就会导致饥饿和匮乏。一言以蔽之：争夺有限的资源是一种常态。它在资源短缺时期变得更为激烈，在较有利的条件下则会减弱。因此，个体之间的任何细微差别都可能对生存产生重大影响。达尔文在他的自传中写到了这一启示："我突然意识到，在这种情况下，有利的变异往往会被保留，而不利的变异则会被摧毁。结果就是新物种的形成。"

同样的生存竞争也在家养鸡舍或鸽舍中进行着，在那里，人们需要做出选择，决定哪些动物被移走，哪些动物被保留在种群中。想象一下，一位中世纪的管家从一座巨大的老式鸽舍里为晚餐抓几只乳鸽——鸽子的雏鸟。既然在下层就有鸟儿可以抓，为什么还要爬梯子到上层去呢？通过这种简单的懒惰行为，能在高处筑巢的幸运鸟儿得以将它们对高巢位的偏好传给下一代。事实上，管家在鸟群中扮演着某种陆地捕食者的角色，从鸟群边缘较少选择的地点挑走了级别较低的繁殖者。

鸽子非常多产，它们是流水线式的繁殖者。诚然，它们一窝只产两个蛋，但为了弥补这一点，它们一年到头都在尽可能地多产蛋。雌雄双方以同样的热情投入到养育幼雏的工作中。当雏鸟们羽翼丰满的那一刻到来，旧的不去，新的不来，成鸟们迫不及待地要重新开始。摒弃你关于和平鸽的任何想法——鸽子是有攻击性和领地意识的。不管是出于什么原因饲养它们——肉用、比赛、展览，或者像我们一样做育种实验——都不可能让鸽舍里的鸽子数量过剩。在我与丈夫相识之前，他已经养了将近30年的鸽子，一开始我觉得必须控制鸽子数量这种做法无情得令人难以接受。我开始了各种情感上的斗争，试图拯救每一个将要被放弃的生命，最后我还是屈服于基本真理之下，关于人工选择和自然选择的真理：出生的比能生存的要多。

幸存者之所以活下来是有原因的。

在鸽舍这种受到保护的环境中，人类的挑选是主要的选择力量，变化可能发生得很快。具有竞争优势的优良性状在自然选择下可能会像被人类拥有者挑选一样受到青睐。然而，正如我们在上一章中所看到的关于虎皮鹦鹉的体形大小一样，在稳定的环境中，野生动物对改变有一定程度的额外选择压力。事实上，野生动物的进化过程通常十分缓慢，即使人类的一生能跨越1000年，也不容易观察到。这就是为什么达尔文不能提供自然界进化的具体案例，而是依赖可观察到的驯化动植物的例子。

"这个过程太慢，没有人能看到它的发生"，现在听起来有点站不住脚。但对19世纪的读者来说，还有一个额外的障碍需要克服：时间。人们普遍认为，根本没有足够的时间让进化逐渐发生。根据17世纪学者詹姆斯·乌雪（James Ussher）的说法，地球是在公元前4004年10月22日下午6点左右创造的（我原本打算在2004年为我所有的生物学家朋友办一个聚会，庆祝地球6000岁生日，但等到那个时候我完全忘了这回事）。尽管到19世纪初，很少有科学家把乌雪的年表当真，但任何敢于猜测地球年龄的人都不幸失败了。当时的大多数地质学家认为，我们所了解的地球有山脉和深谷，是由某种灾难性事件造成的。火山论者和岩石水成论者就地层岩石是在大灾变的火中形成还是在水中形成展开了争论。没有人能否认那是一幅令人兴奋的、浪漫的、充满智慧的图景。

后来，在19世纪30年代，地质学家查理斯·莱尔（Charles Lyell）——后来成了达尔文的挚友——在他的三卷本巨著《地质学原理》（*Principles of Geology*）中粉碎了这幅田园诗般的图景。莱尔发展了詹姆斯·赫顿（James Hutton）最早提出的观点，他指出，塑造世界的力量与我们每天所见的周围的力量并无不同，而且仍在塑造着世界。设想一场倾盆大雨，裹挟着小股泥石流冲下山；冰在岩石裂缝中的作用；风吹过悬崖。是的，那里仍然有火山，但没有大规模喷发，没有改变整个地球表面。仍然有冰川淤积着巨石，蚀刻着宽阔的山谷。地球被不是一次而是一系列的冰河时期改造了。这些不是突如其来的灾难，而

令人印象深刻的斯堪达隆信鸽体形庞大且笨重，有着完全不像鸽子的下弯的喙，是达尔文最喜欢的花式鸽品种之一。可以将此与第2章中的斗牛犬和第7章中的钩嘴鸭进行比较。

小巧的维也纳长脸筋斗鸽的体形不到斯堪达隆信鸽的一半，是所有鸽子品种中体形最小的一种。达尔文参观了许多鸽展，对各种各样的鸽子非常熟悉，不仅是头骨的形状，还有体形、颜色和体态。

是一连串漫长而缓慢的过程，它们与日常的力量协调一致，跨越的时间不只几百年，甚至几千年，而是数不清的千百万年。确实，莱尔从灾变论中抹掉了所有乐趣，但通过暗示地球比任何人想象的都要古老得多，他用一些真正令人敬畏的东西取而代之，这是人类大脑或任何生物的大脑都无法理解的东西：高深莫测的深层时间概念。

依据这种"均变论"的观点，就有了充足的时间在风与水、冰与火的不断作用下缓慢形成地形景观，而不需要突发性的灾难，也有了足够的时间让地球上所有的生命逐渐进化。在许多方面，这本《原理》可以被视为达尔文自然选择理论的地质学先驱，主张持续不断的、逐渐变化的过程，就如我们每天都能从周围观察到的情况一样。达尔文本能地领悟到，他所寻求的进化机制将等同于某一种物理定律，就像牛顿的引力定律和运动定律，而这正是他在优雅、简单而永恒的自然选择理论中得出的结论。这个定律的美妙之处在于，它是以逻辑原理为基础的，就像数学方程式。它永远不会过时，并超越了所有后来的科学发展，在种群或生态系统的层面上，在分子水平上，甚至在文化层面上都同样有效。即使是达尔文尚未解答或解答有误的重要问题——遗传是如何起作用的以及变异是如何产生的——也只不过是细节，丝毫不会影响其有效性。定律是这样的：

1.后代倾向于继承双亲的品质。

2.所有个体都是各自不同的，因此一些差异可能会比其他差异更有优势。

3.出生的个体比存活下来繁殖的个体要多，因此优势品质可能有更高的机会传给下一代，从而增加这些类型在种群中的比例。

对自然选择的一种粗俗误解是，认为身体最强壮、最具攻击性的个体能够生存，或者更糟糕的是，认为这样才有生存的权利。这就是为什么"社会达尔文主义"的论点有如此严重的缺陷和危险性。"适者生存"实际上是科学中最棘手的短语之一。它最初不是达尔文创造的，而是哲学家和经济学家赫伯特·斯宾塞（Herbert Spencer）提出的，他无意中成了许多没有

充分理解生物学概念却试图将其扩展到人类社会中去的人里的第一个。这个短语直到1869年才出现在第5版《物种起源》上，已是距第一次出版10年之后。达尔文把这个短语解释为"最适应"（best fitted）环境，而"适应"（fitness）在生物学术语中仍然用来表示"繁殖成功的潜力"。遗憾的是，大多数人并不知道这一点。"最适应"与身体意义上的适应无关，它并不意味着最健康、最强壮、最有男子气概，或者现代英国俚语中的"性感"，如"啊，她好健美（fit）"那种。不过，所有这一切，尤其是性感，都会对成功产生重要影响，这就是为什么误解会持续这么久。甚至对"生存"的理解也是错误的，因为自然选择并不取决于寿命的长短，而取决于能产生多少可存活的后代。

人们常常把进化与适应混淆起来，或者把它理解为一个经过深思熟虑的、有驱动力的过程，好像是由动物意志引导的一样。适应很可能只是自然选择的结果，而非目的，自然选择没有目的。它也不一定产生最优或最完美的适应。这一切都取决于出发点——这就是为什么可以看到动物以许多不同的方式适应了相似的生态位，它们只是通向同一终点的不同路线。

个体间的遗传变异是所有适应性的根源，而这些变异的永久产生完全是随机的过程。事实上，有更大的可能性会产生某种有害的变异，或者某种不带来任何影响的变异，而不是有益的变异。我们主要听到的是有益的变异，那是因为这些变异都能留存下来。

如果这听起来很冷酷、很机械，让人不舒服，请记住这只是公式的一部分。另一部分，与选择有关的部分，虽然未经有意指导，但差不多是非随机进行的。变异所造成的最微小的差异都会影响生存。俗话说，盲人的国度，独眼者为王。之前眼睛从未产生，后来有一只发育不全的眼睛，一层可以产生升力的翼膜，在寒冷气候下一层加厚的被毛，一种更加隐蔽的花纹，一个快速增长的种群对压力更耐受——所有这些微小的优势都会影响到个体在一生中能产生的后代数量。就像滚雪球一样——经过无数代，微小的变化不断累积起来。同样，环境中最小的、看似微不足道的因素也有能力发挥其影响。当你观察整个生命群体与其环境之间的相互关系，以及那些只有通过自

然选择的不断作用才能保持稳定的复杂生态网络时，会发现非常有趣，这些生态网络只有通过不断地自然选择才能保持稳定。通过这种方式，难以想象的复杂适应性得以在没有智慧外力的帮助下产生，仅仅通过无数微小的步骤。

这些步骤中的每一步，这些细微的差异，都有一个共同点，就是它们一定给每一代都带来了竞争优势，或者至少没有劣势。我说的不仅仅是一个种群或一个物种的生命期限，而是贯穿整个历史，它可能跨越了许多分类群——一直延伸到进化树的各个分支。哲学家和进化论者丹尼尔·C.丹尼特（Daniel C. Dennett）将其比作连续赢下数十亿次正面、反面游戏，这听起来不太可能，但实际上是一种逻辑上的必然，只要有足够的玩家来维持游戏的进行。失败者没有第二次机会，尽管某些适应在一些环境中可能比在其他环境中表现得更好。

有趣的是，这正是人工选择有可能背离自然选择的一个方面——育种者作为聪明的"设计师"，能利用自己的遗传知识事先规划，提前几代设计好一种结果——相当于国际象棋的策略，牺牲局部以赢得全局。

相同的自然选择法则也产生了与适应无关的多样性。你不会说孔雀开屏是对环境的适应，这种扇形的长尾对生存是适得其反的：它笨重，生长代价高，而且容易成为捕食者的猎物。不，雄孔雀开屏是对雌孔雀愿望的回应（事实上，雌孔雀真正喜欢的是漂亮的眼状斑纹的数量，一扇大尾巴有足够的空间容纳更多的"眼睛"）。但同样，没有两只雄孔雀是相同的，雌性选择最能打动它们的个体进行繁殖，这些个体将自己的潜力传给了后代，甚至雌性后代也继承这种对开屏的偏好。事实上，雌孔雀真正想要的是开屏开得更大的雄孔雀，但是，由于这可能会让雄孔雀在有机会繁殖之前被食肉动物吃掉，那这些非常性感的孔雀就无法把任何东西传给后代。但只要孔雀能活下来，屏就可以越开越大。有时这两种相互冲突的选择方式会同时起作用——对环境的自然选择要求孔雀能存活足够长的时间以进行繁殖，而失控的性选择则决定了哪些个体繁殖最成功。两者都符合达尔文的自然选择定律：随机的遗传变异＋非随机的选择＝进化。

同样的分歧也发生在人工选择中。在最基本的层面上，驯养动物都适应了新的环境（与人类和其他动物接近，气候不同、食物不同、交配竞争减少，等等）。它们也受到达尔文所说的人类潜意识选择的影响，比如偏爱体形较大的个体，因为体形意味着健壮与活力；拥有迷人色彩或斑纹的个体，或者最温顺、最容易驾驭的动物。所有这些都可以看作适应性环境选择的印记，与野生动物的正常自然选择相媲美，它们也会发生波动，或进展相当缓慢。但是一旦引入了与同类型的其他个体之间的竞争——赛马和狗展——像孔雀开屏一样，进化的速度就会进入正反馈循环，并能最大限度地超越尺度，与自然界中的性选择别无二致。因此，在驯养动物的人工选择中，被动与失控的力量同时在起作用，而且往往是对立的，就像在野生动物的自然选择中所体现的那样。

另一个似乎也违背自然选择原则的例子是社会性昆虫群落中不育职虫的进化。达尔文推想，如果自然选择是建立在遗传性状的基础上，这些性状可能会使它们获得更大的繁殖成功率，那么在一部分个体似乎为了更大的利益而牺牲了繁殖能力的情况下，种群是如何进化的呢？驯养动物又一次为达尔文提供了类比，帮助他理解这个问题。通过比较不育昆虫和注定要被宰杀的非繁殖商品家畜，他了解到，一个性状的持续选择可以通过亲本世代维持，即使它们自己可能并不拥有这个性状。

尽管达尔文聪明、勤奋、缜密，但我相信他并没有走在时代的前面。像大多数伟人一样，他的贡献很大程度上是建立在之前的其他学者奠定的基础上的。达尔文的祖父伊拉斯谟斯·达尔文（Erasmus Darwin）在他1794年出版的《动物法则》（Zoonomia）一书中［我年轻时总是把它误读为"动物痴"（zoomania），当时还觉得是很好的书名］，事实上就已经提出，所有生命都卷入了为生存而战的持久竞争，并且都起源于一个共同祖先。1809年，法国博物学家让-巴蒂斯特·拉马克（Jean-Baptiste Lamarck）提出了第一个真正体系化的进化理论，并第一个认识到环境因素是适应的动因。拉马克将他认为的变异看作生物体一生中获得的、他认为可以遗传的特征——这是完全合理却不正确的假设，达尔文以及后来的许多科学家从未完全

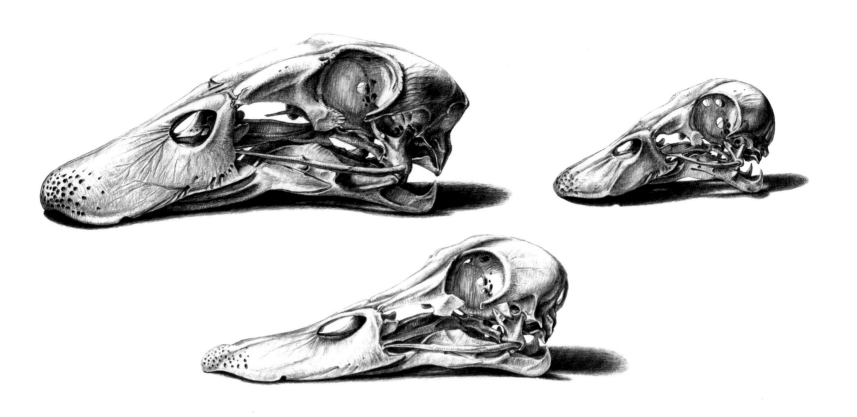

所有的动、植物都有轻微的个体变异。虽然发生的变异完全是随机的，但它们是否能带来繁殖优势这个问题显然是非随机的。家养绿头鸭（下）的体形差异使大型肉用品种得以诞生，比如北京鸭（左上），体形小（但声音大）的柯尔鸭[17]（右上），被用作诱捕。

否定它。遗憾的是，后人提起拉马克时，更多的是记得他的错误，而不是他的成就，尽管他成就诸多且意义深远。在本书中，我坚持拒绝谈"拉马克主义"，而是使用"后天获得性状遗传"这个表述。

为自然选择提供的舞台已经搭好，向着相同的目标，由他人将这一思想的各个组成部分整合在一起只是时间问题。1809年，才华横溢的家禽和鸽子育种家约翰·塞布莱特爵士（Sir John Sebright）（以创造出卓越的矮脚品种而闻名，这部分会在后面讨论）在一封题为"改进家养动物品种的技巧"（The Art of Improving the Breeds of Domesticated Animals）的信件里，无意中直击要害："严寒的冬天，或食物匮乏，通过摧毁无能者与体弱者，产生了最熟练的选择能达到的所有好效果。"达尔文曾多次被莱尔警告，应尽快发表，否则会被别人抢占。但他不顾朋友的劝告，继续从容地做实验、出版其他著作、收集证据来检验他的理论。到1842年6月，他才写了一个35页的概要。两年后，概要被扩充并仔细重写成一篇230页的文稿。1856年，他完成了一部计划要出版的巨著《自然选择》（他称之为"大作"）的草稿，这部手稿可能读起来十分枯燥。

商品肉鸡是为了快速增重而繁育的，通常在6周龄左右被宰杀。即使它们像这只鸟一样长成成鸟，骨骼也不足以支撑它们过度生长的肌肉组织（见第10章插图）。因此，繁殖是不可能的。不交配的动物如何通过人工选择完成进化，这个悖论帮助达尔文理解了社会性昆虫群落中不育职虫的进化方式。

然而，1858年6月18日，手稿接近完成一半时，晨报给达尔文带来了促使他尽快采取行动的动力：阿尔弗雷德·罗素·华莱士（Alfred Russel Wallace）的一篇尚未发表的论文，题为《论变种无限地偏离原始类型的倾向》（*On the Tendency of Varieties to Depart Indefinitely from the Original Type*）。这篇论文是达尔文自然选择理论的简单概括。"我从未见过比这更惊人的巧合，"达尔文沮丧地给莱尔写道，"就算华莱士有我在1842年写的手稿，也不可能写出比这更好的摘要！……所以，我所有的独创性见解，无论最后如何，都将被击碎。"达尔文与莱尔，还有植物学家约瑟夫·道尔顿·胡克（Joseph Dalton Hooker）合作，彼此都是认识的朋友，在开诚布公的幌子下迅速展开行动，于两周后在林奈学会安排了一次达尔文—华莱士合作论文的发布会（当然，达尔文自己是第一作者）。当天两位作者都不在场。华莱士仍在印度尼西亚，对这次会议显然并不知情，达尔文则和家人待在家里，为他几天前因猩红热去世的幼子悲痛不已。

我参加过伦敦林奈学会的活动并在那里发表过演讲，曾看到墙上有一块巨大的纪念铜牌，上面标明了这个时机正好的发布会所发生的地点。但当时这篇论文没有引起多少人的兴趣，当然也远远没有像达尔文预期的那样被欢欣鼓舞地接纳。该学会主席随后汇报说，这一年度并未出现任何革命性的发现，一位评论员甚至补充说："所有的新发现都是假的，实质性的内容都毫无新意。"达尔文痛定思痛几天后，就全身心投入全新著作：一本广受欢迎的书——《论自然选择的物种起源》（*On the Origin of Species by Means of Natural Selection*）——这本书的篇幅与他原本打算的那本巨著相比缩短了很多。他只用了13个月就写完了，1859年11月出版后立即取得了成功，达尔文因此受到全世界的瞩目。

关于自然选择思想的兴起，有最后一件逸事值得一提。1860年4月，达尔文翻阅《园丁编年史》（*Gardeners' Chronicle*）时，恰巧留意到帕特里克·马修（Patrick Matthew）一封言辞愤怒的信件——达尔文完全不认识这个人——他斥责达尔文没

有认可他才是这个理论的原创者。达尔文急忙买了一本所提及的出版物，这是一本1831年出版的名不见经传的小书，书名是《论造船木材和树木栽培》（*On Naval Timber and Arboriculture*）。果然，附录里藏着一条对自然选择必要条件的简明定义，似乎把它当作世界上最明显不过的事情，比《物种起源》的出版早了28年。达尔文和马修就《园丁编年史》进行了一系列信件交流，达尔文认可了马修对优先权的声明，而马修则认为无论如何达尔文都应该获得荣誉，因为他在收集证据方面倾注了大量心血！这成了维多利亚时代绅士风度的一段佳话。

达尔文并没有收起他的"大作"，匆忙写就《物种起源》意味着他不得不遗留下几个未经检验的假设，而最明显的遗漏——整个自然选择理论所依据的限制性条件——是遗传和变异的机制。从根本上说，正是为了这些问题，达尔文才一直进行鸽子变种的杂交实验，制备和测量它们的骨骼，并且进行植物杂交和自交实验。正是为了这些问题，他多年来一直在与世界各地形形色色的动植物育种者通信咨询。他为填补这些空白所做的工作在《物种起源》出版之前就已经开始，并在之后延续了许多年，最终达到了巅峰——1868年1月出版了厚厚的两卷本著作《动物和植物在家养下的变异》。我把本书的出版时间安排在该著作出版的150周年之际以作纪念。

《变异》缺乏《物种起源》的清晰和自信。《物种起源》是对一项简单公式的长篇雄论，而《变异》是一大串杂乱无章的例子，混乱的思路导致了达尔文深知带有缺陷的结论。即便如此，它仍然是一部令人印象深刻的记述与观察的集录。讽刺的是，尽管达尔文写了大量信件，他向世界各地的动植物育种者发出了调查问卷，通过广泛的阅读和细致的研究，让自己去了解每一种可能的来源以获得有用的资料，但达尔文让一项至关重要的联系从他眼皮底下溜走。那时有一个人，刚好在相同时间，正做着和他非常相似的育种实验，而且心怀同样的目标——这个人正在布尔诺的一个修道院的花园里研究着豌豆的遗传现象。

第二部分

遗传

第4章 彩色液体，彩色玻璃

许多年前，一个冬日的下午，我牵着一只母山羊，在英格兰东北部一片荒芜的公有土地上冒着暴风雪奋力前行。我要寻找一只公山羊。我的母山羊爱丽丝正在发情，因为它是用来产奶的，所以必须先怀上孕。山羊发情不会持续很长时间，所以，无论天气如何，我都不得不对交配的迫切需求做出回应。通常会有动物被拴在公共区域，因为我丝毫没有向这项服务付费的打算，所以在没人注意的时候，就抓住机会让它们结合。爱丽丝是一头健壮的牲畜，不是什么特别的品种，却是我见过的最高大的山羊。然而，那天我唯一能找到的雄性是一只矮脚山羊（pygmy goat），它可以轻松地在爱丽丝的腿之间钻过去还碰不着它的腹部。我毫不犹豫地解开那只小家伙，把两只动物带到一处很陡的斜堤上，把雄性重新拴在上面，让爱丽丝在底下，这样至少可以弥补公山羊所面临的垂直距离的挑战。5个月后，母山羊生下了两只正常大小的幼崽，两只出生时都几乎有它们的矮脚山羊父亲那么大。

当然，这些并不算杂种动物。所有驯养的山羊都属于同一个物种，尽管它们外表各异，但它们同样有能力杂交，生育出体形较小（或较大）的它们自己的小羊。对任何了解遗传学或有山羊育种经验的人来说，爱丽丝的小羊并不是矮脚（侏儒）山羊，而是正常大小的山羊，这并不令人惊讶。假设父母体形大小各异且都是纯种，那么这种结合的所有后代都将继承父母

基因的一个副本，而且，由于正常体形相对于矮脚体形更占优势，每个个体都携带了矮脚基因，实际上却并没有表现出来。如果我想要一只属于自己的矮脚山羊，如果生出的小羊有不同的性别，只需要把它们养在一起进行育种，就有25%的概率生出一只来。

这就是奥古斯丁教团修士格雷戈尔·孟德尔（Gregor Mendel）发现的经典遗传模式。每个个体对应的每个性状都继承了两套指令，分别来自两个亲本。如果父母的性状不同，例如侏儒和正常体形，那么其中一个性状就可能比另一个占有显性优势。如果有一个显性性状出现在一对组合中，那就会被表达。如果没有——两个都是隐性的——那么隐性性状就会显示出来。每个世代的子代所表现出来的不同特征的比例都取决于父母的基因构成，尽管它们可能只表现出其中一种外表，但并不意味着它们没有携带其他基因。

孟德尔年复一年耐心地在布尔诺（现捷克共和国的一部分）圣托马斯修道院（St. Thomas's Abbey）的花园里耕耘，孜孜不倦并有条不紊地用不同品种的豌豆植物进行杂交，观察差别显著的子代比例。他很细心地选择了没有中间类型的性状，要么是一种，要么是另一种，比如光滑的种皮或皱缩的种皮，确保所有植物单株在自交时都能一直产生相同类型的性状，然后才开始将其株系杂交到一起。

这只小仔猪（来自德国哈雷的朱利叶斯·库恩驯养动物博物馆）是由一头驯养的白猪（白变种）和它的野生祖先野猪杂交的后代。在不受白变症状影响的部位，它呈现出野猪仔猪特有的条状斑纹。

野生虎皮鹦鹉的绿色是由显蓝色（实际上是黑色）的黑色素和显黄色的红色素混合而成：蓝色和黄色产生绿色。移除其中的一个，就会得到黄色或蓝色的虎皮鹦鹉，当它们杂交时，会重新产生绿色。这可以解释为融合遗传，但无法解释绿色虎皮鹦鹉杂交繁殖时偶尔出现的白色虎皮鹦鹉！

green (wild type) = blue + yellow

绿（野生品种）＝蓝＋黄

yellow = green − blue

黄＝绿－蓝

blue = green − yellow

蓝＝绿－黄

white = no colour!

白＝无颜色

并非所有成对的遗传性状相对于彼此都是显性或隐性的。当带有某种白变症的兔子与纯色兔子配对时，这两种性状都有优势，从而使白兔产生了漂亮的色斑和条纹。虽然这看起来像融合遗传，但事实并非如此。

孟德尔在修道院生活是因为贫穷而非虔诚，对贫穷农家的儿子来说，要接受大学教育几乎没有其他选择。他想成为教师的雄心壮志因口试成绩不佳而受挫，失望之余，孟德尔退而专注于他的研究。

达尔文用鸽子进行育种实验，写下《物种起源》，接受赞誉和谴责，从他知道的每个渠道收集信息，并拼尽全力寻找途径来说明遗传可以提供进化所需的变异。与此同时，孟德尔却默默无闻、不露声色地在无人关注和赞赏的情况下，进行着那项终将永远改变科学面貌的研究。他的研究成果在布尔诺自然历史学会的两次会议上发布，甚至当地报纸还做了新闻报道，并在1866年《布尔诺自然历史学会学报》上发表了一篇题为《植物杂交实验》的论文。不过论文并没有引起科学界的任何关注。

事实上，孟德尔的豌豆并不比前面讨论的山羊更像真正的杂交种，但是这个术语的使用非常不精确，这篇论文被认为是关于杂交而非遗传。第二年，孟德尔被任命为圣托马斯修道院院长，这迫使他放弃了所有的深入研究工作，将余生奉献给行政杂务，特别是在保护修道院方面。他于1881年去世，除了他的宗教办公室外，其他人都对此一无所知，而且为了彻底完结那项令人厌恶的税收事务，他的文件和手稿——连同所有详细记录的方法以及他的科学研究成果——都被焚毁了。

孟德尔遗产的启示并不是特征会以某种方式代代相传，这是显而易见的。甚至不是关于它们是如何遗传的，这是分子遗传学家的领域。最关键的一点是，他证明了外在特征（表型）是不同遗传单位（基因型）的表现，这些遗传单位可以在一种动物或植物中组合起来产生一种结果，并在下一代中重组产生不同的结果（这一点很重要），遗传单位本身是保持不变的。专业术语为"微粒遗传"（particulate inheritance）。可以把它想象成一层一层的彩色玻璃，就像照相机上的滤镜，或者眼镜商用来测试眼睛的特殊镜片。它们可以叠加在一起产生不同的效果，也可以重新组合产生新的效果。微粒遗传中的微粒，当然就是我们现在所说的基因。

另一种观点，也是主流的观点——从亚里士多德一直到20

世纪初——认为遗传通过融合的过程起作用。它不是书面的理论，甚至不是假设，只是普遍的模糊的信念，带有许多可置换的含义。融合是指亲本双方品质的结合，产生介于两者之间的结果。这乍听起来很有说服力。毕竟，我们确实从父母那里继承了一半的遗传物质。不同的是，融合是永久的，每一种组合都会不可逆转地改变遗传单位。如果把微粒遗传比作多层彩色玻璃，那么融合遗传就相当于彩色液体的混合物，一旦加在一起就无法分开。任何一个调错过颜料的人都知道这无法逆转。只能把混合物倒掉，然后重新开始。没错，融合遗传就是这样。表型和基因型之间没有区别，后代也不会出现意外，两只长相正常的雄山羊和雌山羊完全不可能突然生下一只矮脚山羊幼崽。最重要的是，融合实际上减少了种群内的变异。

这被证明是达尔文理论的一大障碍，达尔文的自然选择进化论依赖于源源不断的新可遗传变异，有了这个来源选择才可以运转。变异为自然选择之火添柴加炭，被它消耗又被它摧毁，但任何累积变化的发生都是至关重要的。经过多年艰苦的工作写就《动物和植物在家养下的变异》——这本书旨在解决这个问题——达尔文却依然没有找到解决的办法。因此，当他看到1867年发表在《北英国评论》（*North British review*）上的一篇对《物种起源》的评论（谴责自然选择是一种不可行的理论，理由是基于融合遗传认为这是不可能的）时，感到愤怒是可以理解的。这篇评论的作者是一位苏格兰工程师，名叫弗莱明·詹金（Fleeming Jenkin），融合论的坚定拥护者。詹金认为，在有限的种群中，融合最终会导致一致性。然而，要使自然选择发挥作用，有利变异的遗传必然导致多样性的增加。他的推理很正确，尽管他的论点本应被推翻：自然选择确实产生了多样性，并且需要持续不断的新变异的来源，因此"融合遗传"是行不通的！

詹金的观点突出了达尔文推理中的主要缺陷，这让达尔文备受困扰。问题在于，杂交的结果并不总是像光滑豌豆 × 皱褶豌豆，或者正常山羊 × 矮脚山羊那样有统计学上的可预测性。达尔文只掌握着他所支配的个人观察结果，他能观察到的和听来的报告是一片混乱且相互矛盾的信息，归在一起似乎毫无

竞翔荷麦鸽（Racing homer）[18]是所有飞鸽品种中的佼佼者，具有非凡的速度和归巢能力。虽然它们的性能要求最终导致这些鸟拥有非常一致的外观，但它们是通过不同品种的杂交而被创造并完善的。注意，肌肉厚实的胸部、短且稍微呈锥形的尾部，还有尖尖的翅膀——所有特征都是为了适应长时间的快速飞行。

意义。

例如，在不同的鸽子品种之间进行杂交，浅灰色、黄色和红色的鸽子可以产生一致的黑色后代。如果你是融合遗传的倡导者，那么这一切都非常令人困惑，但是微粒遗传可以很容易地解释这一点。能在纯种变种中表达的成对隐性性状，通过杂交分离，并与优先表达的显性性状配对。很简单！黑色后代将来与原始品种的配对，结果会在下一代中重新出现那些漂亮的颜色。

虎皮鹦鹉也能带来令人惊讶的结果。野生虎皮鹦鹉是绿色的，在它们作为宠物传入欧洲后的几年里，世界上所有的虎皮鹦鹉都保持着不变的绿色。之所以呈绿色，是因为它们产生呈黄色的红色素和呈蓝色的黑色素（事实上，这是真正的黑色色素，由于羽毛结构，在某些部位呈蓝色）。每个人都知道蓝色和黄色混合会变成绿色，但这不仅仅是混合颜料的规则，也适用于自然界中的颜色。然后突然间由于基因突变阻止了黑色素的表达，产生了……一只纯黄色的虎皮鹦鹉。所有的蓝色和黑色都消失了，包括羽毛上的黑色条纹和脸颊上的斑点。脸颊上色彩鲜艳的紫蓝色斑点不见了，只有苍白的、没有色彩的斑块。

随着时间的推移，另一种突变发生了，它去除了绿色虎皮鹦鹉身上的黄色色素，于是产生了蓝色虎皮鹦鹉，以及所有我们熟悉的虎皮鹦鹉花纹。当蓝色和黄色虎皮鹦鹉杂交时，绿色虎皮鹦鹉又出现了！到目前为止，这尚可用融合遗传来解释。但是，当这一代的绿色虎皮鹦鹉自交时，一种新的颜色又出现了，或者更准确地说，没有颜色。

由于这两种突变都涉及阻止两种色素类型的其中一种色素表达的指令，因此有十六分之一的概率同时遗传了这两种指令，从而得到白色的虎皮鹦鹉。当时人们怎么可能知道，蓝色和黄色的鸟儿是基因突变体（当时被称为"畸变"[19]），而白色的鸟儿是这些突变混合在一起的最终结果。

有一些杂交的例子确实产生了一部分似乎介于亲本之间的子代。纯色兔子和某种白兔杂交后，会得到一窝带有斑点和条纹的白兔。但在两个斑点兔亲本之间的杂交中，每窝产纯色子代的概率为25%，以白色为主的子代的概率为25%，因此只有

一半属于亲本类型。虽然这看起来像是亲本特征的混合，但实际上是两个亲本性状共享优势的结果，而不是一个相对于另一个占有优势。在这种情况下，一个特定的白变性状（白变症的种类很多，但都是在一定程度上阻碍了颜色的表达）与其对等性状，非白变性状，即具有正常颜色表达的性状具有同等的优势。理解这个问题的一个简单方式是，白变性状与颜色表达性状正在为抢夺绝对优势而争斗，但由于这场战争势均力敌，颜色只能在某些部位显现，而不能在另一些部位显现。从双亲身上都获得了白变性状的幼崽基本上是白色的，而那些完全没有获得这个性状的则是有颜色的。

本章开头出现的小仔猪（德国哈雷的朱利叶斯·库恩驯养动物博物馆的一件标本）也是白变种，可以从白色斑纹看出。它是一头家养白猪（许多家养白猪都是白色的，它们只会显现出粉红色，因为皮肤比较透明）和一头野猪（它们的野生祖先）杂交的结果。所以在不受白变症影响的部位，它会有野猪仔猪特有的条状斑纹。

蓝灰色的兔子在外观上也可以被认为介于黑色与白色之间，如果你相信融合遗传，可能会这样解释。但你错了，蓝灰兔是黑兔携带淡化色素沉积的额外性状，所以颜色是全身表达但以淡化的形式表现出来的。在这个案例中，该性状是完全隐性的，因此所有蓝兔都有两份淡化的基因指令（不存在无淡化的显性指令），这意味着你可以随心所欲地培育蓝兔，而且只会得到蓝兔后代，所有的颜色强度都是一样的。

不管怎样，鸡身上的蓝色与斑点兔颜色性状的作用方式是相似的，只是这两个不完全显性性状的竞争导致了颜色变淡，而不是呈斑状表达。银鬃马是另一种例子，杂色牛甚至还有白色和彩色混杂的毛。重要的是必须认识到，通过多年的选择性育种，许多表达这些性状的品种已经被调整出它们独特的外貌。仅仅将遗传性状引入适当体色的动物并不能就此生产任何特定品种的具备展览品质的兔子或鸡。

这些结果让试图理解自然变异来源的人感到困惑，除非他们首先意识到混合遗传和微粒遗传的区别，并且不考虑前者。有关更多的反复易变现象的遗传原因，我将在下面的章节中解

Show Antwerp

展览安特卫普鸽

Show Homer

展飞荷麦鸽

Exhibition Homer

展览荷麦鸽

Genuine Homer

纯种荷麦鸽

American Show Racer

美国展飞赛鸽

19世纪，当竞翔荷麦鸽仍有高度可变性时，爱好者们试图标准化它们的外观以便用于展览。结果，他们使用了大量杂交手段，不断调整，最终得到了一系列新品种——与预期效果恰恰相反。

释，不过此处是为了说明达尔文长期以来所经历的困难。早在1840年，他就向育种者们分发了一本小册子，其中列出了21个与各种杂交结果有关的问题（事实上，每个问题都由多个额外的问题组成）：两个种系之间杂交的后代是稳定的，还是会回到两个亲本中的任何一个？在旧品种和新品种的杂交中，旧品种的特征会占上风吗？有什么结构上的独特之处是由第二代（而非第一代）继承的？能否举一些新品种的例子，它们并不单纯是两个已确立的品种的中间产物？

这些问题涉及种间杂交、变种间杂交和相同品种个体间的杂交。其范围除了外貌，还涉及行为与学习能力。这些问题试图将杂交后代的生产力与近亲繁殖后代的退化相比较。它们深入探讨了早期交配对未来后代的影响以及学习行为的遗传。简

言之，达尔文撒的网实在太大了。也许他想找到一个像自然选择那样简单而有说服力的解决方案。相比之下，孟德尔小心翼翼地挑选了涉及范围尽可能窄的参数，并通过这项工作，成功找到那块最重要的基石，在此基础上终会产生一门深奥难解的复杂学科。

结果是达尔文一开始就低估了杂交（动物的有性繁殖）的价值，对动物而言杂交是增加变异的一种方式。我认为，这有时被错误地解释为有计划地减少品种间的杂交有利于逐步累积选择。达尔文在育种实践方面知识渊博，不至于落入这样的陷阱。关于引进新种系以提高家畜生产力，将性状结合起来创造新展览品种这两点的价值，他一清二楚。达尔文的错误在于，他寻找的是亲本品种之间确切的中间产物，而不是各自遗传的

单独性状。

技术娴熟的育种家可以通过寥寥几代就培育出新变种，或者通过将特定性状从一个品种转移到另一个品种来提高现有品种的品质，且不损害它的其他品质。例如，第1章中描述的毛领鸽和诺维奇球胸鸽经常被用来杂交，使毛领鸽的体态更直立，又丝毫不会影响其颈部的长羽毛形成的华丽褶边。同样，达尔文的朋友特盖特迈尔（Tegetmeier）在他关于赛鸽的一本书中也描述了用来提高赛鸽品质的杂交品种，包括一些看似不太可能的品种，因为这些品种并不以空中飞行能力见长。现在的赛鸽外形相当一致，虽然颜色各种各样。然而，时不时会出现一个带一点领褶或者球胸的个体，这是被用来创造它们的那些品种遗留下来的基因。

在达尔文时代，赛鸽的品种组成更为明显可见。尽管它们无疑是世界上最好的飞鸽和信鸽，但外形五花八门。它们的头部形状多变，有些头部和喙部窄而尖，有些则有厚实圆形的头部和弯曲的喙部。

19世纪中叶，比利时赛鸽的传奇声誉开始激起英国鸽迷们对创造一种双重用途鸟儿的兴趣，这种鸟要合乎它原本的性能，但还要在展览中保持一致的外观。第一种被精心创造出来的展览赛鸽被命名为"展览安特卫普鸽"（Show Antwerp，这个比利时城市让人相当困惑，因为该品种是英国人创造的，但"安特卫普"这个名字被鸽迷们当成了赛鸽的同义词）。该品种通过与另一种叫"猫头鹰"的品种异型杂交，突出了大而圆的头部，并且根据喙长的不同产生了三种形态：短喙、中喙和大喙，后来人们为了避免渐变而放弃了中喙的形态。第二个版本是体形更大的"展飞荷麦鸽"（Show homer），从大喙品种中衍生而来，通过与魅力十足的斯堪达隆信鸽（见上一章中的图片，这个品种也是达尔文的个人最爱）杂交，最终面部特征更为夸张，并且有弧形的头部和独特的钩状喙。虽然它异乎寻常的外观受到了一些爱好者的欢迎，但也有许多人不喜欢它的头和喙的形状，并希望回到未曾与斯堪达隆信鸽杂交的版本。因此，有了第三个品种，直头品种由其他杂交组合产生，这个品种被称为"展览荷麦鸽"（Exhibition homer）。到此时，情况已经与

最初的比利时赛鸽有了很大不同，如果不是为了最初的目的而进行了直接选择，这些展览变种中没有一种会保留竞速飞行的天赋。该系列的第四个品种被冠以自相矛盾的名字"纯种荷麦鸽"（Genuine homer）。还有来自美国的展飞赛鸽和喙更细的英国展飞赛鸽。德国有"美观荷麦鸽"（Beauty homer）——一种真正令人惊异的鸟，但它是完全无法用作飞行的品种。名单还能继续列下去。最新的发展是竞翔荷麦鸽也被有意创造出不同的颜色。这些花式荷麦鸽品种仍然存在，并且可以在鸽展上看到，不过它们的外观因不断被选择而有所调整。

事实上，近年来通过杂交创造新变种已经上升到了时尚的高度。裸颈鸡（Naked-neck fowl）与乌骨鸡（Silkie fowl）[20]杂交产生了羽毛蓬松、正面无毛的秀女鸡（Showgirl）。无毛的斯芬克斯猫（Sphynx cats）和短腿的曼基康猫结合在一起生产了巴比诺猫（Bambino）。还有一长串的有名品种狗的组合——贵宾犬（poodle）始终参与其中，组合词名称的某处会加上"poo"或"oodle"。我有一只威尔士边境牧羊犬与标准贵宾犬的杂交后代，我肯定这种组合会有个什么名称，但我宁愿不知道那是什么。

即使是通过反复推敲杂交培育出来新的品种，作为选择的结果，在性状的初始组合后，变化仍会持续很长时间。选择可以继续发挥作用，事实上，无论有意还是无意，选择都会继续发挥作用，在不可阻挡的进化过程中偏好某些变异的同时消除其他变异，就像它在自然界中所起的作用那样。例如，体形娇小的玲珑鸡（Serama）——最小的鸡种——是在马来西亚从各种各样的矮脚鸡品种中特意为审美趣味而创造出来的，但这只是最初阶段。之后，这个过程被选择性育种取代，这就是玲珑鸡体形持续缩小，体态如纹章图案般竖直且颈部后倾的原因。

达尔文对杂交不再抱有幻想，因为它有明显的融合效应，他转而关注动物寿命内的获得性特征，尤其是由于用进废退而获得的特征。他推断，许多家养动物耳朵下垂是因为不需要像野生动物那样警惕捕食者。嗯，这可能是真的。当然，一只耳朵下垂的黑斑羚（impala）或斑马在塞伦盖蒂可能活不长，但这并不意味着在没有捕食者的环境中，动物会立刻垂下耳朵

德国美观荷麦鸽也许很漂亮，但它们完全不是信鸽！这只是创造展览荷麦鸽的许多尝试中的一种，理论上仍然符合最初需求。但是，正如我们将在第10章中看到的，只有继续用于其目的才能做到这一点，否则变化不可避免。

（事实证明，在驯养条件下，下垂的耳朵可能比野生条件下更容易出现，尽管这与它们无须警惕捕食者没有一点儿关系。不过第12章会有关于这个问题的解释）。

事实上，动物一生中发生的任何事情都无法影响已经稳妥

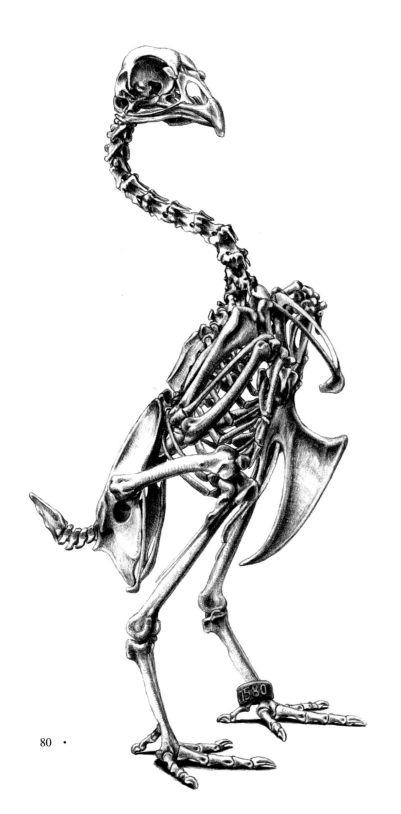

藏在性细胞中的遗传信息，至少在进化层面上没有任何有意义的影响。1887年，德国生物学家奥古斯特·魏斯曼（August Weismann）通过一项实验最终证明了这一点，他在实验中切断了68只小鼠足足5代的尾巴，之后直到有901只小鼠以科学的名义牺牲掉尾巴，他才总结说："无一例尾巴残缺或出现其他异常的情况。"魏斯曼开始这项实验时就对结果充满了信心，以此回应一系列关于猫的报道，报道称德国黑森林地区一只猫在一次意外中失去尾巴，后来又生下了一窝没尾巴的小猫。他非常正确地指出，自发的无尾突变也会造成同样的结果，就像与马恩岛猫（Manx cat）杂交一样，马恩岛猫是一种天然无尾猫，可能是从马恩岛引入的。

寻求超自然的答案来解释不可能的巧合是人类的天性。事实上，这样的事情发生的概率越大，就越能确定遗传影响是唯一的解释。以布偶猫（Ragdoll cats）为例，布偶猫十分温顺，软乎乎的，它们因此而得名。创造这个品种的种群是一只名叫约瑟芬的流浪猫的后代，在1965年被汽车严重撞伤之前，约瑟芬生下的都是活泼好动的小猫，像它自己一样有着野性气质。因此，当这些温顺的，在它受到创伤后才出生的小猫开始出现时，人们自然而然地认为它们继承了母亲因被逼无奈而导致的活力缺乏。

再讲另一个故事，发生在遥远的过去，是关于经常在红白毛色的查理王小猎犬前额上看到的红色斑点（这种图案被称为布伦海姆，原因往下看就明白了）。据说这是遗传了马尔伯勒第一公爵夫人莎拉·詹宁斯（Sarah Jennings）留下的指印，在她的丈夫约翰·丘吉尔（John Churchill）参加西班牙王位继承战时，她曾在痛苦之中反复抚摩着她那只狗的脑袋。1704年，她丈夫在布伦海姆战役中的胜利为他赢得了牛津郡一处华丽庄园的王室馈赠，那里很快改名为布伦海姆宫。在那里，有着布伦海姆标记的查理王小猎犬被饲养了几个世纪之久，它们全部都带有红色的拇指斑点。

然而，能荣获"最有说服力"称号的是下面的例子，简直是《阴阳魔界》[21]的现实版。20世纪中叶，一只名叫"时尚"的猎狐犬（Foxhound）母犬在肯塔基州参加了一次野外测试。

玲珑小公鸡卡斯帕（Caspar）和（左）一只玲珑鸡的骨架（不是卡斯帕）。玲珑鸡是体形最小的鸡的品种，它们的出现纯粹是为了审美趣味，由不同品种的矮脚鸡杂交而成。体形的进一步缩小和纹章图案风格的直立姿势是持续选择性育种的结果。卡斯帕不仅有丝状羽毛，羽毛还有母鸡化特征，第9章有相关描述。

所有狗的体侧都被标上了一个数字，这样就可以从远处辨认它们，时尚的数字是14。猎狐犬身体两侧通常会有形状不规则的色斑，但是当时尚生出下一窝小狗的时候，其中一只幼犬身上有一处清晰且形状完美的"14"色斑！

认为在生命过程中获得的特征可以传给后代的想法是很有吸引力的，特别这些特征体现了通过真诚努力而取得了令人钦佩的结果和成就时。与融合原理相矛盾的是，后代的这些特征过去通常——现在有时仍然——归因于父本，而不太理想的特征则被归咎于母本。系谱和家谱总是追踪父系血统，母系后代延续的血统被认为是"干扰"。

一个值得注意的例外是数百年来贝都因人口口相传的历史，通过母系血统记录他们的阿拉伯马（Arabian horses）的祖先——同样带有偏见，但令人耳目一新。母马是最有用的战马，由于阉割公马的做法并不普遍，因此不用作繁殖的公马总是被杀死。最有价值的纯种母马（被称为asil）的祖先可以追溯到很多代以前，asil和非asil（未知血统的普通马）之间不可杂交。如果杂交意外发生，母马和它所有未来的后代都会被视为受玷污的马。

有一匹不属于贝都因人的阿拉伯母马，19世纪初，它属于英国人乔治·道格拉斯（George Douglas），他是第16任莫顿伯爵，而这匹马是这种独特的"污名化"遗传神话中最著名的例子。这被称为先父遗传（telegony）[22]，认为雌性的性行为会影响将来交配产生的后代。

这个故事发生在非洲。18世纪末19世纪初，欧洲殖民"黑色大陆"的主要障碍是疾病，特别是昏睡病[23]，影响了殖民者和他们的马，没有人能找到治疗这种疾病的方法或疫苗，但如果能防止马成批死亡的话，至少可以解决部分问题。莫顿伯爵意识到非洲的野马——斑马和半身有斑的伯切尔氏斑马（现已灭绝）——对当地疾病有一定的免疫力。他建议培育伯切尔氏斑马与普通马的杂交种，作为商业资产运到非洲，就像几个世纪以来，母马和公驴之间的杂交种（骡子）被有意培育出来用作驮畜一样。

那时要得到一匹伯切尔氏斑马种马很容易，即使培育一匹杂种马驹的困难也不是无法克服的。但是要产出一直能为人所用的动物，这个要求终究还是太高。

第一匹也是唯一一匹马驹野性十足，难以驯服，项目因此流产。当然，也不能选择驯化育种，因为物种间杂交种几乎全都不育。这匹栗色母马被转手给了一位朋友，并与一匹漂亮的黑色阿拉伯种马交配。母马接下来发生了完全出乎意料的事情。它生下一匹半身条纹的小马驹，然后又生下一匹。

这是一个经常被提起的故事，用来证明先父遗传这种谬误。对阿拉伯马后代的常见描述是它们腿上有条纹，而教科书上的答案则是许多小马驹的腿上天生就有条纹，

寻求超自然的答案来解释不可能的巧合是人类的天性。关于一只猫在一次事故中失去了尾巴，后来又生下了无尾小猫的一连串报道，促使德国生物学家奥古斯特·魏斯曼进行了一项实验，以证明后天获得的特征是不能遗传的。

随着年龄的增长，条纹会消失。我费了一番工夫，查看了瑞士艺术家雅克·劳伦特·阿加斯（Jacques-Laurent Agasse）的6幅美丽油画，这些油画是莫顿伯爵于1821年委托画家为皇家外科学院创作的，画中有这匹母马、伯切尔氏斑马、阿拉伯种马以及它们各自的后代。果然，两匹纯种小马的肩部都有大量条纹，其中一匹的腿上也有条纹（另一匹的腿是深色的，有一只白色脚掌，跟它父亲一样）。事实上，至少从表面上看，这两匹纯种小马甚至都比伯切尔氏斑马和普通马的杂交种更像伯切尔氏斑马。

目前还没有科学证据支持先父遗传理论，此后人们也进行了大量实验——用普通马和斑马或用实验室小鼠，但都未能获得结论性成果。不过莫顿伯爵的母马的后代确实引出了非常有趣的争论。

达尔文最终重新评估了杂交价值，不过值得注意的是，尽管他在植物杂交方面做了很多工作，但从未完全意识到其重要性。事实上，有性生殖是自然选择所依赖的新变异的最有力来源，它反复地洗牌和切牌，每次摊开的都是不同的组合。

达尔文也没有放弃后天获得性遗传的信念。在一定程度上为了回应弗莱明·詹金的批评，他设计了一个相当牢靠的融合主题的改良方案（基于公元前400年左右古希腊哲学家兼医师希波克拉底的理论），他在《家养下的变异》中对此进行了长篇描述，称之为泛生论（pangenesis）。他声称每个细胞都会产生一种叫微芽（gemmules）的微小颗粒，它们在体内循环，最终聚集在生殖器官中，然后传递给未来的后代。当环境影响细胞时，微芽就会发生改变，因而微妙地改变遗传信息。如果杂交后代更像一个亲本而非另一个（就像爱丽丝和矮脚山羊的后代），那么这个亲本个体中一定有更多或者更强大的微芽。微芽可以处于休眠状态，然后重新显现祖先的形态或重新显现以前交配者的形态。它们可能会因为方向错误而出现畸形。它们可以与胚胎细胞相互作用，触发发育过程。泛生论的再创造是达尔文解决所有遗传变异问题的捷径，微芽可以解释一切。

达尔文错了。答案不在于融合，而在于微粒遗传：彩色玻璃。微芽解释不了所有现象，但基因可以。

第 5 章　显性的疑问

坊间传闻，风情万种的舞蹈家伊莎多拉·邓肯（Isadora Duncan）曾与剧作家乔治·萧伯纳（George Bernard Shaw）有过一段两情相悦的私密时光，她曾提出，以她的外表和他的头脑，两人一定能孕育出最完美的孩子。"确实，"萧伯纳尖酸地答道，"但如果那可怜的孩子有我的外表和你的头脑呢？"

像"外表"和"头脑"这样的重要部分当然过于复杂了，不可能一下子遗传下来。即便不可能，也不会在两者之间只择其一。不过有一点非常正确，即使既不像父母，也不像更早的祖先，这个孩子也会从萧伯纳和邓肯那里遗传到每一个特征。不过正如上一章提到的，这并不意味着产生的只是两者的融合体。

每个有性繁殖的动物和植物个体都携带两套遗传指令，分别来自双亲，它们排列在一对名为"染色体"的呈紧密螺旋状的DNA上。染色体在体内每个细胞的细胞核中自由漂浮，通常只有在细胞分裂时才会聚集到一起。这两套指令中的每一套都包含了整个生物体发育的指令，每个细胞都有这两套指令的一份拷贝，尽管其中的大部分可能对特定的细胞没有用处。我说的是每个细胞，但有个至关重要的例外：配子（性细胞）只携带一套指令。

原因是如果卵子和精子都含有双亲的所有遗传物质，那么每一代从双亲传给后代的信息量就会翻一倍：4倍、8倍、16倍——很快就会有数十亿套相互竞争的指令。其实不然，性细胞是以它们特有的方式形成的，不像体细胞那样产生完全相同的复制体，这两组信息以通常的方式被复制，然后整套染色体被分离，并通过叫作"交换"的过程在染色体对之间交叉互换。随后，所有的指令被一分为二，生成四个完全随机的单组指令集。每个由此产生的性细胞只有双亲遗传物质的一份拷贝，但这份拷贝包含了性细胞所需要的一切。在与另一个个体交配之后，这两组"单倍体"细胞结合在一起，遗传信息在受精卵中再次恢复完整，来自双亲的单个染色体结合在一起组成新的成对染色体。

尽管双亲特征的混合产物多半是随机的，但混合过程并非随机。每个染色体都包含特定任务的指令，按照特定顺序排列。事实上，每个特征在其等位染色体上都有对应特征，所以当成对的染色体结合在一起时，它们的排列方式会完全相同。在染色体上的任何给定位置（称为基因座，locus，复数为loci），同一个物种的指令性质是相同的，即使指令本身略有不同。这就是物种之间的杂交通常无法产生可育后代的原因之一，种间杂交可能导致它们的遗传物质产生不同的排列，甚至产生不同数量的染色体。

因为基因座是成对的，所以指令总是有两个版本。有时这些指令是相同的，有时是矛盾的，正是这些指令的组合（只要

对达尔文和他的鸽迷同事们来说，在英国短脸筋斗鸽身上创造出杏仁色花斑是选择性育种的巅峰。尽管这种复杂性状组合的遗传似乎令人困惑，然而数百年来，育种家成功地迎接了这一挑战。

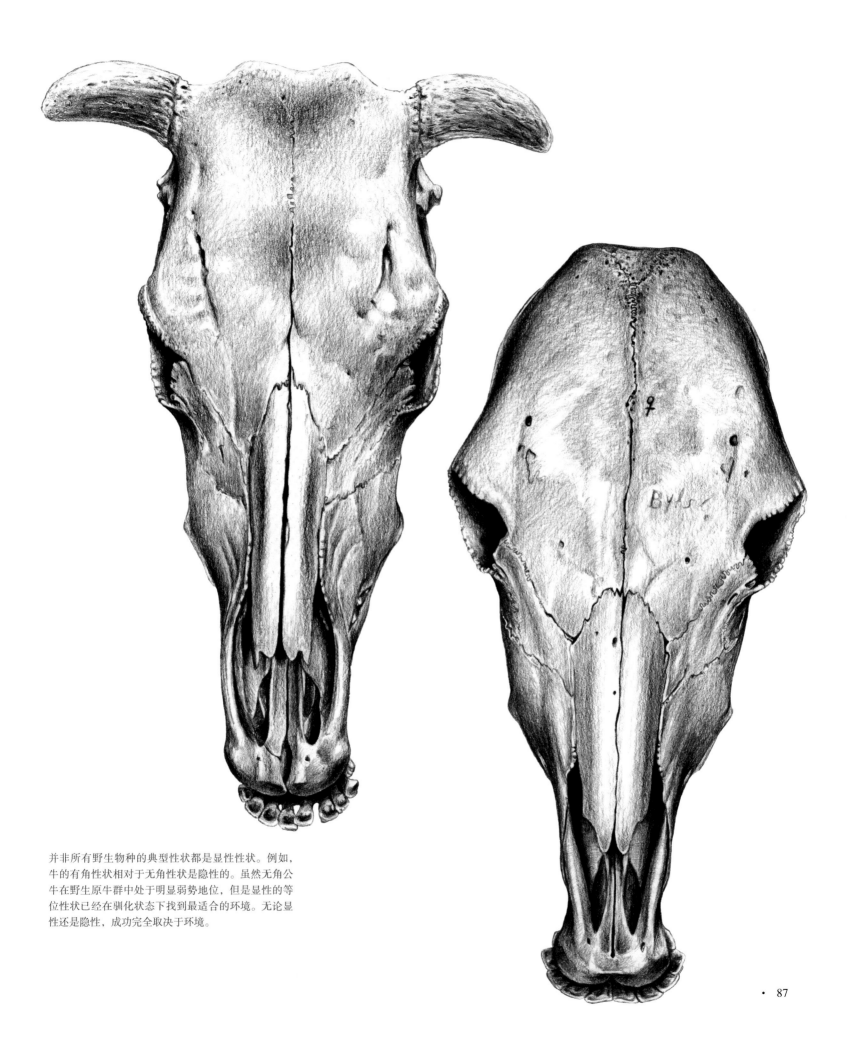

并非所有野生物种的典型性状都是显性性状。例如，牛的有角性状相对于无角性状是隐性的。虽然无角公牛在野生原牛群中处于明显弱势地位，但是显性的等位性状已经在驯化状态下找到最适合的环境。无论显性还是隐性，成功完全取决于环境。

在杂合的塞巴斯托波尔鹅身上，只有肩羽（肩部的羽毛）是延长并卷曲的，大部分羽毛未受影响。然而具有这种纯合性状的鸟儿，其胸部、背部、翅膀和尾巴上都有参差不齐的羽毛。仔细观察纯合鹅和杂合鹅的羽毛，就会发现这些羽毛并不是简单地破损，它们在结构上有着更为有趣的东西。

环境条件合适）决定了它们如何在活体动物身上表现出来，我们称之为表型。

在所有生物都千篇一律的想象世界里，我们从双亲那里得到的指令都是相同的（事实上这是不可能的，因为有性生殖只因能发生变异才得以进化）。谢天谢地，现实世界里突变的发生改变了给定基因座的指令，如果这些突变没有被证实对个体有灾难性的后果，它就能产生可供替代的另一种版本，从而传递给后代。

同一位点上可以有任意数量的突变，产生许多不同的潜在结果，但由于每个有机体每次最多只能有两个可替换位点（每个位点来自其中一个亲本），所以只有两组指令可以影响个体的表型。这些可相互替代的指令集被称为等位基因。

最直接的例子就是两个不同的等位基因配对，一个起主导作用，相对于另一个呈显性。如果主导作用是绝对的，那么这个等位基因无论有一个还是两个，表型都没有差异。只有在没有显性等位基因的情况下，一对隐性等位基因才能起主导作用。

虽然可以简单地将等位基因规定为显性和隐性两类，但事实并非如此。单个等位基因的遗传指令既不是显性的，也不是隐性的，这是一个比较性术语，如较轻或较重，仅表示在如何影响表型方面某个等位基因与其他等位基因的关系。

长期以来在显性和隐性之间的联系方面，人们一直认为显性等位基因反映了事物的自然秩序，并且不可避免地掩盖了隐性等位基因，但真实情况绝非如此。等位基因是显性还是隐性并无区别，它们的出现频率发生变化只不过是进化的结果。二

虽然矮鸡（或称日本矮脚鸡）体形矮小是选择性育种的结果，但不成比例的短翅和短腿最初是由一种被称为"爬行"（creeper）基因的等位基因造成的，这种基因是导致侏儒症的一种，几百年来的选择育种使矮鸡变得更矮。高高挺立的马来亚鸡（对页）则显示出在腿的长度方面的另一个极端！

者都可以存在于同一种群中，甚至可以看作进化与否及进化速度的标准。在可以积极观察进化过程的情况下，比如观察孤岛种群，异常稳定的频率可以凸显出有趣的排列组合方式。

在绵羊身上，有角的性状与被称为畸形角（scurs[24]）的细小退化角的显性性状有相同的基因座。完全无角也有隐性等位基因——无角（polled[25]），在两种性别中均存在，或仅在雌性中，但暂不讨论。你可能会认为，在以角作为某种性别选择标志的物种中，有畸形角性状的绵羊很快就会减少，取而代之的是它们长着更大的角的近亲。然而，古老而野生的索艾羊（Soay sheep）生活在与世隔绝的圣基尔达群岛（位于大西洋苏格兰外赫布里底群岛以西约64公里），完全无人管理，对它们的长期研究表明，多年来，畸形角的羊在种群中的比例一直保持不变。原因是尽管这些天赋条件稍差的绵羊每年产的羔羊较少，但它们的预期寿命更长，因此，总体繁殖成功率与大角公羊相当，后者的一生短暂而辉煌。通过这种方式，附属种群仅凭少数群体就可以在更大的种群中保持基因立足点的稳定。如果它们在种群中的数量增加，分离群体中的性别选择将占据主导地位，循环又会开始。

隐性等位基因被严重压制，再加上显性等位基因掩盖了它们的作用，它们可以在不被发现的情况下世代相传，在群体中稳定增殖却不表现出来。因此就算不想要，它们也几乎不可能被完全抹去。在最新的基因组测试技术出现之前，确定是否存在隐性基因的唯一方法就是育种繁殖，而在像马和牛这样繁殖缓慢的动物身上，想确保完全不会出现意外情况几乎是不可能的。基因型是不可见的，只能通过表型表达出来，动物不会把Pp（携带有角隐性基因的无角牛）或PP（完全不携带隐性基因的无角牛）标在身上。因此，许多动物育种者选择遵循严格的同系交配的原则，以剔除不想要的隐性等位基因，在这种情况下隐性基因最终会被迫显现。

另一方面，显性特征无处隐藏。只需要从其中一个亲

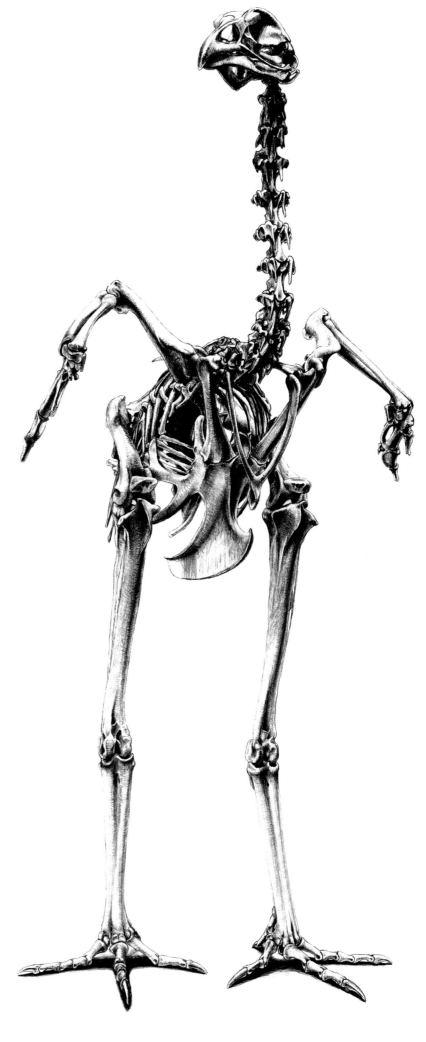

虽然印度斗鸡的四肢不像矮鸡那样明显缩短，但它们也携带一种被称为"杂合体短肢"（Cornish lethal）的不成比例矮化症的等位基因。尽管其外部特征与爬行等位基因相似，但可以看出骨骼的差异。腓骨（每条腿外侧的细长骨头，通常被用作牙签）比正常情况粗得多，并且在下端与胫骨（小腿骨）相连。

本那里得到一个等位基因就可以显现出来，如果它被证明是有害的或不需要的，那么自然选择或人工选择可以阻止进一步的传递（除非是仅在老年时才表现出来的性状，那时基因传播这种损害已经发生）。

孟德尔非常小心地从培育"纯种"的植物品系开始，也就是说，在许多世代中始终如一地培育与双亲一致的后代。纯种培育源自含有相同等位基因的两份拷贝，这叫作纯合（如果含有两个不同等位基因的各一份拷贝，就是杂合）。在一个由特定性状的纯合个体组成的群体中，等位基因是显性还是隐性并不重要，因为没有其他等位基因可以与之结合。

实际上，没有理由认为隐性等位基因比显性等位基因更有害，正常野生动物的许多性状都是隐性的。所有的变异都取决于环境条件，在一种情况下可能致命的性状在另一种情况下可能是有利的。角就是很好的例子。

一头在原始森林中为至高无上的地位而战的无角原牛公牛不会给一头有角公牛带来致命的威胁，因此也不会有太多机会将这种特征传给后代。然而，牛的无角等位基因相对于有角等位基因确实占据着显性优势。驯化改变了环境，使之对无角牛更有利，因此当无角牛开始在驯化条件下出现时（第一批无角牛可追溯到8000年前的考古证据，它们在古埃及艺术品中经常出现），其价值很快就得到了承认。有角的牛很危险，它们对主人来说是危险的，对彼此来说也很危险，因为这意味着它们在经济上和身体上都有可能对农夫造成损害。现代肉类工业的活体动物运输带来了一个特殊问题，如果到达目的地的动物遍体鳞伤，即使很快就会被宰杀，也会给人留下糟糕的印象。

因此，在原牛及其众多后代的进化史上，无角的类型现在有了优势。然而，尽管这个等位基因是显性的，要将无角性状引入最有价值的肉牛品种，同时又不因为异交而影响它们的生产能力，这一挑战性的问题在短期内还无法解决。为了有选择地将该性状培育到畜群中，有争议的"基因编辑"技术正在试行中，方便人为地改变基因编码。

在进化的背景下，隐性突变具有明显优势。选择只作用于动物的表型，而非作用于看不见的基因型。所以新的显性突变被个体直接表达出来，只有一次机会证明它们的价值。而与此同时，隐性等位基因可以在群体中无形地积累，当最终显现出来时，它们有很多机会，可以受到自然选择的青睐，或者被舍弃。

明确的显性性状或隐性性状就是我们现在所说的孟德尔遗传。在他的豌豆植物实验中，孟德尔明智地选择并限定自己使用了7对没有中间形式的对比性状，因此每一代的子代都在统计上得以明确无误地区分。第一代都是显性表型，因为每个隐性等位基因都会与显性等位基因配对。但如果将这些第一代植物再杂交，那么四分之一的子代会有两个隐性等位基因的拷贝，因而成为隐性类型。他还通过杂交将这些性状组合起来，证明它们可以在后代中独立分离，而不会融合在一起。

事后看来，孟德尔在选择他所研究的特征方面极其幸运。经典的孟德尔遗传学有很多例外，而且很有可能在他也无法知晓的情况下使结果出现偏差。他研究的性状中有两个共享同一条染色体，如果它们靠得足够近，避免了在交换过程中分离，那么它们很容易搞乱孟德尔关于独立分离的所有整齐、明晰的统计数据。

如前所述，兔子和鸡的案例中，两个不完全显性或同等显性的等位基因，其相互竞争的结果可能是两个性状都得到表达（事实上，这些定义之间唯一真正的区别就是它们的表达方式，有些性状根本不可能以中间形式存在，而是二者共存）。有很多等位基因的例子，它们对其对应的等位基因具有不完全的支配性。许多驯养动物品种有两种或三种公认的类型：尺度的一端是纯合显性，另一端是纯合隐性，当然，这种纯合隐性没有任何相关性状的迹象，也没有该性状的等位基因可以遗传。介于两者之间的是两个等位基因的杂合组合，以中间形式表达性状。

裸颈鸡（这个名称的原因很明显）的显性纯合子有完全裸露的颈部和上胸脯，羽迹之间有很大的空间。相比之下，杂合裸颈鸡的羽毛更浓密，颈部前面有一簇看起来不协调的羽毛。纯合隐性的裸颈鸡无法通过花色识别，它们看起来只是正常外形的鸡。本书后面的章节还会提到裸颈鸡。

另一个例子是鸽子的丝毛突变。在一些鸟类群体中，突变会影响羽毛的微观结构，使羽支不能形成连续的羽片，羽毛呈精致的蕾丝状外观，这是因为不同鸟类群体有不同的基因。在有些鸟类身上是显性的，在另一些鸟类身上则是隐性的。在鸽子身上，"丝毛"（silkie）突变或"蕾丝"（lace）突变是不完全显性的，因此与非常有吸引力的杂合子个体相比，该性状的纯合子个体在外观上显得更极端（看起来明显是乱蓬蓬的），如第2章所示的扇尾鸽。

在丝毛鸽身上，所有羽毛都受到影响，只是程度或深或浅。在塞巴斯托波尔鹅（Sebastopol geese）身上呈现的另一种羽毛突变中，纯合子和杂合子个体之间的差异不仅表现在受影响羽毛的表达程度上，还表现在羽毛组本身。

所有塞巴斯托波尔鹅的头部和颈部都覆盖着正常光滑的羽毛，但在身体的其他部位，羽毛拉长卷曲，结构极不寻常。仔细观察你会发现，除了表面上看起来只是粗糙的羽毛外，还有一些更有趣的情况。一种情况是，分出的羽片部分实际上是在羽轴内形成的，向两侧分开。另一种情况是，看似超长的羽毛实际上是两根或更多羽毛，有完整的带有绒毛的基部，沿着同一根羽轴，一端连着一端生长，像一串香肠。

在杂合塞巴斯托波尔鹅身上，受影响的羽毛主要分布于肩胛骨处，其他羽毛仅有非常轻微的改变。相比之下，纯合子不仅在肩胛处有长而参差不齐的羽毛，而且在上翼盖、胸部和背部也有，同时它们的翼羽很短且发育不良。每当我看到它们，就会想起喜剧演员罗德·赫尔（Rod Hull）在20世纪70年代的电视剧中扮演的性情暴躁的手套木偶鸸鹋，不过塞巴斯托波尔鹅其实非常温顺。

在展览动物中，通常最理想的是杂合子形式，由于它们也是用于繁殖的动物，杂交时平均会产生50%的杂合子后代。另外50%则由两种纯合极端以等比例组成，遗憾的是，隐性纯合子是一种在遗传上并无用处的副产品。像这样由不同类型组成的种群（被称为多态性）也存在于野生动物中。例如，在北极贼鸥（Arctic skuas）中，有一种纯合的隐性浅色类型和一种不完全显性的深色类型，以及中间颜色的杂合子。根据丈夫的研究，新西兰的秧鸡（Weka rails）很可能是类似的例子。多

态性现象可能在大型猫科动物中最广为人知，最有名的是黑豹（black panthers），黑豹是豹（Leopard）的黑化类型。这是直接的孟德尔遗传的例子，不过在这种情况下，斑点皮毛的等位基因相对于黑化的等位基因是完全显性的。在美洲豹（Jaguars）中，黑化的类型是显性的。

如果孟德尔无意中选择了一个不完全显性的性状，那么他的杂交子代将100%产出与两个亲本都只有轻微相似的后代，如果他误认为这是双亲性状的融合，也可以原谅，许多人以前都这样认为。但他是一丝不苟的研究者，他选择的不是一对而是七对对比性状，这就增加了获得直接遗传案例的可能性，他至少能获得一个来用作比较。因此，在这个假设条件下，他很可能正确地将结果解释为不完全优势，尤其是如果他继续进行后代的育种繁殖。

重要的是，亲本的基因型通常只能通过子代的表型来显示，或者更具体地说，通过每一代中不同表型之间的比率来显示。只有通过比较这些比率，基于孟德尔统计，才能根据某些迹象证明子代中有一部分可能已经消失。正是通过这个方法，1905年，在孟德尔的研究被重新发现的几年后，法国生物学家卢西恩·奎诺（Lucien Cuénot）发现了致死基因现象。

对植物来说，任何死亡的幼苗或无法发芽的种子都可以很容易地被识别出来，并被统计。在鸟类中，任何受精但未孵化的卵也可以被统计。但在哺乳动物中，胚胎在发育的早期阶段被重新吸收，因此是不可见的。奎诺在研究小鼠的体色遗传过程中注意到在两个杂合黄色小鼠之间的杂交中，三分之二的子代是黄色的，而不是预期中的二分之一。

一只黄色小鼠最好和一只不同颜色的小鼠配对，否则会少产生25%的子代。致死基因，更准确地说，致死等位基因只能存在于杂合子组合中，并且只有在它们是隐性或不完全显性的情况下存在。隐性致死基因在活体动物中不表达任何表型（如果它们与显性等位基因配对，显性基因就是表达的基因；如果是隐性致死基因的纯合子，那么致死就显而易见）。显性致死基因是致命的，无论是从亲本一方还是双方遗传而来。然而，在展览品种中有许多有趣和吸引人的性状，它们不完全显性，

可爱而富有魅力的中国冠毛犬（Chinese crested dog）有两种类型。一种是纯合隐性的"粉扑"（powder puff）类型，从头到脚都覆盖着华丽的长毛。另一种是图示的杂合类型，它携带一个长毛隐性等位基因和一个无毛部分显性等位基因。

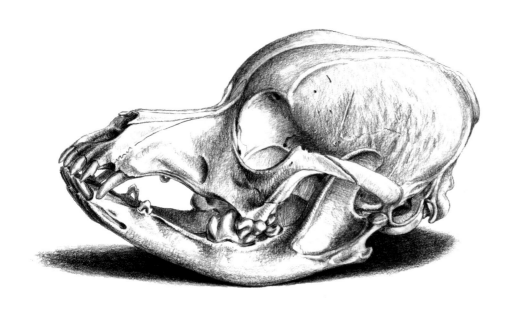

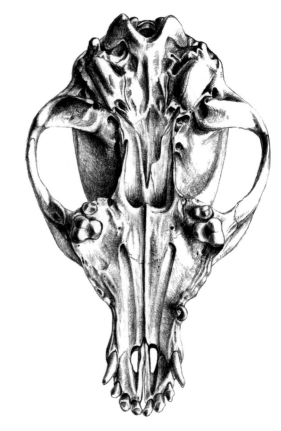

只有纯合形式才会致死。

例如，矮鸡（日本矮脚鸡）是一种古老的鸡种，地理种类繁多，文化历史悠久。培育它们的目的不是为了创造体形更大的同类的缩小版，这种情况为数不多，它们是其中之一。虽然体形变小是选择性繁殖的结果，但翅膀和腿的过度缩短最初是由一种只影响四肢骨骼的侏儒症引起的，经过几个世纪的选择，这种矮化进一步加剧。

在矮鸡和其他一些家禽品种中，这种性状是由一种爬行基因的等位基因引起的，并且在纯合状态下总是致死。相同的表型由两个或更多不同基因引起并不少见，一种非常相似的体形不成比例的侏儒症（杂合体短肢）也发生在家禽身上，并且产生完全相同的四肢骨骼缩短症状。两种性状都是特殊的公认品种的特征，但除此之外，它们之间唯一的区别在于基因在骨骼中的表达方式。不同之处在于腓骨——从膝盖向下延伸到胫骨的细而尖的骨头（烤鸡晚餐后，可以用来做简便牙签的骨头）。除了有点变短之外，这根骨头不会受到爬行基因的影响，而在杂合体短肢基因的影响下，它会变得结实得多，并附着在胫骨

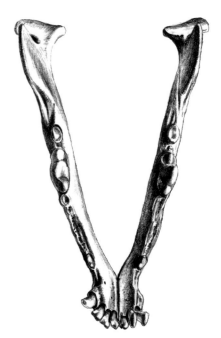

牙齿发育不良或缺失是包括中国冠毛犬在内的几种无毛狗的特点，尽管这似乎给它们带来不便。牙齿和毛发有共同发育途径，因此它们受到相同基因作用的影响。长满长毛的"粉扑"类型牙齿正常，因为没有导致无毛的基因。

的下端，使腿部看起来更粗壮。杂合体短肢，顾名思义（英文 Cornish lethal，直译为科尼什致死），也是会致死的。

另一种致死等位基因出现在中国冠毛犬身上，这是一种可爱的小狗，有两种公认的类型。其中一种被称为"粉扑"，从头到脚都覆盖着华丽的长毛，是纯合隐性等位基因的组合。另一种是杂合组合，携带一个长毛隐性等位基因和一个无毛部分显性等位基因。结果塑造出一种颇有魅力的动物，有着无毛的身体和毛发丰满的脚爪、头部及尾巴。然而，两份无毛等位基因的拷贝永远无法生出活的小狗。

另一个有趣的遗传特征是它们的牙齿（其他一些无毛狗品种也有相同的等位基因）。在杂合的动物中，前臼齿或臼齿可能缺失，犬齿像小獠牙一样指向前方。不过，这些品种似乎并未受生理上与众不同的特质的影响。它们进食没有问题，而且活泼长寿，似乎能充分享受生活。

批评选择性育种的人认为故意传播已知致死的性状相当不合情理，这可以理解。然而，致死的等位基因也能在自然条件下生存，其原因恰恰与在驯养条件下完全相同：在受影响的群体中，其损失被杂合性状所给予的优势所抵消。

作为自然界中的例子，我们只需要看看自身这个物种。在许多疟疾地区的人类族群中，存在一种共同的等位基因，通过改变红细胞的结构来赋予抵抗疟疾的免疫力。然而，任何一个不幸从父母双方身上都继承了这一有用性状的人都会患上镰状细胞性贫血[26]，这是一种会在儿童时期发病的衰弱性疾病，该疾病在被现代医学发现和控制之前常常被认为是致命的。而对驯养动物来说，存活与否只需要看爱好者们的意愿。

事实上，一个特征（如无毛）经常与另一个看似无关的特征（如无牙）联系在一起，这并没有脱离达尔文的理论，尽管达尔文对等位基因或基因座一无所知。在《物种起源》的开篇，他提到了无毛狗的这种关联性，以及猫的听力障碍与蓝眼睛之间的关联性。这些"免费赠送"的遗传关系被称为基因多效性（pleiotropic）效应，当一个有利特性与一个有负面影响的特性相结合，可以影响动物的进化适应度（evolutionary fitness）。然而，在不同的环境条件下，一种情况可能会向有利于另一种情况的方向倾斜。

在野生动物中，通常没有迹象表明有关联性存在，甚至在驯养动物中，直到一个替代的等位基因突然出现，才有可能确定在给定的位点上有些线索被牵扯了出来。想想上次你把车里的保险丝烧断了，它可能影响了一系列看似不相关的东西，从车头灯到喇叭，但在汽车功能正常的时候（除非你乱动保险丝盒），你无法分辨哪个受到了哪个的影响。汽车喇叭和车头灯似乎没有多少相似之处，但它们都是汽车电力系统的一部分，都和汽车原型制造时的接线方式有关。因此，我们必须从生物的原型（胚胎发育阶段）开始理解基因的作用。虽然毛发和牙齿看起来并不相关，但它们在胚胎发育中成型的时间和部位都相似，因此影响其中一个的等位基因也可能会影响到另一个。同理，单个的表型可能是两个或多个基因联合作用的结果，这些基因甚至位于不同染色体的基因座。只有在这种发育背景下，基因型与表型、起因与效应之间广泛多样的联系才会有意义。

鸽子通常有12根尾羽，从一个中心点展开，对称地排列成六对。在家鸽中，有一个等位基因会产生额外的尾羽，在极端情况下，这会导致鸽子实际上拥有排列成两排甚至三排的尾羽，一排接在另一排的后面。我自己的一只鸽子就有40多根尾羽。

尾部上表面的上方就是尾脂腺。它由两个位于皮下的椭圆形脂肪体组成，开口于皮肤上一个乳头状突起［鸽子的脂肪体发育不良，主要依靠一种名为"粉绒羽"（powder down）的特殊羽毛来梳理，但它们仍然有表面乳突］。有趣的是，大多数拥有多尾羽的鸽子，其尾脂腺上都有一个双开孔——两个小乳突，而不是一个，就像前面毛发和牙齿的例子一样，使外胚层细胞产生更多羽毛的指令也使尾脂腺的开口增加了一倍。

以额外的尾羽著称的鸽子品种当然是扇尾鸽。单有额外羽毛性状并不能成为扇尾鸽，但扇尾鸽显然有许多额外的尾羽。有趣的是，扇尾鸽并没有两个尾脂腺突起，甚至一个都没有，它们（以及一两种有正常12根尾羽的其他品种）完全无突起。对此似乎没有任何解释，这只是一个隐性等位基因在其历史的某个时刻被不经意地转移至该品种的例子。将扇尾鸽与一只"正常"鸽子杂交，双乳突又出现了。

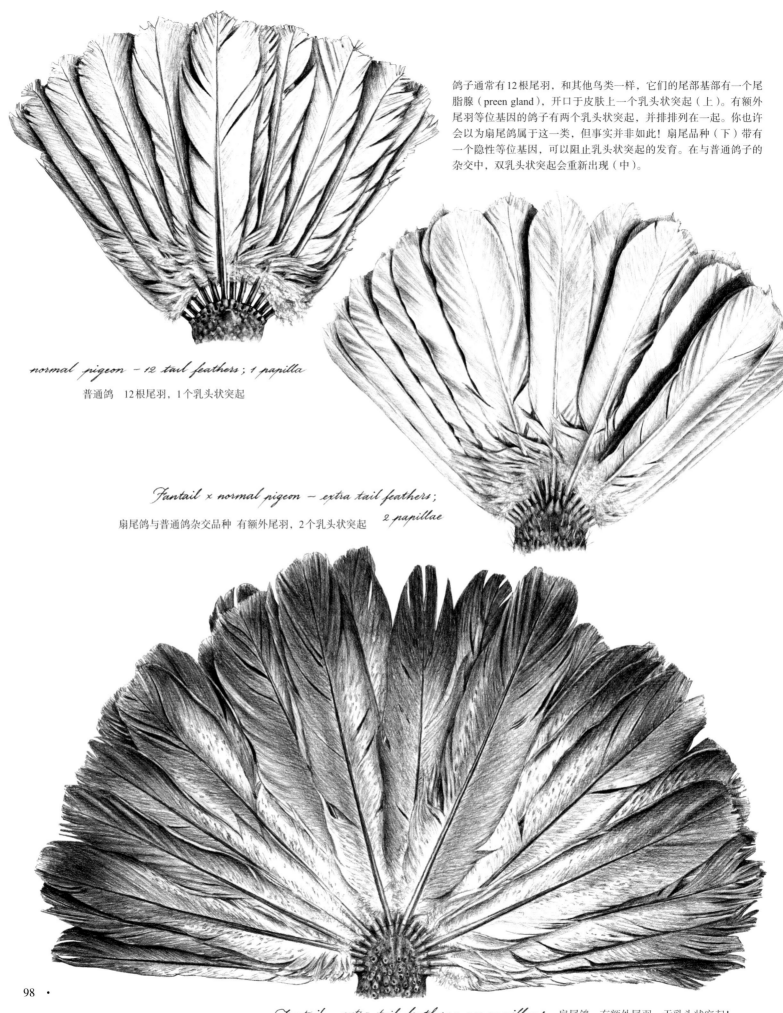

鸽子通常有12根尾羽，和其他鸟类一样，它们的尾部基部有一个尾脂腺（preen gland），开口于皮肤上一个乳头状突起（上）。有额外尾羽等位基因的鸽子有两个乳头状突起，并排排列在一起。你也许会以为扇尾鸽属于这一类，但事实并非如此！扇尾品种（下）带有一个隐性等位基因，可以阻止乳头状突起的发育。在与普通鸽子的杂交中，双乳头状突起会重新出现（中）。

normal pigeon – 12 tail feathers; 1 papilla

普通鸽　12根尾羽，1个乳头状突起

Fantail × normal pigeon – extra tail feathers; 2 papillae

扇尾鸽与普通鸽杂交品种　有额外尾羽，2个乳头状突起

Fantail – extra tail feathers; no papillae!　扇尾鸽　有额外尾羽，无乳头状突起！

18世纪，当人们对遗传科学还一无所知时，像罗伯特·贝克威尔（Robert Bakewell）和约翰·塞布莱特（John Sebright）这样历史上最专业的动物育种家正在为商业育种和展览育种带来革命性的改变。更令人印象深刻的是罗马时代在牲畜选择性育种方面取得的进步，尽管在随后的黑暗时代，农业方面的许多成就都付诸东流。要成为专业的动物育种家并不需要理解后孟德尔时期的遗传学，就像成为出色的厨师不需要先成为物理学家一样。达尔文和他的鸽迷同事们认为，选择性繁殖达到登峰造极水平的是对英国短脸筋斗鸽杏仁色花斑的塑造，如本章开篇所示。塑造一个好样本所需的遗传性状的高级组合对现代育种家来说仍然是相当大的挑战。尽管困难重重，但经过几个世纪的努力，对遗传学一无所知的爱好者们成功培育出了这种不可思议的鸟，1735年，约翰·摩尔（John Moore）在《鸽房》（Columbarium）中对此事进行了充满敬意的描述，这也是第一部专门研究家鸽的著作。

现在来介绍一下如何从零开始"制造"带有杏仁色花斑的筋斗鸽：从一只英国短面筋斗鸽开始，然后按相等比例加入纯合的深雨点鸽（dark checker）和杂合隐性的红绛鸽（red），再用纯合的鸢鸽（kite）带来古铜色光泽。如有需要，还可以再加少量的花鸽（grizzle）基因，最后的关键成分是一种名为"stipper"的基因。把这些元素结合起来，经过无数代的更迭，你就有了一只鸽子，它可能会（也可能不会）在展览中获得成功，但最多只能维持两到三个赛季。Stipper这种基因会在浅色的羽毛上产生深色的斑点，使这种图案变得独特，还会使斑点随着每次的换羽而逐渐变大。几年之内，整只鸟的色调就会完全被改变。

如今再也不会有人从零开始培育杏仁色花斑的鸟了，不过这也不是简单的一个品种与另一个品种交配的例子。如果从亲本双方都遗传到stipper基因的话，那就是致死的［这可能与牧羊犬（collies）和大丹犬（great danes）身上的大理石色或斑陨皮毛图案相似］，所以需要在每一次配对时保证异交。最后，如果这些障碍还不够多的话，stipper基因还属于性别连锁。

还记得本章开头我小心翼翼地说"几乎每个特征在它的配对染色体上都有对应基因"吗？然而，"性别连锁"等位基因是个例外。在大多数动物群体中，有一对染色体与异性的是不同的，实际上只有一条染色体不同，以及一个小得不起眼的配对体。在鸟类中，雌性具有错配的染色体对，雄性的染色体对是正常的。哺乳动物则相反。这意味着等位基因无论是显性还是隐性，只要碰巧出现在哺乳动物的正常长度的染色体上，就会在雄性身上表达。或者换一种说法，雄性哺乳动物不可能是性别连锁性状的杂合子。

性别连锁特征中最著名的例子可能是猫的玳瑁色花斑，这种花色的猫总是雌性的。看起来可能令人困惑（哺乳动物的性别连锁通常与雄性相关），但橘色才是性别连锁的。橘色和黑色是共同显性的，所以只有雌猫（有两个性染色体拷贝）才能各有一个等位基因，从而形成橘色毛和黑色毛的混合体。

在上一章结尾，我提到了达尔文拼拼凑凑的关于泛生论遗传的描述，即体液中的微芽从一代传到下一代，通过每个生命周期中积累的变化进行修饰。自然选择建立在变异可以遗传的假设之上，但那时除了无可辩驳的证据外，尚未有关于这种情况如何发生的具体假设。

在《动物和植物在家养下的变异》一书中，达尔文考虑了每个可以想象的例子，从最简单的牛有角或无角的遗传到筋斗鸽杏仁色花斑的复杂情况。毫不意外，他失败了。在他后来所描述的4年零2个月的艰苦写作结束时，他的兴趣已经转移到其他事情上，他在给朋友约瑟夫·胡克的信中写道："如果试着读几页，我会感到相当恶心。整本书像落入了魔鬼之手！"

达尔文早慧的远房表亲弗朗西斯·高尔顿对泛生论进行了一系列实验，包括在不同颜色的兔子之间输血。高尔顿最初是微芽理论的热心倡导者，但他发表在1871年的《皇家学会学报》（Proceedings of the Royal Society）上的研究结果显示，没有一只兔子因为输血而生出花色异样的幼崽。达尔文拐弯抹角地辩解，在《自然》（Nature）杂志上回应说，他从未明确指出微芽会由血液携带。几年后，魏斯曼（小鼠尾巴研究者）证明性细胞不受体细胞的影响，正式打破了后天获得性状遗传的迷信，进化论失去了核心。

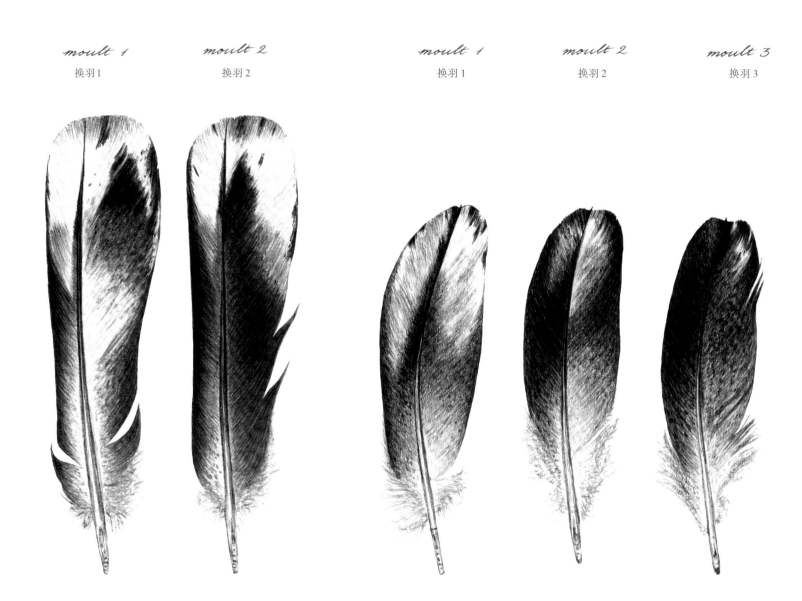

| *moult 1* | *moult 2* | | *moult 1* | *moult 2* | *moult 3* |
| 换羽1 | 换羽2 | | 换羽1 | 换羽2 | 换羽3 |

鸽子的杏仁色花斑之所以如此难以形成，主要是因为一种叫"stipper"的复杂基因在浅色羽毛上产生了独特的深色斑点。除了性别连锁和纯合致死以外，stipper的作用还是累积的。随着每一次换羽，深色斑点逐渐扩大，最后整只鸟的色调都会改变。

至此，象征改变的鼓声已经此起彼伏，期待着孟德尔的成果被重新发现的号角也正开始吹响。毫无疑问，它将带来科学所期待的一切——一种简单而优雅的机制，与达尔文自然选择理论的简单优雅相匹配。时机已经到来，遗传学成为科学讨论中最热门的话题，如同进化论早在半个世纪之前时那样。往日的期刊被翻找出来并获得了重新研究，其中包括35年前用德语撰写的一份晦涩难懂的地方期刊，里面有一篇关于植物杂交实验的论文。

有三位科学家各自独立地认识到孟德尔研究的意义，但没有人意识到它的重要性。孟德尔研究成果的重新发现并没有为进入20世纪的进化研究开辟出一条成功之路，反而引发了现代科学史上最激烈、最幼稚的争论之一：进化是否循序渐进？是小步前进，还是大步飞跃？

第 6 章　自然无跃进

1791 年，马萨诸塞州多佛市，一只羔羊出生了，因缘际会，它注定会活好多年，生下许多羔羊，成为科学界最著名的羊之一。这只小羊有两个有利条件：它属于一个狡猾、聪明并且野心勃勃的人；它生下来就有 4 条非常非常短的腿。

绵羊的品种在这个故事里并不重要，任何品种都能出人意料地生下侏儒羊，但这种性状后来被命名为"安康"（ancon），是希腊语中"肘部"的意思（指这些动物有相对弯曲的前肢），不过更朴实的名称是"水獭羊"（otter sheep）。事实上，安康是一种与上一章的矮鸡类似的突变，达克斯猎犬[27]（dachshunds）和巴吉度猎犬（basset hounds），以及其他不成比例的侏儒犬种也与之类似，这些品种都会在本书后面章节介绍。它们只是四肢变短了，使身体看起来很长，不过身体的其他部分基本未受影响。

这只羊的主人叫塞思·怀特（Seth Wight），即使作为农民他也是非常精明的，他立刻意识到繁殖不是一只而是一整群短腿动物所能带来的好处，除了最简陋的围墙和栅栏之外，这些动物什么都跳不过去，因此在维护牧场边界方面能省下一大笔钱。几年之内，他的计划就成功了，建立起来的种群虽小但十分兴旺。这一引人注目的举动吸引了大西洋两岸科学界的注意，还引起了查尔斯·达尔文的特别兴趣。

大约 100 年后，最初的安康羊品种灭绝了，可能是因为引进了更便宜的围栏材料，或者只是运气不好。然而，安康羊已经非常出名，当 1919 年在挪威，1962 年在得克萨斯，突变再次发生时，它们被确认为著名的马萨诸塞羊群，并且受到了细致的研究。大约 10 年前，在英国莱斯特郡的一次考古发掘中，人们发现了一种四肢纤细、未经改良的小型动物的骨头——安康羊的骨头，其历史可追溯到 1500 年左右的都铎王朝时期。谁能知道，在都铎王朝圈地运动的早期，这些身体有缺陷的牲畜是否曾被视为潜在的财富？

事实上，这种性状很有可能会出现，或者一直存在却没有被表达出来（安康性状是隐性的，所以要让两个携带者杂交，才能得到真正的安康羔羊），较之已有的科学记录，其出现的频率应该更高。几年前，丈夫在英国度假时，拍下了如 106 ~ 107 页所示的边区莱斯特绵羊（Border Leicester sheep），当时它正在和一群正常长腿边区莱斯特绵羊一起快乐地吃草。还有"矮子"（Stumpy），它在 2011 年生下了一对看起来正常的双胞胎，上了新西兰的头条新闻。我想"矮子"的主人在那之后会获得几份意外之喜。

达尔文的优秀习惯之一就是特别注意那些与他的主流理论相矛盾的例外，而不是像很多科学家那样把它们掩盖起来。在

带有细致记录的博物馆藏品是研究变异的重要资源：地理种系之间、性别之间、不同年龄之间，以及（常常被忽视的）个体之间的细微差异。达尔文坚信，进化的过程经历了漫长的时间，由无数个微不可察的步骤累积而成，变异同样极其微小。这些小猪每只都有精确记录的数据，由威廉·范·海恩收集，在第 2 章中提及。

'ancon'

"安康羊"

unimproved

未改良绵羊

modern commercial

现代商品绵羊

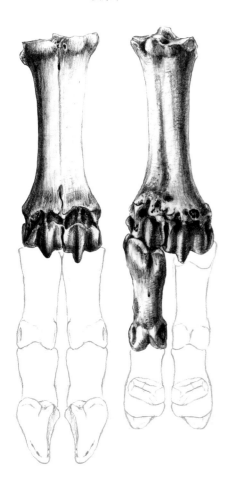
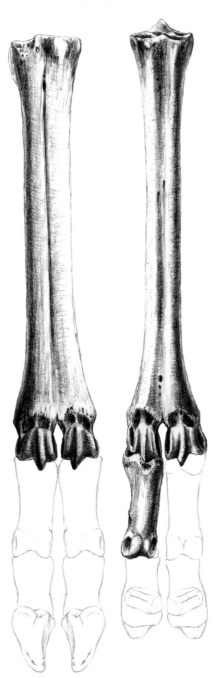

最早记录的来自患有不成比例侏儒症的绵羊骨骼标本。"安康羊"（左）后来才被证实并不是一个品种，而是任何品种都可能发生的变异。这种特殊的动物是英国都铎时期一种小型"未改良"的品种。图中分别为一只正常未改良绵羊（中）的前腿骨骼和一只现代商品绵羊（右）的前腿骨骼，以供比较。

不成比例的侏儒症导致"安康羊"出现的频率比科学记录的要高。绘图取材于丈夫几年前在英国牧场拍摄的作品。安康羊引起了包括达尔文在内的科学界的注意，当时马萨诸塞州的一个农民有意培育这种羊，为了省下围栏的费用！达尔文认为这样的单步进化在野生动物身上是不可能的。

人工选择中，他发现了一种对照方法，可以与他"进化必须发生在自然界"的观点相对照——通过微小的可遗传变异，使个体的繁殖比其他个体更成功，在整体变化中逐渐累积。然而，他在安康羊身上发现，新的动物外形只需要一步就可以实现，既不与双亲相似，也不像它们的中间类型。

达尔文很清楚，这种突然出现的异常在驯化环境下并不少见，当时被称为"畸变"，这是相当不尊重的称呼，意味着它们只是些怪胎，在科学上没有任何重要性。在整个历史上，育种家都依赖于偶尔发生的畸变，它们表现出不同寻常的颜色、结构，或者毛皮或羽毛类型，作为新的商业品种或展览品种的基础种系。

例如，鸟儿要么有长着羽毛的脚，要么没有。我不想提前

透露过多后面章节的内容，只想说羽毛并没有一代接一代地往腿部和脚趾延伸。它们是自然出现的，尽管经过进一步的选择，但得到了很大的发展。类似地，毛发或羽毛方向的倒转，比如阿比西尼亚豚鼠（Abyssinian guinea pigs）身上的小旋纹或玫瑰花形图案，罗得西亚脊背犬（Rhodesian ridgeback dog）身上逆向生长的一缕毛发，毛领鸽身上的颈饰（第1章有一张图），还有被称为"猫头鹰"的花式鸽子前面的小羽毛脊，（还有无数的例子）都是只经一步就突然出现的。逐步选择可以突出和定制这些特征，但无法从一开始就让它们出现。

关于皱背鸽（Frillback pigeons），再举一个例子，它们的羽毛是在边缘部位卷曲的。这似乎是羽毛微观结构不均匀生长的结果，导致相邻羽支之间错位，有点像缝纫时缝入了过多布

这只小菲格瑞塔鸽是名为"猫头鹰"的鸽子中的一种，其特征是上胸前面有一圈反向的羽毛。虽然这种褶边可以通过选择来改变，但是改变羽毛方向的突变是单一步骤，只在有或无之间转换。

108 ·

皱背鸽明显卷曲的羽毛是由其微观结构的不规则性造成的，阻碍了羽小管排列形成连续的扁平羽片。虽然卷曲的程度可以通过选择来改变，但导致这些不规则突变的是另一种非有即无的性状。

料，最后弄出一块呈波纹状的布片。我和丈夫通过将皱背鸽与携带丝毛突变的鸟儿杂交来进行检测，在这种突变中连接羽支的小钩的功能是不正常的。不出所料，几代之后，这些可能会起皱的羽毛都没有卷曲，这证实了我们的猜测，问题在于羽小枝连接的方式，羽毛本身并不卷曲。达尔文也养过皱背鸽，尽管按照现代标准来看，他养的鸽子是糟糕的示范。选择性育种

又一次大大增强了卷曲的程度，但卷曲羽毛只能通过自发的突变来实现。

　　许多突变在未被发现或未被重视的情况下就消失了，也许再也看不到了。丈夫曾经在宠物店买过一只脚上有羽毛的虎皮鹦鹉（很少见的情况），它可能是作为不受欢迎的怪胎被丢出来的。不幸的是，它的健康状况很差，丈夫还没来得及拿

来繁殖，它就死掉了。又是在宠物店，丈夫在一只家养环鸽（Barbary dove）身上发现了一种新的花色变异。这一次他的繁殖尝试非常成功，这种鸟儿的后代繁衍生息，并将它们的花色基因传遍了半个欧洲。

　　这种突变是随机发生的，可以根据喜好加以利用或者丢弃。在某些情况下简直是期盼着某种突变的发生。例如，绵羊不脱

毛的特性能保证整副羊毛被一次性剪下来，因而从事羊毛生产的家庭手工业发展成了繁荣的国际贸易。而其他突变不一定能遇到合适的时机，它们可能被当作有趣的珍品保存，或者甚至不会被注意到。

尽管达尔文认识到，驯养动物和野生动物随着时间推移而变化的方式具有可比拟性，但像安康羊这么夸张的变种在自然选择下会受到青睐的可能性似乎不大。例如，他断然拒绝接受第1章提到的（无尾椎）黑尾原鸡的出现，尽管它们的灭绝可能使他关于这种"怪物"不会在自然界中生存下来的论点更有力。

达尔文认为微小差异的逐渐累积是一种常态，这是非常正确的。这种缓慢的选择趋向用难以察觉的方式修改早已存在的结构。达尔文进化论的主要反对者拒绝接受进化的过程如此缓慢，并否认深度时间（deep time）的存在。因此，达尔文不赞同他们的观点，转而公开支持可能有更大进化步骤掺杂其中的观点。在《物种起源》中，他一次又一次地重复着拉丁谚语

左边这只皱背鸽与达尔文处于相同时代。尽管已经很旧了，磨损也有点严重，但很容易看出在过去的150年里，羽毛卷曲的程度和受影响的部位增加了多少。现代皱背鸽的羽毛卷曲得像泡沫一样，而且已经延伸到腿部，遍布尾羽和翼羽。

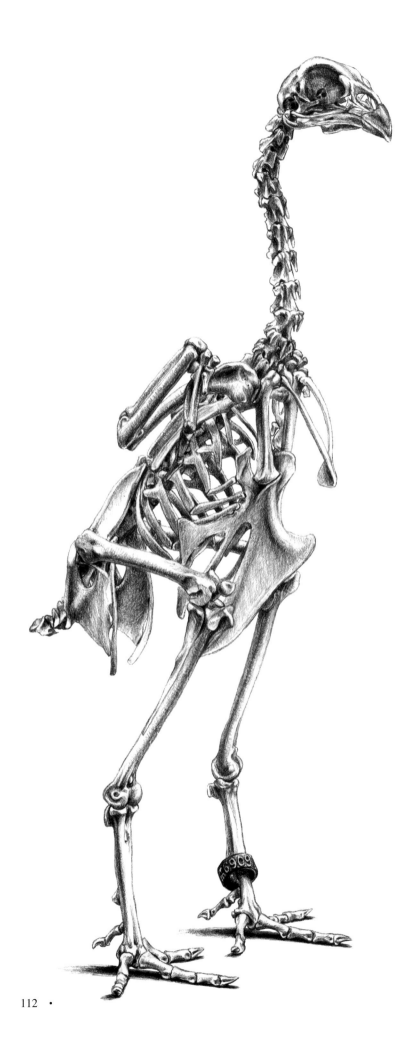

"natura non facit saltus"（自然无跃进）。他下定决心强调这一点，而连他的头号公开拥护者托马斯·亨利·赫胥黎（Thomas Henry Huxley）（绰号"达尔文的斗牛犬"）都警告他不要显得过于渐进主义，以免疏远了他那些不那么极端的支持者。

事实上，真正新奇的现象在进化中是极为罕见的。野生动物的大多数适应只是赋予已有结构新的用途，而这些已有结构可能对如此大范围的动物来说都是共有的，由于在进化树上延续得太远，它们之间已经不再有任何相似之处，甚至可能已经偏离了最初的目的，就像鲸鱼的前肢从陆地哺乳动物的前肢进化而来，却又回到与所有四足动物的最早祖先（大约3.9亿年前游弋在海洋中的总鳍鱼）共有的水生结构。

在进化历史较短的驯养动物中，衍生的结构（还有行为）不会太难识别，尽管它们与最初的目的相比可能有了很大改变。以凸胸鸽（pouter，又称球胸鸽）为例，很多凸胸鸽的变种是所有鸟类中最奇怪的，你应该记得第1章的插图。兴奋的凸胸鸽看起来就像喉咙里被塞进一个吹胀的气球。但是凸胸鸽只是在做其他鸽子都会做的事情（不管是野生的还是驯养的）：在求爱时用空气来使它们的嗉囊膨胀。唯一的区别是，经过了无数代凸胸鸽的祖先——几乎可以回溯到正常的鸽房鸽子，某些育种者因偏好而选育了嗉囊最大、最易兴奋的个体。

对微小差异的逐步选择也是姿势变化的原因。同样，在极端差异出现的背后，是一种反复出现的类型及组合模式。鸭子、鸽子、鸡，甚至金丝雀，都有接近竖直姿势的品种，也有水平姿势的品种。跑鸭（Runner duck）就是明显的例子。鲜为人知的是格外直立的小军鸡（Ko shamo），一种来自日本的稀有斗鸡品种。还有英国的凸胸鸽，以及与它相对应的体形很小的侏儒凸胸鸽（Pygmy pouter，约翰·塞布莱特的创造之一）。别忘了第2章讨论的古典类型展览扇尾鸽，这种扇尾鸽的姿势，头部压低靠在背后，与第4章讨论的小型矮脚鸡玲

姿势是可以通过一系列不易察觉的微小步骤从根本上改变的。不管怎样，一具身体能做到的事情太多了，我们一次又一次地看到，在一系列物种中出现了熟悉的模式。这种姿势格外直立的鸟叫作小军鸡，是来自日本的曾经用作斗鸡的品种。

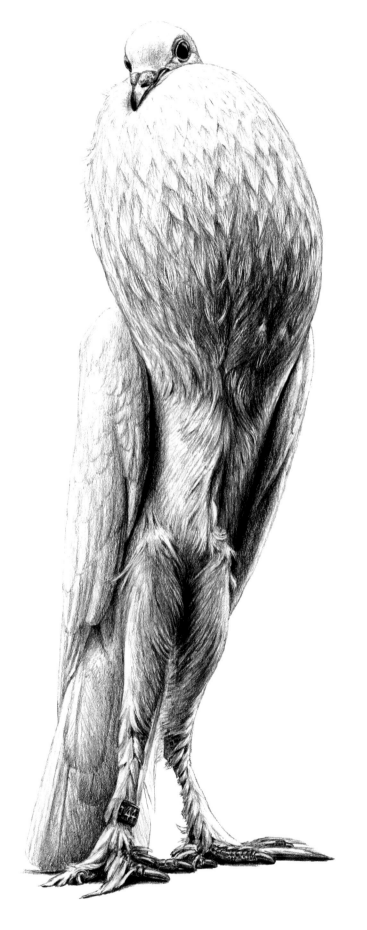

珑鸡的姿势非常相似。

直立姿势通常伴随纤长的体形。而在凸胸鸽身上，胸腔和胸骨几乎收缩成圆柱形的管状结构，膝盖（鸟的膝盖通常藏在胸腔的两侧，无法被看到）在身体下方清晰可见。另一方面，霍利球胸鸽（Hollecropper pigeon）则是一种水平体形的凸胸鸽，颈部向后弯曲，就像体形呈球形的现代扇尾鸽。

如今已经过时的约克郡金丝雀（Yorkshire），曾经被用来培育过一种非常竖直而纤细的鸟儿，据说能从结婚戒指中穿过去，可能是一个手指粗大的男人的结婚戒指，我希望没有人真的尝试过（目前对约克郡金丝雀的要求是呈"胡萝卜状"）。

不同寻常的是——也许不同之处在于金丝雀属于木栖鸟类而不是陆禽，它们对平衡的要求不同——有几种金丝雀的头部向前和向下延伸，而不是向后延伸，我们再次看到普遍主题上细微的不同。尺度的一端是苏格兰玉鸟[28]（Scottish fancy），它的头和尾都向内弯曲，呈精致的新月形；而尺度的另一端是体形极端的意大利鹰（Gibber Italicus）和 Giboso Español 品种。可以肯定的是，所有这些品种的外观已经改变，正在改变，并将继续改变。

关于动物遗传（相对于植物遗传而言）的首次正式实验由英国生物学家威廉·贝特森（William Bateson）操作，他做了一些关于鸡冠形状的实验，在孟德尔的研究被重新发现之前几年就开始了。正是贝特森根据希腊语"起源"（genesis）一词创造了"遗传学"（genetics）这个词，意思就是"起源"。

我们很快就会看到，鸡冠的遗传并不像孟德尔的豌豆植株那样简单，所以贝特森很可能费尽心力才能得出像孟德尔遗传那样优雅的基本定律。孟德尔明智地选择了清晰的、非有即无的特征来研究，而且（凭借与其判断力同等的运气）他的结果可以被整齐地区分为同样精确的几个类型，而且没有中间形式。贝特森的研究结果同样显示出一种可识别类型的模式，不过还揭示了若干额外的复杂性。

最简单的鸡冠是直立的、呈叶状的单冠，沿着顶部边缘有一系列冠齿。冠齿的数量是高度可变的，由一个完全不同的"鸡冠粗化"（comb-roughening）基因控制，该基因根据鸡冠类

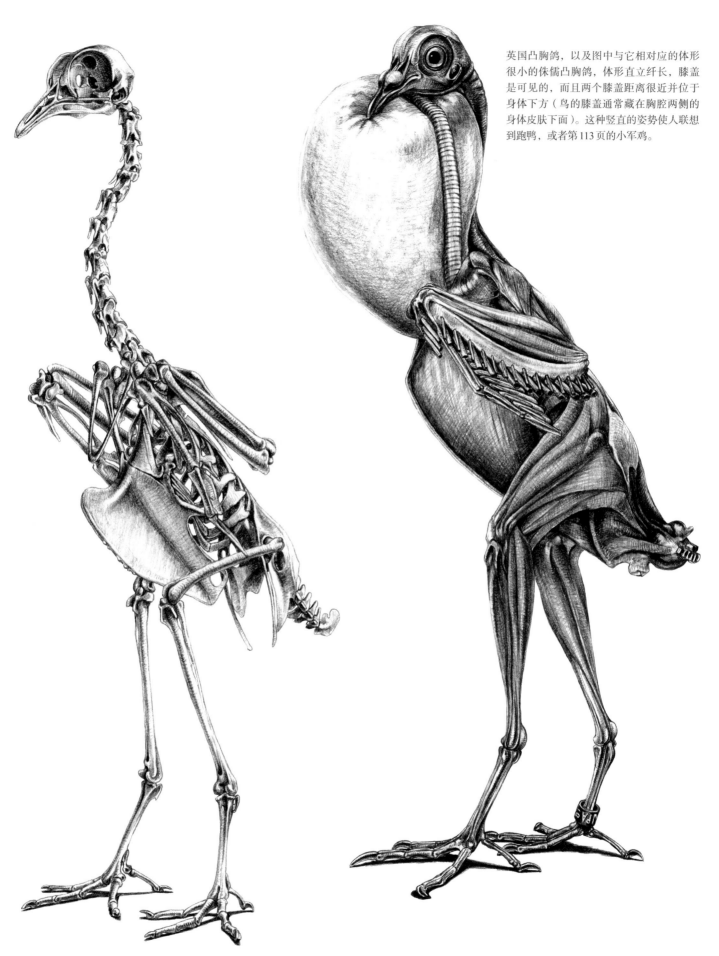

英国凸胸鸽，以及图中与它相对应的体形很小的侏儒凸胸鸽，体形直立纤长，膝盖是可见的，而且两个膝盖距离很近并位于身体下方（鸟的膝盖通常藏在胸腔两侧的身体皮肤下面）。这种竖直的姿势使人联想到跑鸭，或者第113页的小军鸡。

型的不同而产生不同效果。这就是所有家鸡的主要野生祖先红原鸡的鸡冠形状。

如果你还记得上一章，不同的等位基因在一条染色体上占据着相同的位置——基因座，代表着可供替代的系列遗传指令。鸡冠的单冠是这种情况的另一个例子，就像牛角一样，野生型对于只有在驯化条件下才会出现的等位基因是隐性的，而显性性状就是玫瑰冠。

第一个可能让贝特森困惑的问题是，鸡冠粗化基因在鸡冠上增加了冠齿，从根本上改变了玫瑰冠的外观。玫瑰冠是扁平的而不是直立的，因此鸡冠粗化基因可以在其整个表面产生不同数量的冠齿。然而去除鸡冠粗化的影响，鸡冠表面是完全扁平而光滑的。玫瑰冠也可以沿着头部的轮廓，或者在头后部向上突起，形成一系列竖起的冠齿。不同品种甚至个体之间的变异量相当大，更为复杂的是，玫瑰冠种系的育性问题[29]使杂交子代的比例更倾向于单冠类型的鸟儿，使它们成了令人费解的统计学噩梦。

霍利球胸鸽是以水平为轴心的凸胸鸽。它的颈部向后弯曲，嗉囊膨胀，因此头位于后背中部，球形的身体比例与第2章中讨论的现代展览扇尾鸽很相似。

第三种鸡冠被称为豆冠。它往往很小，分成三个纵向的部分。豆冠鸡的下颌下面也有一层松弛的皮肤，而它们的肉垂缩小了很多。豆冠并不是单冠或玫瑰冠基因座上的另外的等位基因，而是完全位于不同位置，因此有可能两组冠形指令同时在起作用，还混入了鸡冠粗化的附加指令！

当一个玫瑰冠基因和一个豆冠基因共同作用时，就会出现第四种冠型，胡桃冠。由于豆冠基因的作用，胡桃冠的鸟儿也有小小的肉垂，在丝毛鸡身上（除了普通的丝状羽毛突变体外，

专门有一个公认的丝毛鸡品种），玫瑰冠基因可能会使鸡冠后部产生小冠齿。

有些丝毛鸡的鸡冠看起来确实像半边胡桃，而马来亚鸡的鸡冠相当光滑，上面长出细小的刚毛状羽毛，像草莓的表面。不出所料，这就是草莓冠，尽管在技术上来说它是胡桃冠！

另一种鸡冠类型是双冠，在头部前面一分为二，通常出现在有羽冠的品种中。这类鸡冠有两种形式，由同一基因的不同等位基因控制。最简单的一种是V形鸡冠，只有两个向上的指

状肉突，像一对蜗牛角长在羽冠的前面。另一种（事实上，这一种有两个非常相似的版本）产生杯形的多趾状突起，像驼鹿成对的鹿角。

还记得那些看似不相关的特征会受同一个基因影响吗？是的，这就是另一个例子。具有双冠的鸡，鼻孔也有不同的结构，它们鼻孔的位置隆起高于喙。就连头骨也不一样，因为它们缺少正常喙上面鼻孔开口上方的骨桥。虽然隆起的鼻孔在遗传上与双冠有关，但它们也存在于完全没有鸡冠的品种中，比如波兰鸡（Polish fowl）和布雷达鸡（Breda fowl）。这是因为还有另一个基因，一种具有覆盖有冠类型基因指令的无冠等位基因。但即使这个基因抑制了双冠（或任何其他）鸡冠的发育，却不能抑制鼻孔凸起的相关效应。

孟德尔在1866年关于豌豆植物杂交的论文在世纪之交被三位在三个不同国家独立工作的植物学家同时重新发现：荷兰的雨果·德·弗里斯（Hugo de Vries）、德国的卡尔·科伦斯（Carl Correns）和奥地利的埃里希·冯·切马克（Erich von

通过逐步选择，人们从金丝雀的许多唱鸟品种和彩色品种的标准体形中培育了很多新品种，它们具有相当不同寻常的姿势。体形宛如新月的苏格兰玉鸟、胡萝卜形的约克郡品种（此前的体形更为纤细，体重更轻），还有体形非常极端的意大利鹰，这些都只是其中的少数品种。

'Normal'
– non-posture breeds

"普通"
无姿势品种

Tschermak），孟德尔去世之后16年，达尔文去世之后18年，贝特森正勇敢地与鸡冠的复杂性作斗争，却发现别人已经完成了他孜孜以求的目标，他就算感到恼火也情有可原，但是他敞开胸怀接受了孟德尔的成就，把孟德尔的论文翻译成英文，并且仍旧是其著作的坚定拥护者。在随后的几十年里，他和其他"孟德尔主义者"，包括美国优生学家查尔斯·达文波特（Charles Davenport）和托马斯·亨特·摩根（Thomas Hunt Morgan，用果蝇进行了开创性的遗传学研究），热情地投身于

阐释孟德尔基本定律的多种例外与组合的研究之中。

但是，在受控的实验条件下找到一种清晰可辨的遗传模式，似乎与达尔文的自然选择所倡导的自然界中渐进的、不易察觉的变化形成了鲜明对比，而且达尔文坚持认为这种变化不会以跃进的方式进行。孟德尔遗传难道必定会产生不稳定且不连贯的进化路径，而不是通过时间完成的平稳的过渡？孟德尔的追随者越是猛烈地抨击达尔文的渐进主义途径，以英国数学家卡尔·皮尔逊（Karl Pearson）为首的达尔文追随者就越是猛烈地

Scotch Fancy
苏格兰玉鸟

Yorkshire
约克郡品种

Gibber Italicus
意大利鹰

Pea comb ~
Indian Game

豆冠
印度斗鸡

'Strawberry' comb,
a form of walnut comb ~
Malayan Fowl

"草莓冠"，也是一
种胡桃冠
马来亚鸡

'Smooth' rose comb
~ Wyandotte

"光滑"玫瑰冠
怀恩多特鸡

'Rough' rose comb
~ Hamburg Fowl

"粗糙"玫瑰冠
汉堡鸡

Single comb
~ Leghorn

单冠
来航鸡

鸡冠形状的遗传，比起孟德尔的简单豌豆植物工作要复杂得多。在
120 ~ 121两页图中，面朝左边的鸡有复合冠或双冠，甚至包括布
雷达鸡（121页右上角），它有一个额外的基因，完全抑制了鸡冠
的发育！请留意双冠鸡不同寻常的鼻孔结构。
在面朝右边的鸡中，单冠（120页下）和玫瑰冠（120页中）都是
同一基因座的等位基因控制（两种鸡冠上的冠齿受另一个单基因的
影响），而豆冠（120页上左）则位于另一个单独的基因座。这意
味着它们可能同时具有豆冠和玫瑰冠的等位基因，这种情况的结果
就是胡桃冠，看起来像胡桃（121页上左）或草莓（120页上右）。

无冠（但有双冠基因的）Combless (but genetically
布雷达鸡 double-combed!) ~
Breda Fowl

Walnut comb
~ Silkie Fowl

胡桃冠
丝毛鸡

raised nostrils of most
duplex-combed birds
大部分双冠鸡隆起的鼻孔

Cup-shaped
Duplex (double)
comb ~ Houdan

杯形双冠
贵妃鸡

V形双冠
阿彭塞尔斯皮扎本鸡

Horned duplex comb
~ Appenzeller Spitzhauben

抨击"突变论者"——坚持认为大自然确实在"跃进"的人。

本书篇幅宝贵，不能浪费在叙述对立双方的琐碎政治问题上，也不能浪费在叙述他们在出版物中如何恶毒地互相攻击和互相伤害上。简言之，达尔文的自然选择与新发现的遗传规律相结合所带来的科学进步——现代综合论（modern synthesis）——可能被耽误了几十年。

很可能达尔文的追随者在为渐进主义辩护的时候比达尔文本人要激进得多。作为博物学家和动物育种家，达尔文有细致入微的观察技巧，应该对可能发生的变异有更深入的了解——至少在驯化的条件下。他应该会意识到并非所有假设路径都会导致自然界中可以观察到的最终结果，参考下面的例子。

我最近打开一本进化论的教科书，注意到了一系列的插图，一个养鸽人（应该就是达尔文）在他的鸽舍里，周围都是鸟儿。第一张图片是深灰色的野生型鸽子，其中一只的颜色比其他鸽子略浅，但它们身上的斑纹相同，只是以一种不显眼的形式出现。第二张是几只更浅色的鸽子。随着图片系列中浅色鸽子数量的增加，它们的颜色变浅的程度也逐渐增加。最后的插图中是被一群纯白鸽子包围着的快乐的达尔文。

想象一下，这些是野鸽，而不是驯养的鸽子，这就是白鸽进化的渐进主义描述，你可以将同样的推论应用到天鹅、北极熊或任何其他白色动物身上。这些插图非常吸引人，但遗憾的是，它们很不正确。

浅色的斑纹确实可以通过突变出现，比如淡化的方式影响到黑色素颗粒的强度或分布，这些柔和的颜色通常被称为灰黄色（isabelline）。这个名词背后有个值得一提的故事，尽管与达尔文或鸽子无关。

据说在1601年，西属尼德兰的郡主伊莎贝拉·尤金妮亚（Isabella Eugenia）相当愚蠢地发了个誓，在奥斯坦德之围战役结束前，她绝不更换内衣，她认为战役最多只会持续几天。结果围攻足足持续了3年，这个词指的就是此后她衣服的颜色。然而，当历史学家发现这个词在1600年（刚好在这场围攻发生之前）就已经第一次被使用的时候，这个故事就被随便转给了另一位西班牙女王和一场不同的、更短的围攻。仅从其较浅的

颜色来看，后者似乎可能性更大。

无论如何，淡化突变并不是累积的。不管繁殖多少代，后代永远不会增加浅色的程度。鸽子完全变白需要一种不同的突变——特定形式的白变症，只要一步就能影响所有羽毛。

另一个绝对没有中间情形的极大跳跃是螺旋的方向——顺时针（右旋）和逆时针（左旋）之间的差异。螺旋在自然界中一次又一次地出现：在叶片围绕植物茎的排列中，在软体动物的壳中，在绵羊、山羊和羚羊的角上。

螺旋的方向在有亲缘关系的动物群中通常是相当一致的，尤其是腹足类（有螺旋状贝壳的）软体动物，它们依赖贝壳形状的相容性来繁殖。想象你用右手握别人左手的感觉有多尴尬，右旋蜗牛与左旋蜗牛交配的感觉大致类似。尽管如此，近10%的腹足类物种确实存在反方向的螺旋，连同一些右旋和左旋混合的个体。

如果你想知道这些动物最初是如何繁殖的，请记住，隐性基因可以在它们被表达之前在群体中增殖，因此第一个左旋腹足类动物出生后很可能很快就会有第二个和第三个。虽然因繁殖不相容而显然不具有进化上的优势，但在竞争几乎被消除的少数群体中，有很多情况值得关注，这也支持了突变论者的观点。

山羊的角通常从前额向后优美地弯曲，完全没有任何明显的螺旋，但一种罕见（而且壮观）的品种除外——来自地中海西西里岛的哥捷塔那山羊（Girgentana goat），它们的角是竖直的，并沿着中心轴紧凑地旋绕，非常像来自中亚的野生山羊品种捻角山羊（Markhor）。

只有奥地利动物学家利奥波德·阿达梅茨（Leopold Ada-metz）一个人仅凭角的表面形状就声称哥捷塔那山羊肯定是从捻角山羊衍生而来，其他动物学家也同意了这一说法。似乎没有人注意到捻角山羊的角和大羚羊（eland）、捻角羚（kudu）、黑羚羊（blackbuck）、薮羚（bushbuck）等旋角羚羊一样朝同一个方向旋转，而所有驯养的山羊和绵羊的角则朝另一个方向旋转。

还有一个绵羊品种，来自匈牙利的拉卡羊（Racka sheep），

一些动物学家根据哥捷塔那山羊螺旋紧凑的角推测，这个品种可能与来自中亚的野生捻角山羊有关。然而，他们忽略了一点，那就是捻角山羊角的螺旋方向是相反的！螺旋的顺时针或逆时针方向是一个没有中间性状的例子。

有着直而紧凑的螺旋角，这些角肯定不是从捻角山羊身上继承来的。事实上，所有的羊角都是螺旋状的，但是当螺旋特别松散的时候，羊角看起来只是轻轻地弯曲。然而，只要增加这些动物的寿命，你最终会看到角的真正潜力。

自然界中出现的那种螺旋（对数螺旋）不仅被动物学家研究过，还被数学家、哲学家、物理学家和艺术家研究过。这是很复杂的东西，远远超出了我的计算能力，但螺旋基本上是由三个不同的参数控制的，这些参数可能同样也是遗传参数。稍微调整其中一个，会得到不同的配置——也许是更松散的螺旋角。再做一种改变，角可能会更加弯向头部。最终一条直线可以变成一种紧凑的盘绕。理论上，可以将可能存在的对数螺旋的每一个变化都绘制出来。事实上，这也已经做到了，被称为"所有可能贝壳的博物馆"，但它指的是软体动物还是角并不重要，每个假设的中间形式都已被计算在内。

这些描绘出来的动物有些是确实存在的，大多数则不是。在进化成我们今天所认识的物种的过程中，它们可能作为中间

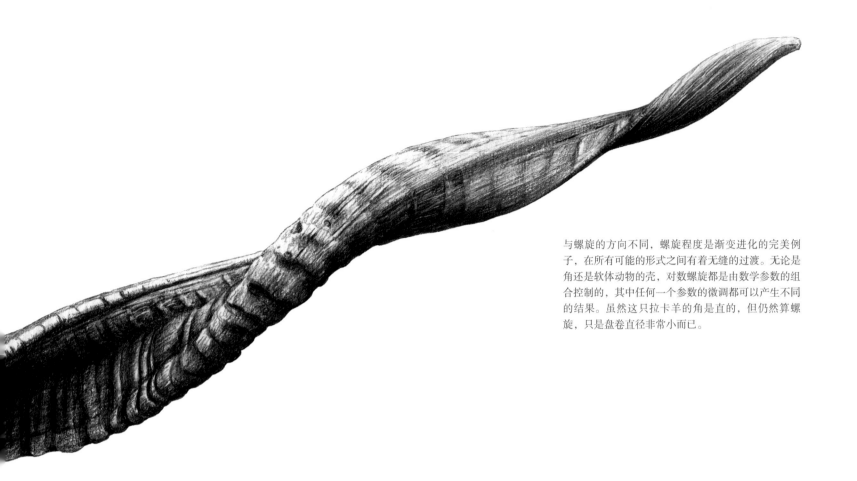

与螺旋的方向不同，螺旋程度是渐变进化的完美例子，在所有可能的形式之间有着无缝的过渡。无论是角还是软体动物的壳，对数螺旋都是由数学参数的组合控制的，其中任何一个参数的微调都可以产生不同的结果。虽然这只拉卡羊的角是直的，但仍然算螺旋，只是盘卷直径非常小而已。

形态存在过。现在存在的有一些可能以后不会再存在，或者可能成为我们未来将认识的物种的中间形式，又或者可能永远都不会存在。这里要表达的意思是，这是渐变进化的至臻境界。

孟德尔的追随者意识到渐进式的达尔文遗传可以在小种群中发挥作用，但他们无法想象这会对物种水平以上的进化产生什么影响。一个主要的障碍是（现在仍然是），人类大脑完全不可能理解进化发生的时间深度。在某种程度上，突变论反映了19世纪早期人们对灾变论的信仰，即今天的景观是由一系列

突然的灾难性地质事件造成的，而不是由仍在发挥作用的力量通过持续作用而逐渐塑造的。地质学史上当然有过爆发式的快速进化，但仍然是跨越数百万年的千万个微小变化的积累，而不是单个基因一夜之间的转变。即使在长时间的明显的进化停滞期，自然选择仍然通过去除效率较低的变种而持续发挥作用。

我之前的身份是……世界上第二大鸟类索引收藏馆的负责人。光是鸟类剥制藏品就有三层楼高，按分类陈列在一排长长的柜子里的标本就大约有75万个，类似于《夺宝奇兵》

（ *Raiders of the Lost Ark* ）[30] 结尾的那个仓库场景。这些通常是公众看不到的部分，但我们会定期组团参观这些藏品。参观的人们反应各不相同，但有一个问题保证会被问到："你们为什么需要这么多藏品？"

答案是，无论一个博物馆拥有多少标本，都远远不足以为每个潜在的研究项目提供足够大的样本量。任何分类群都可以被无数次地划分和细分：不同的性别、不同的年龄，繁殖羽和非繁殖羽，磨损的、新长出的或部分脱落的羽毛，不同时间段或不同地理位置以及往往会被低估的个体之间微小的自然变异。个体是构成种群的最重要的单一单位，也是进化开始的最底线。

正如达尔文反复强调的那样，你对动物越熟悉，就越能鉴别细微的差异。在狗展的旁观者看来，一排参赛的黑色拉布拉多犬（labradors）可能都是一个样子。展览评委能发现它们相对的缺点和优点，但对狗的主人来说，个体识别的问题甚至永远不会成为问题。同样地，每个微小的差异都会给个体在为生存而奋斗的过程中带来一丁点选择上的优势。随着时间的推移，累积的差异会对进化产生重大影响。

孟德尔和他的追随者为了清晰起见，刻意选择了没有中间形式的性状。但是无限微小的变异也是由基因控制的，而且每个变异都遵循同样的规律。事实上，正如一个基因可以影响许多看似独立的性状一样，一个单一性状（如身高或面部特征）也可以受数百个基因的影响。它们共同产生了（达尔文的追随者认为的）自然选择所必需的持续平稳的转变。

即使是最初由重大突变引起的性状，比如安康羊的腿，也可以通过其他基因的作用改变。谁知道水獭和其他鼬科动物的短腿是否也曾因类似的突变而率先变成这样的呢？又或者表型上的重大飞跃可能只是许多小步骤共同作用的结果。这些基因被统称为修饰基因，但实际上，任何一种基因都可以影响或修饰另一种基因。尽管谈及遗传学时，几乎不可能避免习惯性地提到基因"决定"这个或那个，正如我在本书剩余部分一再强调的那样，没有基因能完全控制个体特征，只有整个基因组才能在不同程度上起协调作用。如果一个基因组能很好地协同工

将螺旋的直径再扩大一点，就会得到不同的角的形状。这只茨盖羊（Zigaja sheep）是来自近东的珍稀品种，绘图取材于德国哈雷的朱利叶斯·库恩驯养动物博物馆的一件标本。

黑脸羊（Blackface sheep）的一个头骨，紧紧盘绕的角与头骨非常贴近。想象一下，揪住这些角的尖端，将它们拉直，会得到与拉卡羊羊角相似的形状。控制对数螺旋的参数之间的细微差异可以通过修饰基因的作用在自然条件下相互独立地改变。

作，它和它所在的动植物就越能成功抵御自然选择的压力。基因组的变异是不可避免的，但这些变化带来的是福还是祸，又或者没有任何影响，都取决于对不断变化的环境的适应程度。

因此，孟德尔遗传既可以产生不易察觉的效果，也可以产生主要表型的变化。随着时间的推移，在适当的环境中，结果就是地球绽放出无尽的生物多样性。虽然姗姗来迟的现代综合论标志着人们已经接受了所有变化不论大小都是根据相同的遗传规律和原理这种观点，但是关于跃变的争论远远没有结束。

第三部分

变异

第7章 "变"的含义

变异、突变、变种、畸变、变形、变态，你似乎能听到管风琴的声音和洪亮的嗓音正用抒情的方式哄骗路人，让他们来围观双头羊或者满脸胡须的女人。这让人联想到疯狂科学家在进行无法无天的实验，身体部位过多或长错了位置的生物，正被泡在罐子里。就连漫威漫画里的超级英雄X战警也是社会弃儿。"变异"事实上被看作卑劣的、备受歧视的词，让人当面就把门"砰"地关上。我只知道，开始写这本书时，我以为在着手一件很愉快的工作，那就是向动物爱好者们寻求帮助（在我提到带有"变"的词之前，一切都还算顺利）。实际上我并非要打听长着六条腿的小狗或有两个头的羔羊，当然更不是长胡子的女人。我想问的是黄色的金丝雀、黑色的猫、扇尾金鱼和毛茸茸的豚鼠，可能也会聊起大象、鸵鸟、卷尾猴，或者螃蟹。

尽管有着种种糟糕的含义，变异其实并不比第5章提到的等位基因差多少。只不过是性细胞中DNA转录时出现的随机编码错误（可能会也可能不会）导致后代表型改变。它们不仅是驯养动物和它们野生祖先之间差异的起源，也是地球上存在和曾经存在的所有个体、种系、种、科、目以及分类学家应用于生物体的每个分支之间的多样性的起源。正是变异让孔雀开屏的尾巴缀满"眼睛"，正是变异造就了巨型蜥脚类恐龙，变异让美丽的蝴蝶模拟出有毒的样子，还使大脑产生了探究"如何"的能力。

有性生殖的结合加上等位基因的洗牌，源源不断地产生大量新的表型变异，为自然选择之火添柴加薪。然而所有这些变化的初始来源都是随机误差。

即使是伟大的约翰·塞布莱特（本书会经常提到他）这样天才的动物育种学家，在吹嘘自己能在3年内培育出任意一种羽毛，但要花6年时间才能培育出特定类型的头和喙时，也犯了错误。所有的选择都基于预先存在的变异，而变异则是随机的。达尔文不知道DNA复制的复杂性或者突变的本质，但他认识到变异是自然选择的促进因素，而非进化的产物。他对着他的鸽子思考，认为如果不是动物自己先表现出来的话，人类就不可能想象去创造一只扇尾鸽，也就是说，会突然出现一只长有额外尾羽或竖直尾巴的鸟儿，"人类永远不能通过选择来行事，除非首先将可选择的变异摆在他们面前"。只有通过去除不需要的中间产物，也就是通过消灭变异本身的很大一部分的方式，适应性进化和最终的物种形成才有可能达成。如果这种破坏听起来让人有些不快，请把它想象成一个平坦而毫无特色的自然景观，必须被部分侵蚀才能形成大峡谷，或者一块大理石必须被切削才能露出里面那个米洛的维纳斯[31]！

的确，有很多变异导致人们所说的"怪物"。本章开篇页的小狗是我自己的收藏，有两条前肢和两组看上去正常的臀部及后腿，还有两条小尾巴。133页图片中的小牛也许有一副相

像长着两条尾巴的狗一样快乐！这种连体小狗通常与"突变"一词联系在一起。事实上，它根本不是遗传基因突变的结果，只是发育中的胚胎在细胞分裂过程中发生的不幸事故。

双头的小牛头骨有两组完整的牙齿，其基部接合在一起并且很可能与一个完全正常的小牛躯体相连。

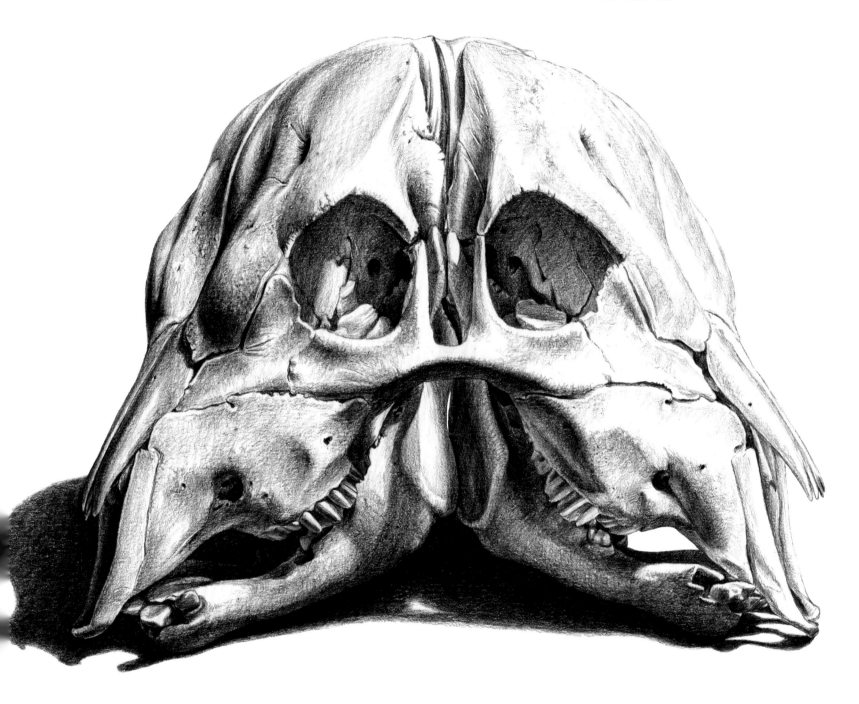

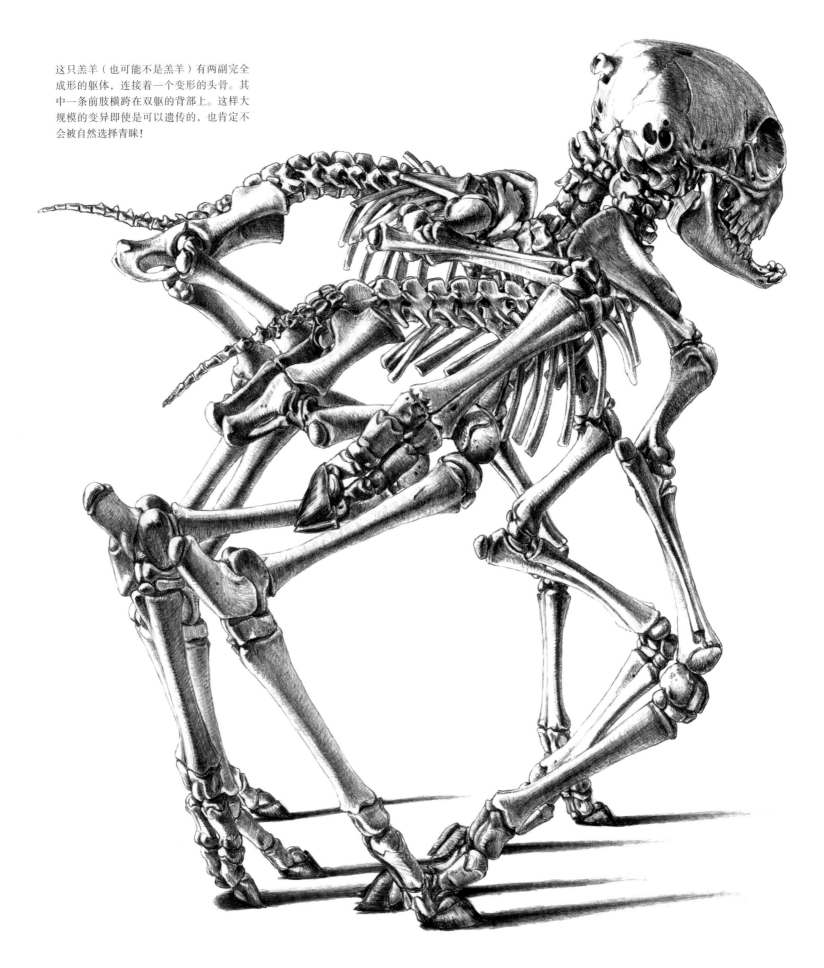

这只羔羊（也可能不是羔羊）有两副完全成形的躯体，连接着一个变形的头骨。其中一条前肢横跨在双躯的背部上。这样大规模的变异即使是可以遗传的，也肯定不会被自然选择青睐！

尽管有两个额外的肢体连接在其身体下方，还有扭曲且部分重复的骨盆，这只驯养的绿头鸭仍然存活到成年阶段。我们无法得知它在有生之年是否繁殖过，但很可能它的后代都是完全正常的。这种情况通常不会遗传。

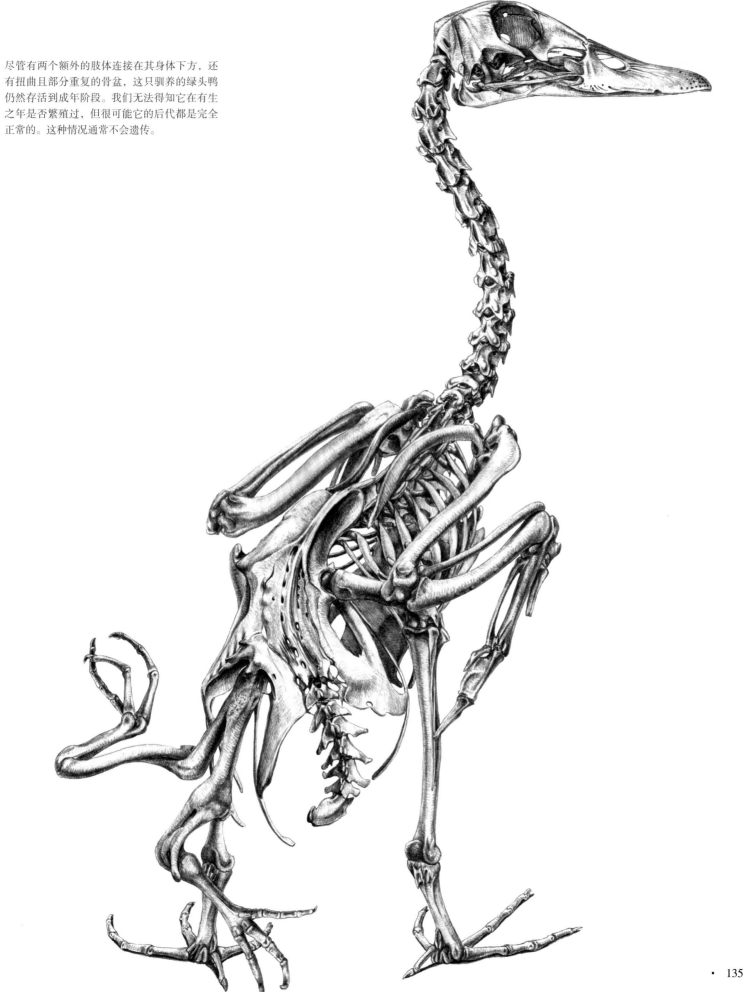

当正常的身体连接着它的双头骨。134页那只羔羊从颈部开始分成两个完整的身体，这两个身体有八条腿，与一个（畸形）头骨相连。而135页这只鸭子，存活到了成年，两条额外的肢体在基部相连，看起来像原本的一条肢体上多了两只脚，只是每只脚都缺少完整数量的趾。它的骨盆也有扭曲和部分重复的情况。

连体人类最著名的例子是连体双胞胎兄弟昌·邦克（Chang Bunker）和恩·邦克（Eng Bunker），他们在胸骨处由一条细窄的软骨接合在一起。昌和恩是两个具有独立性格的个体。他们活到了将近63岁，有21个完全正常的孩子。他们绝对不是怪物。

虽然这些正是跟"变"字相关的事例，但并不是进化论者所说的遗传基因突变。他们是胚胎发育的意外，由细胞分裂异常或有毒物质在母亲怀孕期间产生的影响所致。变异可以发生在任何细胞中，但只有发生在性细胞（配子）中时，变异才可能遗传，由此才具有某种进化意义。虽然表观遗传学研究已经揭示了短期的遗传变化，特别是与饮食的关联，但一旦两性配子结合形成新的胚胎，迄今为止，没有任何发生在它们身上的事情（即使是在细胞分裂的早期阶段）能被证明在几代之后的长期进化意义上是可遗传的。

像这样的例子正是威廉·贝特森所认为的自然变异的来源。德国遗传学家理查德·高兹施密特（Richard Goldschmidt）采纳了这一观点，他在1940年出版的《进化的物质基础》（The Material Basis of Evolution）一书中创造了现在著名的术语"有希望的怪物"。尽管他意识到物种内部的短期变化中渐进变异的重要性，但他认为只有重大的突变才能形成物种本身。

问题在于，累积了这么多微小的步骤——随着修饰基因在不知不觉中的作用，经过无数代的进化，它们逐渐塑造、强调、适应和重塑生物体，以达到不同的目的，而最初的变化是大还是小，这个问题已经迷失在时间的深处。

大的表型变化不一定需要重大的基因突变。它可能只需要一个简单的基因组步骤，只需轻轻触碰开关，就可以将一条发育路径重新引导向新的方向。例如，只要一个基因的改变就可以使蝙蝠祖先的手指延长。即使在它们之间加上蹼也可能是一个相对简单的遗传步骤（蹼存在于所有的胚胎中，但这些皮肤细胞通常在手指发育后会程序性凋亡）。无论这些原翼形成的速度有多快，要使它们像现在这样在空气动力学功能上如此精密，必须经过无数次的微小调整。

基因组的某些部分比其他部分更容易发生突变。基因有着严格的（我认为严格）内部编码检测机制，以防止任何错误的发生。然而，有许多不同的事情可能会出错。点突变可以用一个碱基对替换另一个碱基对（每条DNA链由数百万个碱基对组成），或者删除或插入一个新碱基对。相反，拷贝数的变化会导致DNA的整个序列一次又一次地重复，从而可能导致性状在令人惊讶的几代内迅速被夸大。相信这就是狗的头骨形状在过去100年中迅速变化的一个促成因素，例如在第2章讨论过的斗牛犬头骨。被称为转座子的元件（更常被称为跳跃基因）可以在基因组中移动，通过将一定长度的DNA从一个位置"剪切和粘贴"到另一个位置而造成大范围的混乱。

只占极小百分比的编码蛋白质的DNA对变化特别有抵抗力。这并不一定意味着这些区域不会发生突变，但这些区域会影响非常广泛的生理功能，出错只会破坏机制。大多数突变发生在非编码区——20世纪六七十年代，这些部分被人自以为是地称为"垃圾DNA"。在这些区域，编码检测通常要宽松得多。最成功的改变会精细地控制和重新引导基因的行为，使它们的影响能够被独立地用于新增用途，而不影响其他功能。

把地球上生命的奇迹归因于复制错误，听起来可能有些自相矛盾。自然在适应的过程中似乎是完美无缺的，那么多样性如何建立在任何不甚完美的基础上呢？然而重要的是，"编码检测"的效率本身就是自然选择的结果，在基因组的适当部分，允许适当比例的错误通过，以确保不断产生新的变异。多一点，有优势的变异的遗传力会受到破坏；而少一点，就缺乏足够的变异来应对不断变化的环境条件。基因组编码检测只有在自然选择的作用下才能保持有效（或无效）。

大多数突变要么是有害的——动物甚至无法活过胚胎阶段，要么根本不产生表型效应。自然选择只对表型做出反应，

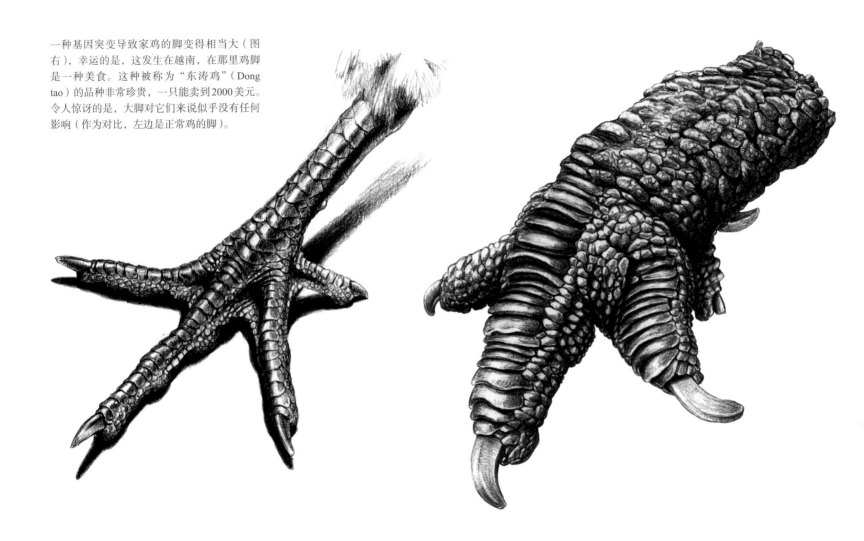

一种基因突变导致家鸡的脚变得相当大（图右），幸运的是，这发生在越南，在那里鸡脚是一种美食。这种被称为"东涛鸡"（Dong tao）的品种非常珍贵，一只能卖到2000美元。令人惊讶的是，大脚对它们来说似乎没有任何影响（作为对比，左边是正常鸡的脚）。

即基因是如何呈现的，因此中性突变可以被动地积累在基因组中，而不会产生任何明显的进化影响。只要动物存活足够长的时间并繁殖，这些突变就已经成功了。即使是导致表型改变的突变，也并非一定是有利的才可以传递下去。只要它们不带来任何不利因素，就可以搭便车在一代又一代动物中延续下去。习惯于在一切事物中寻找适应性的生物学家为此感到困惑，然而，并非所有的东西都是适应的。

一只动物降临到世上，突变是否有益很大程度上取决于环境，想想第5章中的无角牛。现存的动物，生存、进食、呼吸并且繁殖，显然已经很好地适应了环境，它们的生理很好地达到平衡从而以最低能量消耗获得最大性能（记住，这个等式有两个部分，天下没有免费的午餐），所以任何重大变化几乎都会显而易见地带来不利影响。

只有当情况发生变化时，细微的差别才会显现出来。这就是为什么化石记录显示长时间的停滞期会被快速的进化变化所打断。不一定是因为突变率的激增或宏观突变的发生，而是由于环境（包括遗传环境和生态环境）的某种变化，只允许新的变异物种以更稳定的速度挤过筛选之网。突变、变异、性状，

尽管有几个已经认定的绵羊品种以多角而闻名，但这是任何一个品种都可能出现的特征，仅仅是通过一个单步突变导致发育中的角芽分裂。羊角的构造，甚至它们头骨的构造，往往不足以区分特定的品种。这个头骨上也可以是任何数量的角。

不管怎么称呼它们，之所以存在都是因为能留存下来。

在适当的情况下，环境中的一些变化被证明是某些特定突变兴盛繁荣的沃土。当然，这里专指驯养的动物。受到动物爱好者的青睐为其成功提供了完美的环境条件，就像在冰河时期之初就拥有厚厚的皮毛一样完美。

例如，有一种基因突变导致家鸡的脚变得相当大，幸运的是这发生在越南，在那里鸡脚是一种美食。这种被称为"东涛鸡"的品种非常珍贵，一只能卖到2000美元。不出所料，我没能为自己搞到一件标本，这一次只能退而求其次用照片来绘制插图了！互联网上有很多图片。互联网上也有几部关于这种鸡生活的影片，我惊讶地发现，这些鸡巨大的脚似乎丝毫没有带来障碍，它们的行为和正常的大种鸡没什么两样。

虽然在越南东涛鸡现在已是一个认定的品种，这种突变同样可能发生在任何一种鸡身上，或可以与任何其他品种异交。许多所谓的新"品种"驯养动物其实只不过是现有品种带有一个新的性状，或者带有从另一个品系引入的性状。事实上，可以进行杂交的品种正是不同特征的集合，可通过任何方式组合在一起。识别驯养动物的时候千万不要掉进这样的陷阱，像抱着野外指南来辨别野生物种那样去寻找某些可辨别的特征。它们的性状可能会被选择改变，但它们很少会是某些特定品种独有的。

四角羊就是很好的例子。马恩岛绵羊（Manx loaghtan）、雅各绵羊（Jacob sheep）和纳瓦霍-丘罗羊（Navajo-churro）都是有四个（或更多）角的绵羊品种，这是一种直接的突变，导致角芽在发育早期分裂。然而这些动物的角，甚至头骨，在不同品种之间并没有特殊区分，而且这种突变可以发生在任何绵羊身上，不管血统如何。同时，也没有公认的四角山羊品种，但这并不妨碍四角山羊时不时地出生。

腰带盖洛韦牛（Belted Galloway cattle）是另一个例子。这种粗犷的苏格兰肉用动物有一个特点：头尾两边黑色（或是很少见的棕色），中间有一圈白色的条带。正是这条"腰带"使它们得名——普通盖洛韦牛是纯色的。任何人看到一头母牛身上有这样的带纹，都会马上认出它。但这种情况是由一种特定类型的白变引起的，这种白变可以通过育种引入任何奶牛身上，不管其品种

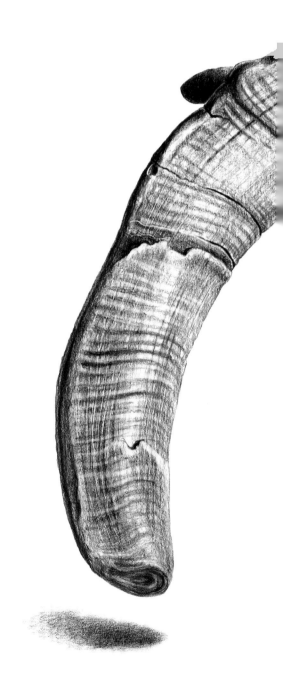

山羊的多角现象比绵羊少见，但这只是因为尚未有被认定的四角品种。突变本身同样可能发生在两个物种中。

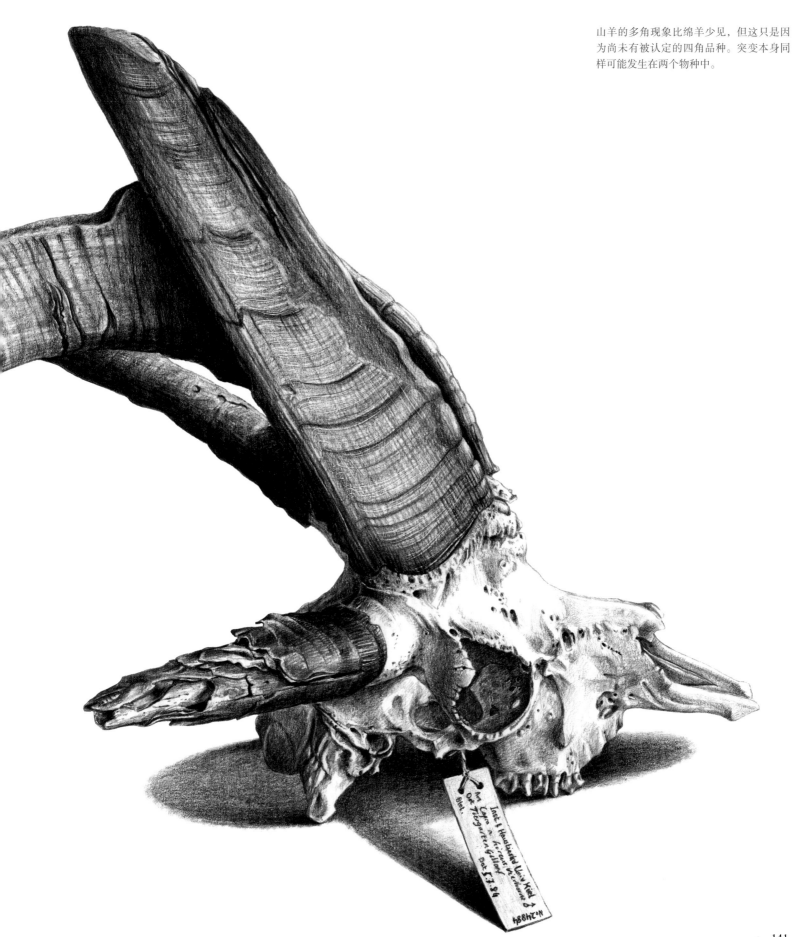

或体色如何。最初的腰带牛是拉肯维尔德牛（Lakenvelders），又名荷兰腰带牛（Dutch belted cattle）。"Laken"是荷兰语"床单"的意思，而"velder"是一个古老的荷兰语术语，指的是皮肤，所以这个名称的字面意思是"皮上面盖着白床单"。然而，这种带纹并不是牛独有的。它也发生在猪、山羊和小鼠身上（同名的鸡品种则只是表面上相似）。如果现在已经濒危的拉肯维尔德奶牛灭绝了，将是一大损失，它们是美丽的动物，有着可以追溯到许多世纪之前的悠久文化历史。但如果这种腰带纹突变本身消失了，也许再也不会出现在牛身上，那就更可悲了。

另一个以其独特的遗传性状而定名的古老荷兰品种是钩嘴鸭，只因诡异的好运，我才能用"是"而不是"曾是"来说起它。如果一只长着钩喙的鸭子听起来很怪异的话，想一想杓鹬，甚至火烈鸟。造成这些情况的原因（还有斯堪的纳维亚鸽和斗牛㹴）很可能是发育中的胚胎细胞在其生长时序中，下颌骨上表面的激活时间比下表面的激活时间稍早，从而导致下颌骨向下弯曲。鸭子的一个野生种群（我推测）可能会发现这对在卵石中觅食很有利，就像新西兰的弯嘴鸻（Wrybills）利用侧弯的喙一样，或者它们的情况可能不同。无论如何，家鸭没这个需要。只要它们能繁殖，这就是最重要的。

荷兰西部省份的水体系统有饲养鸭子的悠久传统。几乎每个门阶都对着一条河道，鸭子可以自由觅食，游来游去，飞到喜欢的地方，在别人的土地上吃草，回到自家产蛋并被吃掉。白色胸脯是荷兰家鸭的特征，是让猎人们不要射杀它们的一个标志，免得它们在猎人头顶飞过时被误认为野鸭。第一只嘴向下弯曲的鸭子是在荷兰自然出现的，还是从印度尼西亚的荷兰殖民地引入的，我们不得而知，但到了17世纪，钩嘴鸭是最受欢迎的品种之一，这在扬·斯特恩（Jan Steen）和梅尔基奥尔·德·洪德科特（Melchior d' Hondecoeter）的画作以及弗朗西斯·威洛比（Francis Willoughby）的鸟类学中一直有记录。这些画几乎成了对钩嘴鸭仅存的记载。到20世纪初，人们对鸭蛋的需求已经减少，取而代之的是商业化生产的鸡蛋，这个品种也只被一群忠实的爱好者所保留。最后几只鸭子在它们以前的大本营北荷兰，可能在"二战"最后几年毁灭性的饥饿冬季

里死去，当时有成千上万的人挨饿。人们以为这就是钩嘴鸭的终结。后来在一个偏僻的农场里发现了三只年迈的钩嘴鸭，经过不懈努力，人们终于得到一些可以用于繁殖的蛋。今天，大西洋两岸所有活着的钩嘴鸭都是它们的后代。

如果你喜欢古典绘画大师的鸟类画作，可能会注意到有好些鸭子、鹅或鸡的头上饰有毛茸茸的绒球。它们很可爱，甚至有点可笑，只看它们的外表并不能支持我的观点，即"驯养的动物不仅仅是给孩子们玩的"。但对它们来说，表象与表象之下都包含着更多东西。

本章的核心思想，我重复了很多次，就是基因变异是普遍存在的，在野生种群中自然发生的可能性和在圈养环境中发生的可能性一样。1913年，在北卡罗来纳州的派岛，在一起的三只野生加拿大鹅被射杀，可以肯定它们是一个家族，头上都有一簇羽毛，与家养鸭子和鹅的特点相同（各种家养品种的有羽冠的鹅都是灰雁的后代，属于灰雁属，因此它在黑雁属的野生黑雁中出现是值得注意的）。

即使重要的突变，在它们第一次出现时也可能不如经过几代自然或人工选择，通过基因修饰作用的那样发育良好并逐渐成形。一般来说，经过几个世纪的选择性育种，品种越老才越成熟，性状也越夸张。因此，羽冠最大的鸡、鸭品种恰好也是最古老的品种。

在鸡中，有羽冠的品种是帕多瓦鸡（Paduan fowl），它也有一系列互无关联的羽毛状面部附属物，被称为髯羽和胡须，替代了通常的肉垂。还有一个变种没有这些附属物，被称为波兰鸡（Polish fowl，这两个名字有误导性，因为它们实际上都是古老的荷兰品种，既不属于波兰也不属于意大利）。有羽冠的鸭子叫……凤头鸭（别把它们和巴塔哥尼亚的同名野生物种混淆）。

很多野鸭都有羽冠，当然，想一想林鸳鸯（Wood duck）、凤头潜鸭（Tufted duck）或镜冠秋沙鸭（Hooded merganser），这些羽冠也很精致，尤其是在求偶时。但有一个根本的区别：这些冠羽显然"属于"头部的羽毛。它们的花纹和结构与其他头部羽毛是连在一起的：细小，相当纤细，窄而长。现在，再

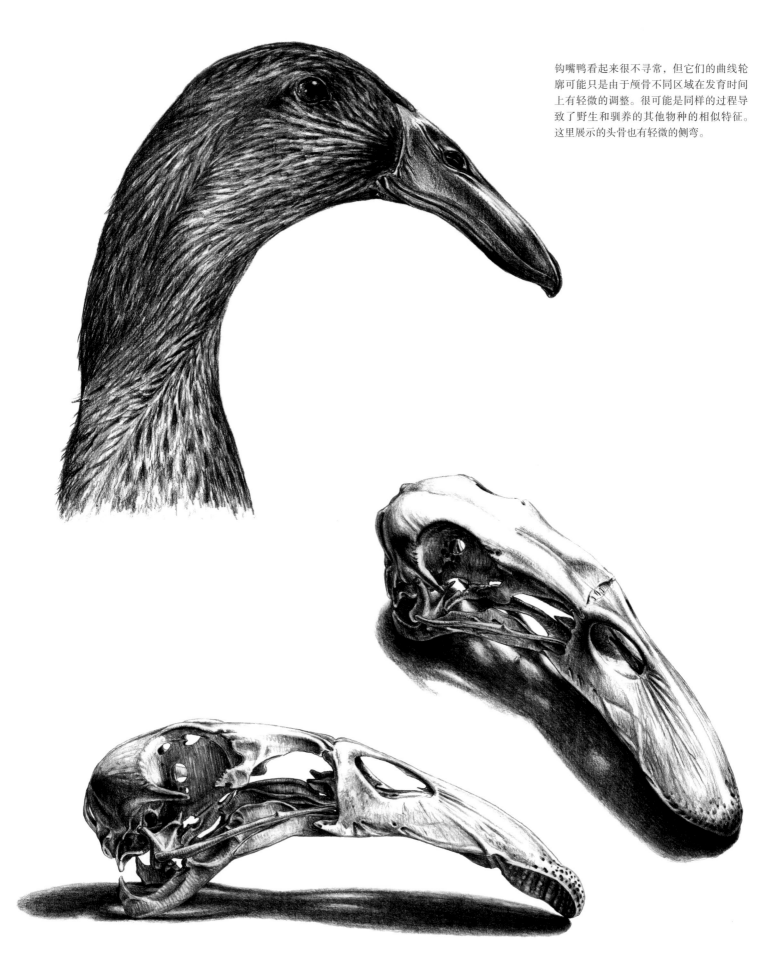

钩嘴鸭看起来很不寻常，但它们的曲线轮
廓可能只是由于颅骨不同区域在发育时间
上有轻微的调整。很可能是同样的过程导
致了野生和驯养的其他物种的相似特征。
这里展示的头骨也有轻微的侧弯。

如果你喜欢古典绘画大师的鸟类画作，可能会注意到有好些鸭子、鹅或鸡的头上饰有毛茸茸的绒球。它们很可爱，甚至有点可笑。但对它们来说，表象与表象之下都包含着更多东西。

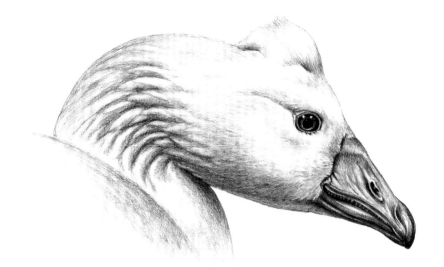

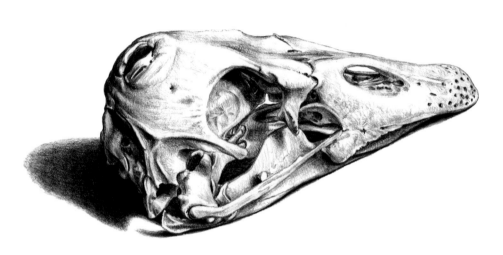

在鹅和鸭身上都会出现羽冠，不过在鸭身上，经过较长时间的人为选择，这种性状变得更加明显。在这两种情况下，头骨表面都有一个洞，上面覆盖着带羽毛的脂肪块。这是罗马鹅（Roman），是为数不多的有羽冠的鹅品种之一。

看看凤头鸭或波兰鸡的羽冠。很明显，这些羽冠与头部的其他部分不相衬。其羽毛比周围的大很多，稍微卷曲，甚至连颜色都不一样。事实上，在结构、大小、花纹和颜色方面，它们与鸡和鸭的下背部和体侧的羽毛最为吻合。

在鸡身上，公鸡尖尖的羽冠毛和母鸡整齐的圆形羽毛有明显区别，这两种羽毛都与两性的臀部和体侧的羽毛相一致。鸭子，或者更确切地说公鸭，保留了绿头鸭色彩闪耀的野生型绿色头部，羽毛上的差异更为明显。这些鸟的羽冠有大而卷曲的羽毛，羽毛呈精细的带波纹的灰色，与它们的体侧羽毛相同。甚至当它们在夏末换上"蚀羽"，出现母鸭那种棕色条纹时，它们的羽冠也同样出现公鸭体侧羽毛的花纹。

这就是有羽冠的鸡和鸭的相似之处，但是如果绒毛球还不够奇特的话，当你探究到羽毛下面时，就会发现更奇特的事。在波兰鸡或帕多瓦鸡的头顶下，头骨延伸形成一个很大的由薄薄的骨头构成的圆顶——一个中空的"穹隆"，大脑从它的下方生长。随着幼鸟的成熟，颅骨顶部的骨骼逐渐发育，这一过程被称为骨化，在这种情况下，骨骼从边缘向上和向内生长，就像建造一座冰屋一样，最终完全闭合，形成光滑的圆形表面。有趣的是，达尔文曾记录，在20世纪（至少在德国），这种穹隆只出现在雌鸟身上，雄鸟未能孵化或在幼雏时死亡。到了达尔文时代，它们已经出现在两性身上，这表明雄性的死亡是由于另一个相关基因的作用，而不是由于负责穹隆本身的基因。尽管帕多瓦鸡/波兰鸡的穹隆在两性中都很大，但我们注意到，布雷达鸡（Breda fowl）小很多的穹隆在雌性中的表达确实更好。

还记得吗？我在上一章曾提到过，很多有羽冠的品种，鸡冠也有双冠或重冠，而且双冠在遗传上与鼻孔凸起有关。从波兰鸡/帕多瓦鸡和布雷达鸡的图中，可以清楚地看到，它们的喙缺少鼻孔开口上方的骨桥。在它与冠型的联系被发现之前，这一特征被认为是羽冠的遗传副作用。

波兰鸡和帕多瓦鸡基本上是同一个品种。两者都有羽冠，但帕多瓦鸡脸颊和下巴的肉垂被羽状的"髯羽和胡须"所取代。注意羽冠上的羽毛，在公鸡身上是尖的，在母鸡身上则是圆的，更像"鞍部"或臀部的羽毛，而不是你通常在鸡头上看到的那种羽毛。

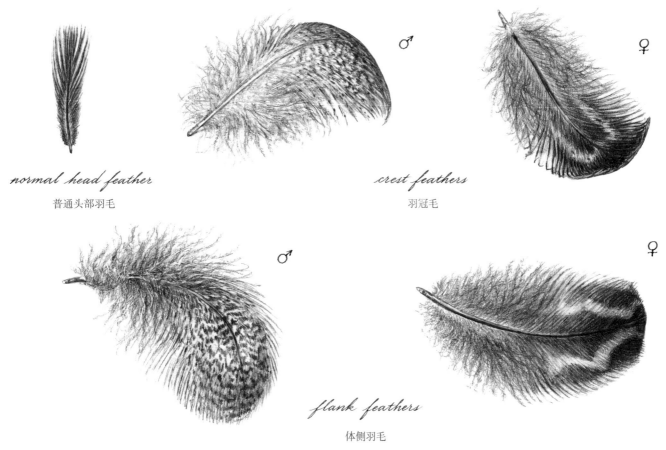

normal head feather
普通头部羽毛

♂

crest feathers
羽冠毛

♀

♂

♀

flank feathers
体侧羽毛

左上角的羽毛取自一只绿头公鸭的头顶：长、细、直，还带着闪耀的绿色（尽管在单色图片上看不到）。在它的旁边，最上面的一排是来自凤头鸭品种的公鸭和母鸭的羽冠毛。可以将这些羽毛与下面这排从同种鸟身上拔下的，外形几乎完全相同的体侧羽毛进行比较。

只要看一眼有野鸭斑纹的凤头鸭的绿色头部，就足以知道这些羽冠根本不匹配！在颜色、花纹、形状和大小方面，羽冠和体侧或臀部的羽毛最相似。

raised nostrils of most duplex-combed birds

大部分双冠鸡隆起的鼻孔

如果有羽冠的家禽羽毛还不够奇特的话，那么羽冠里的结构更加奇特。鸡的羽冠里隐藏着一个凸起的骨质"穹隆"，大脑在穹隆下生长。头骨在孵化后的很长一段时间内才完成发育，这个穹隆从边缘往上逐渐形成，就像建造一座冰屋那样。

我们已经观察了许多有羽冠的鸡的头骨，所以当煮制第一个有羽冠的鸭头时，我满怀期待想看到同样凸起的圆顶。然而，头骨上却有个大洞。不是与脖子相接的那个洞，而是在脑壳后面更高的位置。从洞的底部伸出来的是长长的骨质卷须，它们弯曲着伸入绒球所在的位置。

经过阅读大量关于这个问题的科学论文，并制备几十只凤头鸭的头骨，我们对这一现象有了更多了解，但最重要的是，我们知道还有更多的问题尚未得到解答。

大多数凤头鸭的头骨只有一个窟窿（没有卷须结构），随着它们的成熟，这个窟窿会逐渐闭合。最幼小的鸭子的窟窿最大。被称为骨赘的骨质卷须有各种各样的形式。它们是展览鸟呈现出的缺陷，评委们会细致地触摸绒球部分，检查它们是否存在。它们可以从头骨中突出，也可以向内伸入脑腔。它们可以分叉或分枝，有时甚至根本不附着在头骨上，而是作为独立的主体发育而成。有些是大而扁平的，有时甚至看起来具有原始的骨关节。在罕见的情况下（如果考虑到羽冠类似于体侧羽毛，这种现象具有潜在的重大意义），在胚胎甚至小鸭的头骨中曾发现长着带蹼小脚的完全成形的腿。尽管查看了所有我们能买到的尚未孵化的蛋，但是我们从未有幸亲眼见到过。

绒球本身是在头骨表面的脂肪垫上形成的。在理想情况下，它应该位于正中间，尽管在许多鸟类中，它突起来歪到一边或另一边。脂肪组织不仅构成了绒球，在绝大多数凤头鸭身上，还有大量的脂肪沉积在大脑上面，使大脑体积明显变大，尽管这会减少实际脑组织的体积。遗憾的是，头骨完全发育时，这个脂肪区域会对大脑产生压力，导致鸟儿在受到胁迫时动作协调性变差，尽管在其他时候它们看起来很正常。虽然窟窿和骨

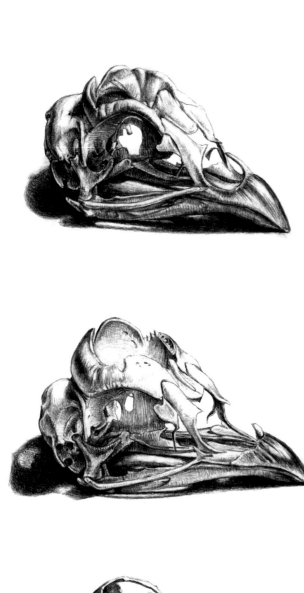

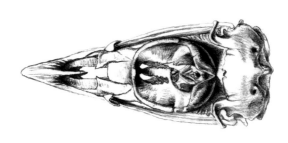
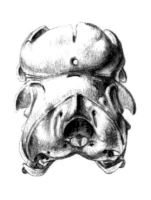
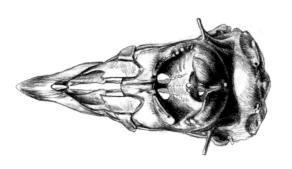
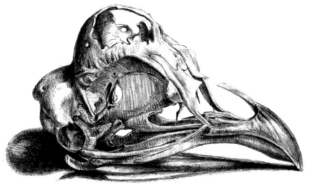

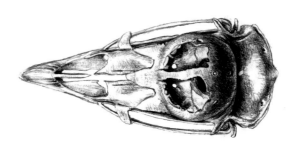

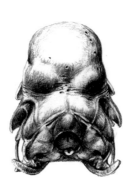
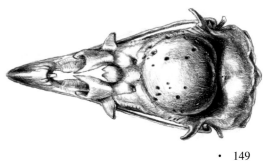

赘似乎都不会对鸟儿产生什么影响，但头骨内脂肪体最大的鸟和协调能力受损最严重的鸟之间有着明显的相关性。

所有这些因素加在一起，为禁止继续培育带有羽冠的鸭种提供了强有力的理由，尽管这将意味着一种迷人的，更不用说在文化上很重要的变异会消亡。此外，这些脂肪体与人类患者脑中的脂肪体有相似之处，例如帕金森患者的脂肪体，因此带有羽冠的鸭子可能是了解甚至治疗这些疾病的关键。在这种情况下，我们应该如何权衡动物福利？谢天谢地，我们不必这么做。在有羽冠鸭子的头骨中发现的脂肪体显然完全独立于羽冠本身，因此可以培育出完全健康的鸟儿，它们仍然会在展览台上满足所有的选项。简单而无害的测试方式是：将鸟儿背靠下面倒放，并观察它们需要多长时间才能重新站起来，这是挑选最健康个体所必需的。在"通过测试"的鸟儿中进行选择性育种，几代之内就培育出了明显更健康，也可能更快乐的带羽冠

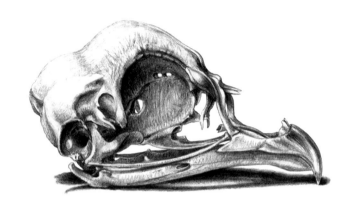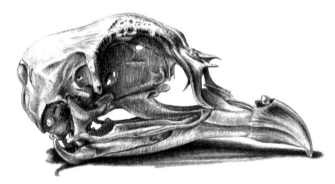

根据达尔文的记录，在20世纪，帕多瓦鸡/波兰鸡的穹隆只出现在雌鸟身上。到了达尔文时代，它们已经出现在两种性别身上，和现在一样。我们注意到，布雷达鸡比较小的穹隆在雌性（左）身上的表达确实比雄性（右）更好，请注意鼻孔开口上方缺失的骨头。在它与冠型的联系被发现之前，这一特征，即鼻孔凸起，被认为是羽冠的遗传副作用。

鸭，并且具有孵化率高很多的额外优势——这在商业上是积极的结果，对鸟类爱好者以及鸟类福利都是如此。

如果凤头鸭和波兰鸡/帕多瓦鸡拥有最奇异的单一性状，那么最佳性状组合奖必定由下面这两个品种的鸡平分秋色。我先从其中不太出名的阿拉考纳鸡（Aracauna）开始。

阿拉考纳鸡唯一被一致认可的鉴别标准就是它会下蓝色的蛋。它们是奇特的鸟儿，有各种各样的形态，而与它们本身同样奇特的是人们对它们的历史所知甚少。它们甚至一度（错误地）被命名为一个单独物种，*Gallus inuraris*，意思是"耳环鸡"，原因显而易见。这个通用的名称来自智利南部的阿拉考纳地区，1914年西班牙鸟类养殖家萨尔瓦多·卡斯特罗（Salvador Castelló）在当地土著马普切人（Mapuche）那里发现了这些鸟。现在人们还不知道这些鸟的祖先是什么时候经由什么途径从远东到达南美洲最南端的。英国品种有耳毛和尾巴（阿拉考纳鸡是第1章讨论的"无尾"鸡种之一，但也有不同的品系，有尾的和无尾的），据说是来自一艘在苏格兰海岸失事的智利船只，但像这样的沉船故事有很多，可能只有一小部分是真的。耳毛在纯合子中是致命的，所以推测智利的种群，在当地土著村庄以半野生状态散养，应该是由有耳毛的杂合子鸟和无耳毛的杂合子隐性个体组成。耳毛不仅仅是装饰性的羽毛，它们是耳朵开口的前面有羽毛的皮肤小凸缘，甚至它们下面的骨头也会奇怪地扭曲。它们的个体差异很大，有时偏向一类多于另一类。耳毛簇上的羽毛也像此前描述的波兰鸡和帕多瓦鸡的羽冠一样，与头部的羽毛相比更具有典型的体侧羽毛特征。

阿拉考纳鸡有许多不同的性状组合，有尾或无尾，有耳毛或无耳毛。所有这些变化多样的阿拉考纳鸡唯一的共同点就是它们蛋的颜色。没有其他无亲缘关系的鸡种，甚至没有任何一种野生原鸡会下蓝色的蛋。这现象十分不寻常，甚至有人认为它们的祖先一定与美洲一种古老且完全不相关的鹬鸵科鸟类（tinamous）杂交过（如果你从来没有见过鹬鸵的蛋，请把它列入"死前要做的事情清单"中）。贝特森的同事雷金纳德·庞纳特（Reginald Punnett）研究了这种不寻常颜色的蛋的遗传，他最有名的贡献是展示遗传杂交结果的表格——庞氏表[32]。庞纳特发现蓝绿色蛋壳的性状对应于白色（各种野生原鸡蛋的颜色）是显性的，但与棕色有着相同的显性优势，从而产生了橄榄色的蛋。所以，如果你自己养的阿拉考纳鸡产下橄榄色的蛋，那就清楚地表明它们是与另一个品种异交产生的后代。

在最奇特性状组合中排名第一的是乌骨鸡——名副其实的遗传特性集合。它不仅携带丝状羽毛变异，而且有5个脚趾、覆有羽毛的足、羽冠、胡桃冠和含有黑色素的皮肤。与人们普遍认为的相反，它的骨头不是黑色的，而是被一层黑色的结缔组织膜覆盖，这种结缔组织在大多数动物身上是无色的。黑色的皮肤与羽毛的颜色完全无关，就像松狮犬（chow dogs）皮肤（和舌头）的深色并不影响毛的颜色。黑色、红色、浅黄褐色和白色羽毛的"丝毛鸡"都有黑色的皮肤。

所有这些性状都可以而且确实出现在其他鸡种中，虽然异交可能是其中的主要原因，但突变同样可以在任何时间、任何地点，甚至在一系列物种中自发发生。又或者，它们可能永远不会再次发生。

这就是为什么保护稀有牲畜品种如此重要，不仅因为它们的历史或文化的重要性，而且因为它们代表着不可替代的遗传多样性。不只为了这些物种本身，更为了整个动物界。

本书的目的是在自然选择和人工选择之间做一个类比，而

在凤头鸭的羽冠下，有一个脂肪块覆盖着颅骨后部的窟窿。从我们的调查看来，在大多数鸟类中，这个窟窿会随着年龄的增长而逐渐闭合，最小的鸟（上）有最大的窟窿。大多数凤头鸭的头骨都没有骨性突起，这种骨性突起被称为骨赘，见152 ~ 153页图示。

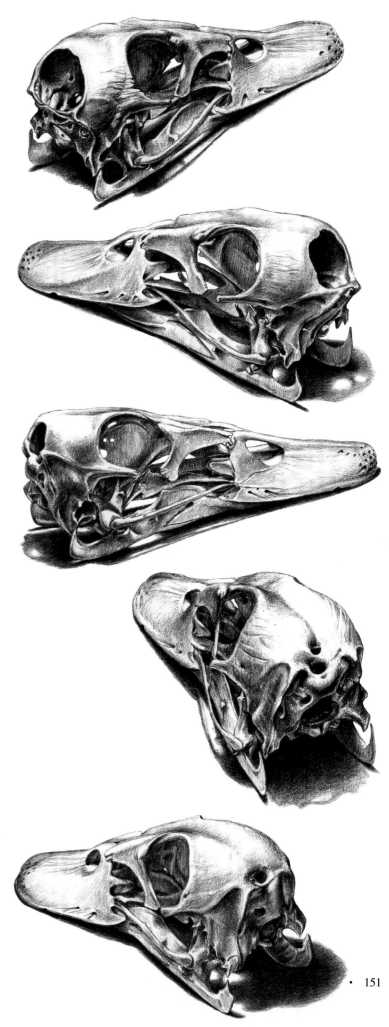

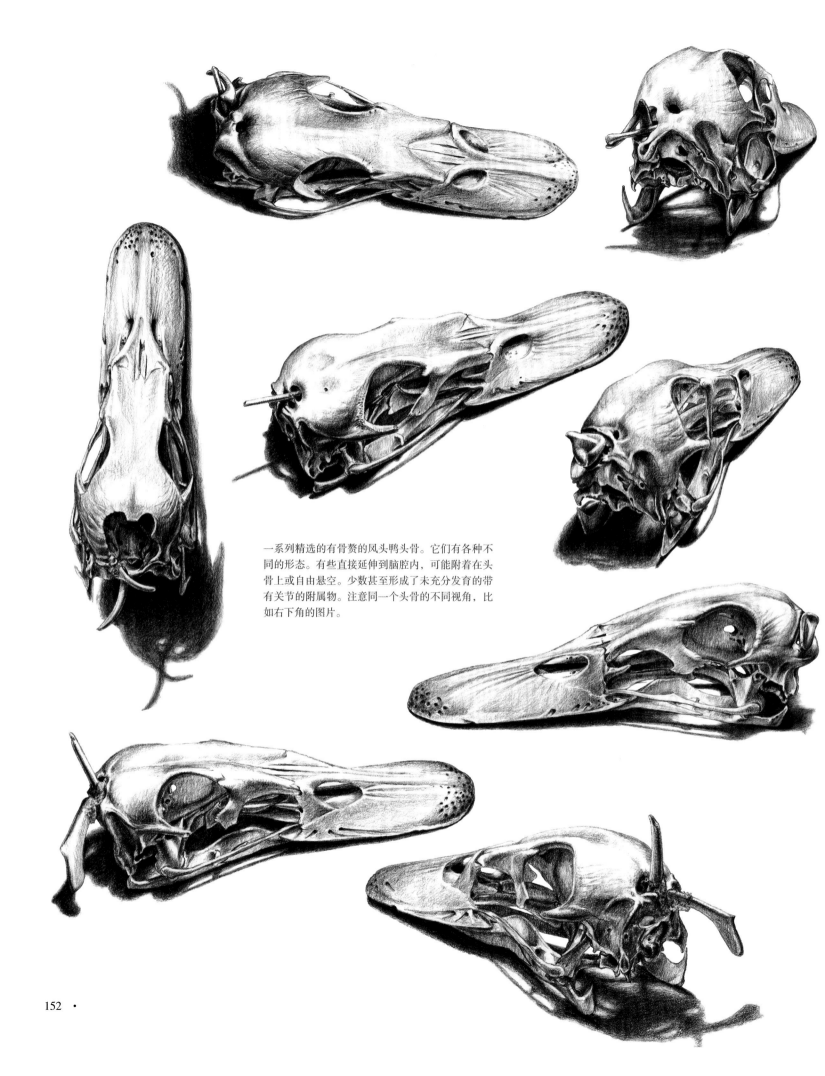

一系列精选的有骨赘的凤头鸭头骨。它们有各种不同的形态。有些直接延伸到脑腔内，可能附着在头骨上或自由悬空。少数甚至形成了未充分发育的带有关节的附属物。注意同一个头骨的不同视角，比如右下角的图片。

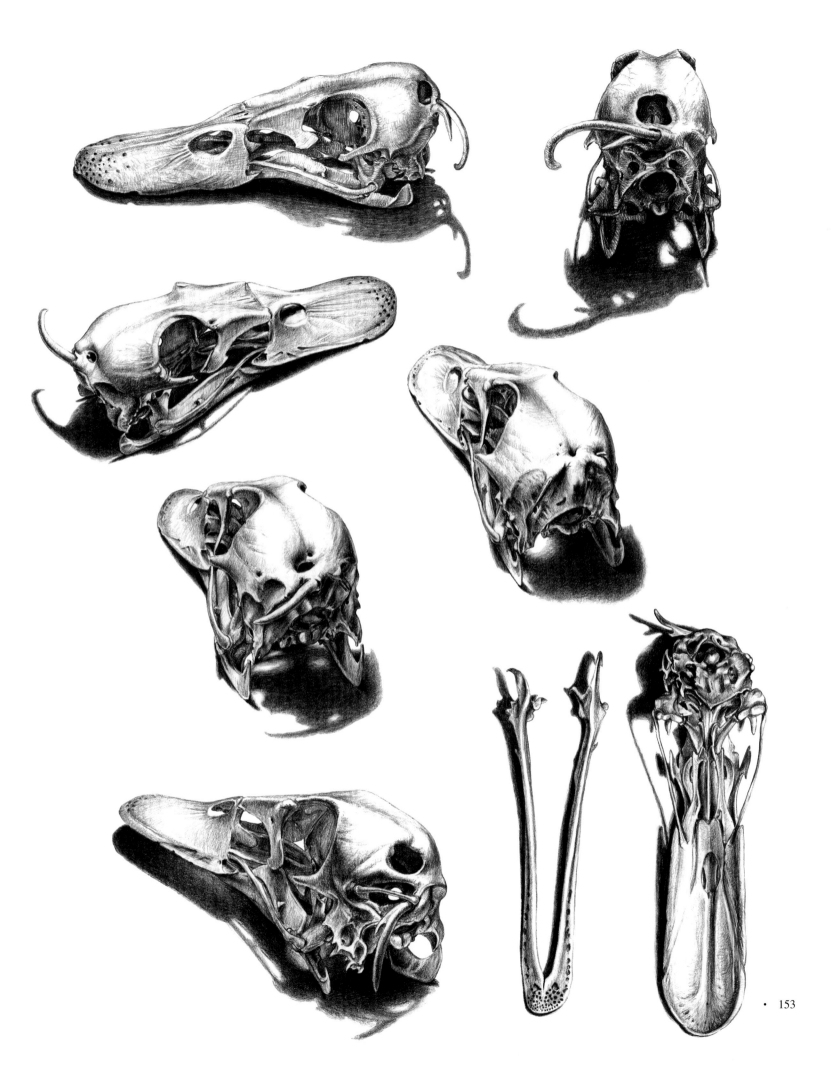

153

软骨发育不全症——不成比例侏儒症——会影响四肢骨骼的发育，这在野生和驯养的各种动物物种中都有记录，不过在驯养的品种中，比如前面提到的达克斯猎犬和矮鸡，四肢会因选择而进一步缩短。谁能知道像鼬类这样的短腿野生动物类群，是从小步变异一路进化而来，还是因为软骨发育不全而获得了先机？

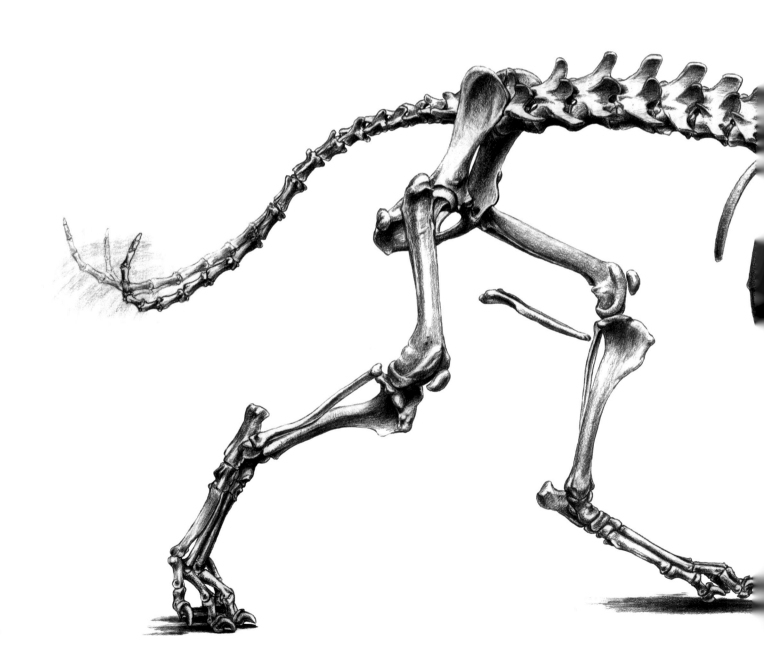

阿拉考纳鸡（与乌骨鸡一起）分享了"最奇特鸡性状奖"。它们不仅产蓝色的蛋，而且许多品种都是无尾的，它们在每只耳朵的区域都有一个奇怪的、长了羽毛的附属物，在纯合子中会致命。而它们的历史也丰富多彩。

不是对进化过程提出主张。断言在驯化过程中发生的相同突变也发生在野生动物身上是一回事，而争论这些相同的突变可能在很久以前的进化史上就受到自然选择的青睐则完全是另一回事。很显然，导致脂肪沉积压迫大脑的性状不会被认为是好事。然而，我们在自然界中看到的许多性状似乎也是障碍。例如，如果一只鸭子的羽冠碰巧在性别选择下受到青睐，那么它的不利影响可能会被繁殖的成功所抵消。

我已经开玩笑地（但并非完全没有意义）提出，鼬类（水獭、黄鼬、獾）可能已经从一种缩短四肢骨骼的突变中获得了进化的先机。到目前为止，还没有中间形式的化石证据来证明这一点。我们已经看了几个不同的例子（还有更多例子），它们表明这种侏儒症（软骨发育不全症）会影响四足动物，各种各样的四足动物都有可能受到影响，甚至在野生狐狸中有过记录，最近在一头野生亚洲象身上也发生过。然而，正如我一再指出的，重要的是，我们在展览中看到的短腿达克斯猎犬和巴吉度猎犬已经通过选择性育种进行了相当大的改良，这些动物已经与过去那种轻巧、健壮但四肢短小的猎犬相去甚远。所以，我所说的获得先机是朝着正确的方向迈出了一步，而不是突然在一夜之间完成转变。

雷克斯兔（rex rabbits）天鹅绒般短短的皮毛，缺乏有固定方向的外层粗毛，这种皮毛在野生兔子身上要么从未出现过，要么从未普遍存在过。这是一种观赏性状，大多数生物学家认为这是一种无聊的驯化行为，对此不屑一顾。但是一种类似的皮毛类型使鼹鼠能在更狭窄的地下隧道中平滑地前后移动，甚至不需要转身。雷克斯兔毛和软骨发育不全一样，是一种单步突变。

本书中还有更多例子，一些是事实，另一些则偏向于推测，说明野生动物和家养动物的性状之间有潜在的共同成因。一些科学家认为这种比较是徒劳的，因为这种人为的事物永远不可能在野外生存（即使不用"怪胎"这个词，也暗含这层意思）。尽管现代综合论取得了种种成就，但渐进论者和跳跃论者的斗争仍在激烈进行。这个"有希望的怪物"仍然时不时地抬起一个头（它显然长着很多头和多个肢体），并立即被渐进论骑士砍掉。我没有资格在这样的战场上竞争，只能去阅读、观察、提问，以及思考。

历史总是由胜利者书写。我们所能看到的是自然界中的赢家——它们的身体形态最适合所处的环境，它们的祖先恰好在某个时间、某个地点，以多种可能方式之一组合了它们的基因。通过化石证据，我们还可以得到有关一些生物的线索，这些生物由于无法抵挡不断变化的环境现在已经灭绝了，但它们仍然是胜利者，它们曾经存在过。地球上的进化史只不过是环境不同的情况下可能出现的无数备选方案中的一个。确切来说，如果有可能在相同条件下倒转时间并重新开始，那么可以肯定的是，每次进化都会有不同的轨迹。驯化使我们能看到一些变异，这些变异也许在备选的时间线中是受青睐的。选择性育种使我们能探索其遗传与发育的前沿领域。

当然，将界限推向极致就会涉及伦理学问题。同样，一般的选择性育种也有一定程度的伦理冲突。有些人甚至给所有驯养动物贴上怪物的标签。说这无关对错，并不等于说这就是对的。尽管如此，对抱怨"看看人类对京巴狗做了什么"的人士，我的回应就是："看看花朵对刀嘴蜂鸟做了什么！"

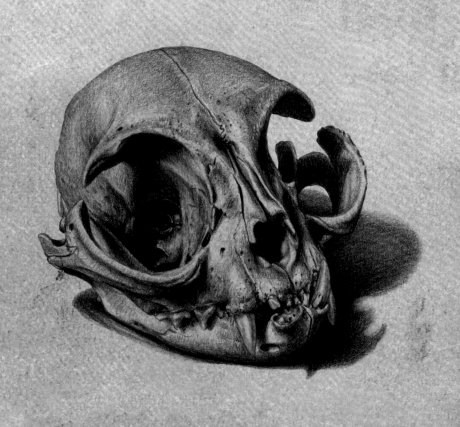

第 8 章　相同的线索

在我从"女朋友"（急于给人留下深刻印象）变成"海恩·范格鲁的妻子"（在校对科学论文方面很有用）的过程中，我学到了很多关于颜色异变的知识。这是丈夫最喜欢的课题，仅次于他的鸽子。

我发现黑色素是最常见的色素，但鸟类也可以有类胡萝卜素、鹦鹉色素、羽红素和卟啉，以及结构色。我知道黑色素既有呈现黑色的也有显示棕色的，但是黑色也可以变异成另一种棕色。我了解到色素可以通过不同的方式淡化，而且也并不一定就会让动物变黑。我能区分白变症（leucism）和白化病（albinism），并了解到，虽然白化病很常见，但是白化病导致视力变得极差，患上之后通常活不了多久（尽管白化病哺乳动物通常比白化病鸟类活得好很多）。最令人难忘的是，我被强行灌输了一句口头禅："不存在部分白化。"

我学过这些关于野生动物颜色异变的知识，但我仍然清楚地记得，当发现几乎所有家养动物（白鼬、黑猫、金色金鱼、蓝色虎皮鹦鹉、黄色金丝雀）的皮毛颜色或羽毛的每一种装饰性变化都是同一类过程的结果时，我有多惊讶。不知道为什么，我一直以为驯养动物"天生"就是有这些颜色的，很惭愧，我从来没有进一步考虑过这件事。

事实上，大多数动物的颜色，不管是异常还是别的情况，都可以用同样的原理来解释，即使在分子细节尚未明确的情况下。野生动物的许多颜色类型同样属于颜色异变。唯一的区别是，这些个体在种群中所占的比例非常高，以至于被认为是完全不同的类型。例如，委内瑞拉海岸外岛屿上的蕉森莺（Bananaquit）是黑色种系；"波兰"疣鼻天鹅（Mute swans）的突变使黑色素变成棕色（尽管只能通过它们腿的颜色或幼天鹅来辨别，因为成年天鹅的羽毛是白色的）；还有不列颠哥伦比亚省西北海岸的浅棕色"精灵"黑熊。顺便说一句，波兰天鹅与巧克力拉布拉多犬有着相似的变异，而精灵熊则与金色拉布拉多犬有相似的变异。精灵熊的浅色毛甚至给了它们在捕猎鱼类时的选择性优势。

事实上，如今的颜色异变很可能会成为未来的种系甚至物种，就像如今的物种很可能是过去的异变形式一样。每本进化论教科书都会提到19世纪后工业时代的英国，胡椒蛾[33]（Peppered moth）在被烟尘覆盖的树干上生存得很好，或者在海滩和沙漠的不同条件下，岩小囊鼠（Rock pocket mice）呈现出不同颜色。更令人费解的是，有迹象表明，城市环境中的现代黑化朱红霸鹟（Vermilion flycatchers）比正常颜色的同类生存得更好，甚至黑变野鸽也是如此。可能（纯属猜测）墨西哥四合鱼（Mexican tetra fish）的盲眼、白色、穴居的类型就是白化病个体繁殖出来的后代，它们并没有因色素丧失导致的视力低下而受到妨碍。

解释动物颜色成因的困难之一是同一种突变在不同物种中的自我表达方式并不相同，同一种色素根据其浓度和分布的不

头骨形状的遗传变化是胚胎发育过程中时间细微调整的结果。它可以发生在一系列的动物群体中，并可能导致下巴缩短、伸长，向上或向下扭转。可以将这只波斯猫（Persian cat）的头骨与斗牛犬、尼亚塔牛，甚至与本书其他章节描绘的短脸筋斗鸽互相比较。

仅仅两三种色素的混合就可以产生无数种不同的颜色。只要改变或去掉一种，其他颜色也会受影响，就像在绘画中使用层层重叠的水彩。图为七彩文鸟（Gouldian finch），它不是真正的雀类（finch），而是一类因毛色鲜艳而受欢迎的小型梅花雀。更大范围的颜色变化是通过羽毛中的结构元素实现的，可产生一系列光学效果。

no pigment

无色素

carotenoids only

仅类胡萝卜素

carotenoids +
eumelanin

类胡萝卜素＋真黑素

carotenoids + eumelanin
+ phaeomelanin

类胡萝卜素＋真黑素＋棕黑素

= wild type

wild type − eumelanin =
carotenoids
+ phaeomelanin

野生类型−真黑素＝类胡萝
卜素＋棕黑素

wild type − (phaeomelanin
+ carotenoids) =
eumelanin only

野生类型−（棕黑素＋类胡萝卜
素）＝仅真黑素

· 161

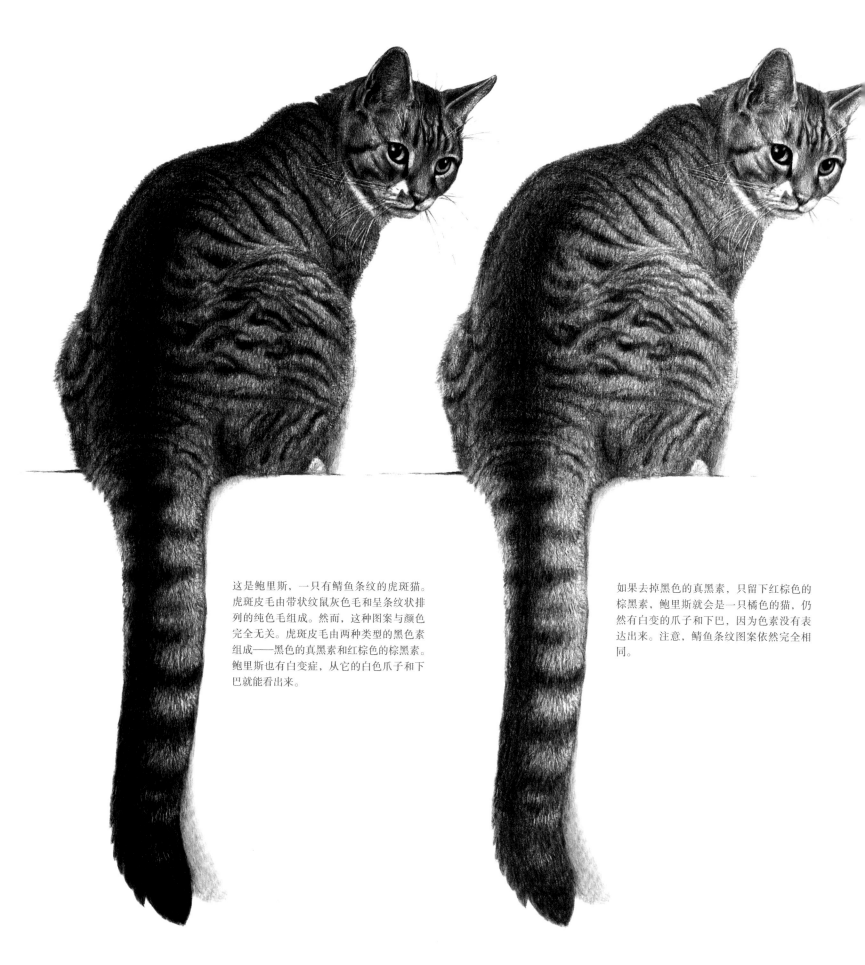

这是鲍里斯，一只有鲭鱼条纹的虎斑猫。虎斑皮毛由带状纹鼠灰色毛和呈条纹状排列的纯色毛组成。然而，这种图案与颜色完全无关。虎斑皮毛由两种类型的黑色素组成——黑色的真黑素和红棕色的棕黑素。鲍里斯也有白变症，从它的白色爪子和下巴就能看出来。

如果去掉黑色的真黑素，只留下红棕色的棕黑素，鲍里斯就会是一只橘色的猫，仍然有白变的爪子和下巴，因为色素没有表达出来。注意，鲭鱼条纹图案依然完全相同。

或者，如果去掉棕黑素，只留下黑色的真黑素，鲍里斯就会变成银色虎斑猫。

又或者，如果选择用真黑素填充毛发中的淡色带纹，使它们像条纹一样变成纯色，就会有一只黑色——黑变——的猫（这样，在鲍里斯的例子中，黑变和白变都有了）。注意，在强烈的阳光下，经常能看到黑猫身上隐约可见的虎斑。鲍里斯和它的妹妹奥尔加一起在缅因州生活。正如最后这张图所示，奥尔加是黑色加白色的。

同而呈现出不同的外观。如果你曾惊讶地发现，刚买的"白色"墙面漆在白色门旁边看起来确实是粉红色的，你就会知道颜色的呈现取决于它们旁边的颜色，即使两者都明显缺乏色彩。当然，如果你用一种颜色涂在另一种颜色上，就会知道，除非第二层很厚，否则底层的颜色就会透出来。还记得第4章中绿色、蓝色和黄色的虎皮鹦鹉吗？即使在动物身上，两种颜色的结合也会产生第三种颜色，就像水彩画或丝网版画中的半透明色层一样。

来看一个例子。梅花雀（waxbills）有很多种，它们是梅花雀科（Estrildidae）的小型食籽鸣鸟，虽然可以说并不是真正被驯化，但它们由于奇特的、色彩鲜艳的羽毛拼色而受到鸟类饲养者的喜爱。在一只小鸟身上，类胡萝卜素产生的鲜艳的红色、黄色和橙色斑块可以和黑色素产生的蓝灰色、红棕色或深黑色斑块交杂在一起，也可以被它们覆盖，呈现褐红色或森林绿色。在2015年参观欧洲鸟类锦标赛之前，我完全不是梅花雀的追随者（更不迷恋圈养外来物种的彩色变种），而那一次我非常着迷，尤其被七彩文鸟[34]吸引。此前，我一直以为颜色的变化是微妙而且相当混乱的，并未充分认识到只需轻弹一下转换的开关，就可能导致一次色素的微调。

七彩文鸟，*Erythrura gouldiae*，由鸟类学家约翰·古尔德描述和命名，本书其他地方已经介绍过他。乍一看这个科学名称，古尔德似乎犯了以自己的名字命名一个物种的大罪。然而，女性化的结尾"iae"而不是"ii"表明它是以一位女性（他的妻子伊丽莎白）的名字命名的。三种色素——类胡萝卜素和两种黑色素——是它们的羽毛奢华艳丽的原因，而结构元素（如虎皮鹦鹉的蓝色）提供了额外的光学效果，从而进一步增强了色彩。尽管脸部令人眼前一亮的红色是七彩文鸟最易辨识的特征，但黑脸的类型是野生种群中出现的三种颜色变体中数量最多的一种（还有一种黄脸类型），其黑色的真黑素覆盖在鲜红的类胡萝卜素上面并且完全遮盖了它。不出所料，红脸变种最受鸟类饲养者的欢迎，它就是我们接下来这项"给七彩文鸟上色"的练习中重点关注的品种。

从一张白色画布开始，一次添加一种颜料。我们已经提到过小鸟脸上的红色类胡萝卜素，而身上的类胡萝卜素呈黄色，分布在翅膀、上背、颈背、腹部和侧面，但在胸部下方突然以一道明显的界线为止。只携带类胡萝卜素的鸟有着整齐的黄色和白色色块，却有一张鲜红色的脸。现在加入真黑素，这是一种呈灰黑色的黑色素类型，在七彩文鸟身上，黑色素覆盖了翅膀、颈背和上背的黄色，使羽毛呈绿色，但黑色素也覆盖了之前尾部和脸部边缘的白色区域，由于前面提到的结构元素，这些区域现在呈蓝色。在围绕下巴和红脸的一条狭窄条带中，真黑素浓度很高，呈深黑色。

胸部没有真黑素——这里仍然是白色的，等待着重要变化的最终发生。现在效果出现了：一片鲜艳的呈深紫色的棕黑素，这是蓝黑色真黑素的姊妹色素。

棕黑素通常不呈紫色，而是表达为暖色调的红棕色，但如我之前提到的，还存在其他影响因素。看，你配好色的七彩文鸟！你也可以去除色素或者以不同顺序添加色素来创造更多的变化。例如，去掉类胡萝卜素，留下黑色素，色系组合就会向光谱的蓝色端移动。也可以去掉真黑素，把颜色改成紫色和黄色。

注意，虽然颜色可以改变，但图案中色块的排列（图案）仍然保持不变。对于毛皮或羽毛颜色与图案无关的情况，一个极好的例子就是条纹皮毛的虎斑猫。事实上，条纹皮毛的唯一定义是色纹区内的每根毛发都是纯色的，而在非色纹区，每根毛发上都有一条或多条浅色的条带，使皮毛呈现出精细的杂色外观。这种有条带的毛发被称为鼠灰色花纹，从小鼠到猴子，这是所有哺乳动物的共同特征（也是大多数家养哺乳动物的野生型颜色）。

虎斑猫花纹的皮毛有两种（也可以说三种）基本形式：宽的深色条纹和色斑，或者细窄的条纹（鲭鱼纹，以这种鱼的名字命名），有时会因不连贯而变成斑点。尽管个体差异很大，但两种形态之间的杂交会产生其中一种或者另一种花纹，从来不会出现中间形态。这也可以扩展到野生动物的皮毛图案上，而且和驯养动物一样，突变会引发新类型的出现。1926年，在罗得西亚（现在的津巴布韦），人们发现了一种猎豹

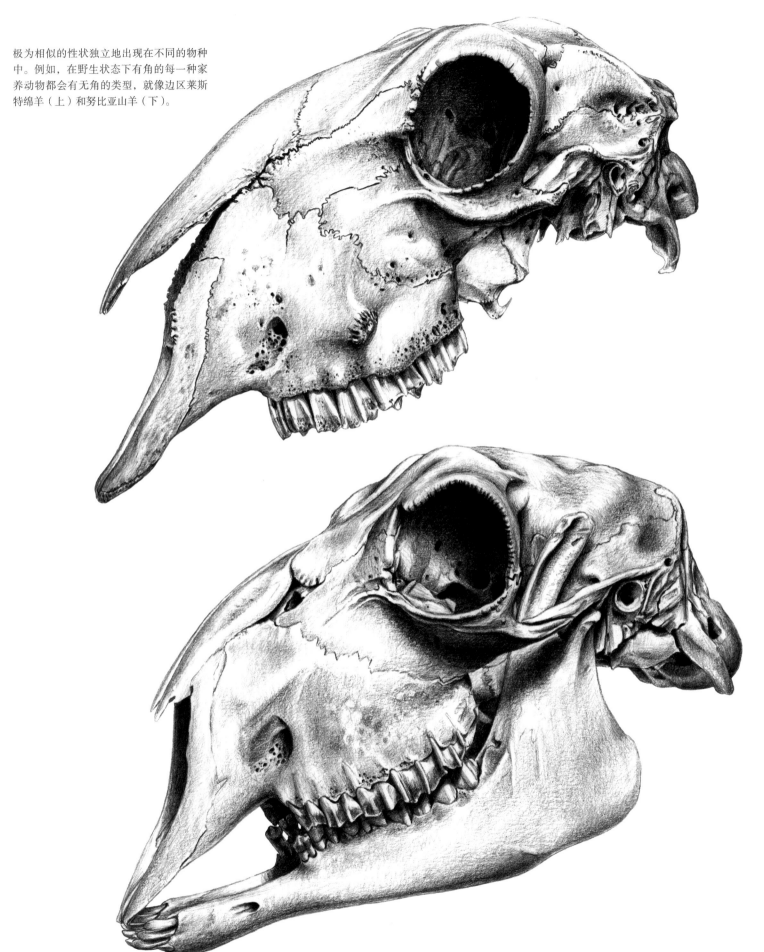

极为相似的性状独立地出现在不同的物种中。例如，在野生状态下有角的每一种家养动物都会有无角的类型，就像边区莱斯特绵羊（上）和努比亚山羊（下）。

鹅的肉垂是在不同野生品种的驯化同类中独立发展出来的另一个性状。本页是图卢兹鹅，是灰雁演变而来的品种，而右页是非洲鹅，是野生鸿雁演变而来的仅有的两个纯系品种之一。

导致"双重肌肉"的突变有效地关闭了肌肉细胞生长的调控功能，肌肉因此不受控制地生长或增殖。这种情况在各种动物物种身上都有发生，当然，也为肉类工业带来了明显的好处，尽管这并非总是对动物本身有利。商业肉鸡的体重过重，与骨骼不成比例，活动能力因此严重受限。

（Cheetah），它身上有宽且黑的条纹和色斑，而不是通常的细小斑点，因而被描述为新物种 *Actinonyx rex*——"王猎豹"。但王猎豹并不是独立的物种，只是一个异常的变种，造成这种色斑图案的基因正是在虎斑猫身上产生相同斑纹的基因。

162～163页图中的猫名叫鲍里斯，一只鲭鱼纹虎斑猫，有着普通的黑色条纹和灰褐的底色。鲍里斯也有白变症，可以从它的白色下巴和爪子看出这一点。它的皮毛上混合了两种黑色素：棕黑素（如果还记得，通常是红棕色）和真黑素。然而，如果把真黑素换成100%的棕黑素，鲍里斯将会是一只橘色的

猫——仍然有鼠灰纹理的毛，仍然有相同的条纹图案，仍然有可爱的白色下巴和爪子。或者，如果去除棕黑素，只留下灰黑色的真黑素，鲍里斯就会变成银色的虎斑猫。或者，如果用真黑素填充毛发中的淡色带纹，使它们像有色条纹部位一样变成纯色，就会得到一只黑猫（不过，在鲍里斯这种情况中是黑色加白色）。是的，黑猫只不过是条纹空隙被色素填充了的虎斑猫。然而，黑色素从来就无法完美分布，这就是为什么在强光下通常有可能看到黑猫（包括黑豹）身上的斑纹。

当现有的某种色素超出其边界，如在某些形式的黑化情况

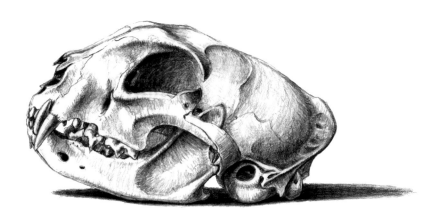

波斯猫的头骨（左）和正常猫的头骨（右）相比较。术语"短头畸形"，字面意思是"短头"，指的是这种变异的整体结果。它可以发生在各种动物类型中，并且通过不断选择头最短的个体而得以强化。这里展示的波斯猫没有本章开头的那只变异得那么极端。

下，或者当黑色素细胞在某些区域缺失等情况下，花纹图案就会被破坏，如白变症的情况。很多人把白变症和白化病与变白联系起来，但这完全取决于其他色素是否存在。

例如，野生金丝雀的绿色和黑色条纹羽毛是不同强度的黑色素与黄色类胡萝卜素组合的结果。白变动物的全部或部分皮肤缺乏黑色素细胞，因此，去掉黑色素就会得到一只黄色金丝雀，而不是白色金丝雀。在金丝雀身上，白变症并不会像鸽子那样一下子影响到所有羽毛，而是一块一块地影响，因此形成

了所谓的杂色金丝雀。它通常首先影响四肢，因为这些区域是色素细胞最不可能迁移到的区域，色素细胞沿着发育中胚胎的脊髓区域从神经嵴向外迁移，因此金丝雀身上的黄色斑块通常是非常对称的。据估计，育种者花了大约100年的时间才培育出真正的品种，颜色均匀的黄色金丝雀。白金丝雀也只能通过去除类胡萝卜素来实现。

白化病是完全不同的情况。患有白化病的动物完全缺乏合成黑色素所需的酶，这就是它们的皮毛或羽毛、皮肤和眼睛都

完全缺乏黑色素的原因（粉红眼睛是血管透出的颜色），也是"不存在部分白化"的原因。然而，白化动物仍然可以表达其他色素。白化金丝雀不被认为是一种体色变种，但在极少数情况下，它们会自发出现，也是黄色的。

黑色素是而且可能一直都是动物着色方面起主要作用的角色。现存的数百万种物种和过去存在过的数十亿种物种都有制造黑色素的能力。它们可能并没有真正去利用这种能力，基因组的相关必要部分甚至可能在某些谱系中被关闭，但这种能力一直存在，令人惊讶的是，在亿万年中从未改变。

尽管动物形态的多样性令人惊叹，但可实现的表型的范围仍然有限，并且无论如何只限制在既定的参数范围内。同样的性状一次又一次地出现在不同的种、科，甚至纲之中，而且尽管它们可能是由基因作用略有不同导致，但发育途径产生了类似的结果。

例如，在牛、绵羊和山羊身上，角发育的指令被单独关闭，产生了无角动物，正如我们所见，一个性状就使某些种群具备了选择性优势。从两个祖先野生种演变而来的家养鹅发育出非常相似的肉垂，可见166 ~ 167页的非洲鹅（African goose，由鸿雁演变而来）以及图卢兹鹅（Toulouse goose，由灰雁演变而来）。许多猪和山羊品种的脖子下面也有一对肥厚的肉垂。

在鸡、鸽、牛、羊，甚至狗和人身上，一系列类似的自然发生的变异可以有效地关闭调控肌肉细胞生长的过程，让肌肉不受控制地生长或增殖。这种变异也被运用到实验室的兔子、小鼠和山羊身上，并在商业养猪场中通过基因编辑运用到猪身上。"双肌性"这个流行术语相当有误导性，因为实际的肌肉数量和排列是不变的，它们只是比正常的粗大很多。在大多数动物身上，这种特性是不完全显性的，因此在携带两个基因拷贝的个体身上，这种效应更为极端。例如，杂合的小灵犬[35]（whippet）在跑道上的表现通常比正常狗好，尽管它们看上去和正常狗几乎没什么区别，而被称为"牛赛犬"（bully whippet）的纯合犬则因其巨大的肌肉而看起来很丑，而且跑得很慢。

双肌肉群对肉类工业有明显的好处，特别是在商业家禽养殖中。肉鸡在孵化后的早期发育过程中就能长出足够多的肌肉，甚至在两个月大之前就可以被屠宰。可悲的是，这对鸡来说并不是什么好事，因为它们体重过重，与骨骼不成比例，活动能力严重受限，甚至连站立都变得困难。168 ~ 169页图片中的雌鸟与在第3章中展示骨骼的是同一只鸟，它被饲养到成体大小。（别担心，尽管它在这里是以活生生的姿态出现的，但我保证我们去掉它的皮肉时，它已经死去多时！）

在上一章中，我谈到了钩嘴鸭，并提到颅骨不同区域的骨骼生长速度和时间设定，这或许不仅能解释鸭子的喙向下弯曲的问题，也能解释类似斯堪达隆鸽和斗牛獴头骨的问题。如果不是增加颅骨上表面的生长速度，而是降低它的速度，或者提前停止它的生长，那么口鼻部（对鸟类来说是喙）就会缩短并向上翻转，产生所谓的短头颅骨（brachycephalic skull）。我们已经提到过中白猪、英国斗牛犬，以及达尔文在乌拉圭观察到的尼亚塔牛。这一原则同样适用于波斯猫和短嘴鸽品种，例如短脸筋斗鸽。

一系列鸟类和哺乳动物共同拥有的另一个性状是软骨发育不全（achondroplasia），我们已经在狗、羊和鸡等多种动物身上观察到比例不正常的侏儒症，这是由肢体发育时间设定的改变造成的。自20世纪40年代以来，它在全世界范围内至少有4次出现在猫身上，最近的一次发生在美国，产生了现在已经确定的品种——以《绿野仙踪》中的小矮人命名的曼基康猫（Munchkin）。顺便说一句，我相信在1939年电影中的曼基康小矮人基本上都是由身体比例正常的侏儒和儿童扮演的，并非比例不正常。谁知道呢，如果这个品种起源于英国，它可能难逃被叫作"Oompa Loompa"（乌巴鲁巴）的命运。乌巴鲁巴是著名电影《欢乐糖果屋》中制作巧克力的矮人工人，如果用这部1971年的电影中的矮人角色来形容，其实很准确，不过把它用作猫的名字就太糟糕了！

曼基康猫这个品种面临着很多争议，一些重要的爱猫者协会以动物福利为由拒绝认可它。我和丈夫有幸拜访了为数不多的欧洲育种者之一，花了整整一天时间跟成年猫和小奶猫玩耍，看着它们在屋子里互相追逐，做着正常猫会做的所有事情。我可以诚实地说，它们的短腿似乎没有任何不妥。我只希望我所

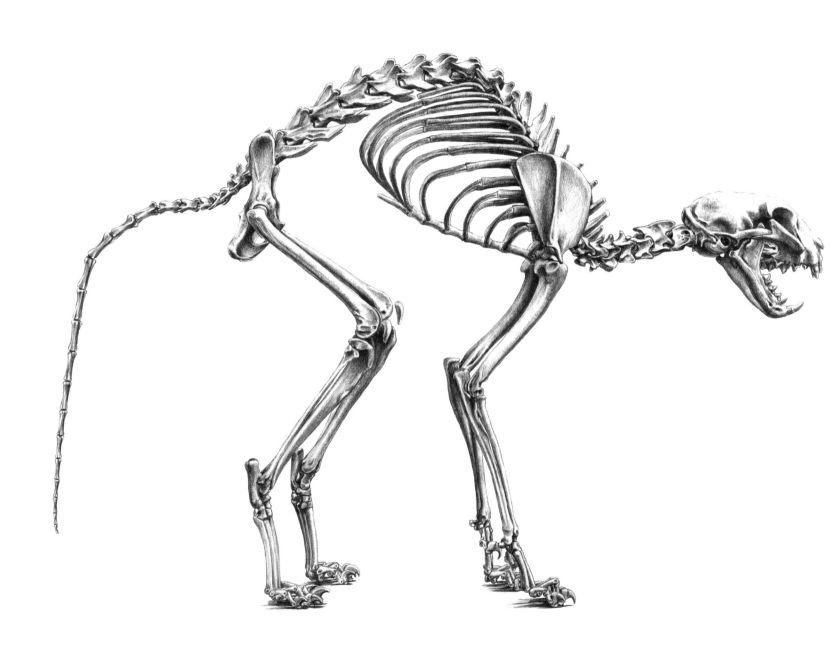

这是被列入不成比例侏儒名单的另一个物种！本页的猫是一个相对较新的品种，叫曼基康猫，尽管已知这种突变至少在猫身上发生过4次。如你所见，只有四肢的长骨受到影响，骨骼的其余部分完全正常。不过这似乎对动物没有任何妨碍，曼基康猫和其他猫一样活跃和敏捷。

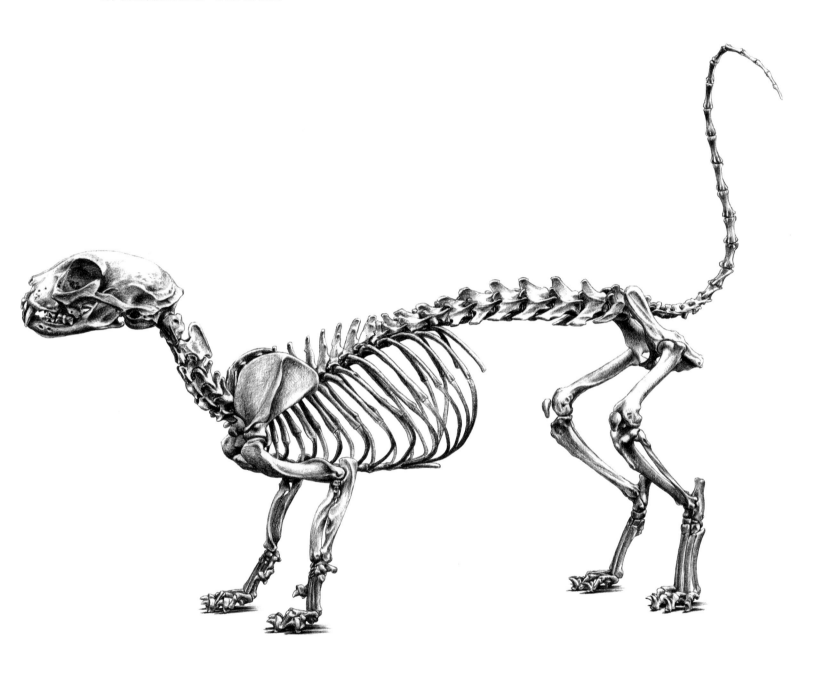

在马耳他鸽（Maltese pigeon）成为肉用品种之前，爱好者是把它们作为展览品种饲养的。它们和其他鸟类不同，腿笔直，身体沿水平方向延伸，尾巴则像鸡一样竖起来，最明显的是，它们的脖子很长。对颈部长度的选择无意中偏向了有额外颈椎的个体，现在这是该品种的一个特征。

有写作研究的日子都过得如此愉快。

　　共同性状之间的相似性常常让人觉得这些动物是有关联的，而它们却只是适应类似环境生态位的结果，就像蝙蝠和鸟类的翅膀，或者海雀和企鹅的反阴影伪装模式。这些都是类似的性状，是所谓趋同进化的结果。同样，适应可能会改变解剖学特征，使它们几乎与近亲没有相似之处。如果性状是从一个共同的祖先那里继承的，那么它们就被认为是同源的。在分子遗传学出现之前，将同源结构与相似结构进行区分已经有几十年的历史了，直到分子遗传学成了分类学家研究动物间关系的主要工具。例如，剑齿有袋类动物（准确地说，是南美袋犬类）捕食者袋剑齿虎和美洲剑齿虎的头骨很容易被误认为同一类。两者有类似的适应特征，似乎都能撕开大型猎物的喉咙，但它们的亲缘关系就和两种不同哺乳动物之间的差不多。只有颅骨、牙齿和骨盆的一些同源特征能最终区分有袋动物与胎盘哺乳动物及其谱系关系（当然，育儿袋除外，但是育儿袋并不存在于化石记录中）。类似地，来自马达加斯加的名为钩嘴鹛

（vangas）的鸟类（如加拉帕戈斯地雀和夏威夷管舌雀[36]），已经因适应而发展出一系列的喙结构，表面上类似于数量繁多的不同科鸟类，只等着逐步被归入正确的分类群。

　　讽刺的是，最早提出同源性观点的人之一恰好也是达尔文自然选择进化论的主要反对者——理查德·欧文（Richard Owen）。遗憾的是，最让人难忘的是他尽人皆知的极为讨厌的性格，不过，欧文仍是才华出众的比较解剖学家。在1849年出版的一本篇幅不长但极具开创性的书《四肢的性质》（*Nature of Limbs*）中，欧文强调了四足动物的前肢与蝙蝠、翼龙和鸟类的

许多鸽子都有抖动脖子的习惯。然而，斯塔加德震头鸽也有形状奇怪的脖子——很长，而且弯曲的地方也"不对"……

翅膀之间的相似之处，甚至进一步将它们与鱼类的鳍进行了比较。他观察了趾和肢体缺失的顺序，并提出了关于动物结构的理论，即对应每个椎体节段的是一系列重复单位。很难想象，一个拒绝动物从共同祖先进化而来这一观点的人是如何以如此精确和独特的方式来解释它们的共同结构的。在许多方面，欧文是进化发育生物学（evolutionary developmental biology）这门极其现代的科学学科的先驱，进化发育生物学常被简称为"evo-devo"。

虽然系统发育学主要关注的是分离出进化树最上面分支中的细枝，但是进化发育生物学却通过望远镜的另一端从不同的角度去研究物种多样性，也就是从树干往上观察。要做到这一点，不需要在化石记录中寻找"缺失的环节"，甚至不需要绘制现有动物的整个基因组图谱，只需要观察从卵到胚胎的发育过程。

我还记得小时候在学校时，生物老师背诵着"个体发育重述系统发育"这句话，我脑海里都是这句话用威尔士口音一个音节一个音节地慢慢念出来。19世纪中期，德国博物学家恩斯特·海克尔（Ernst Haeckel）宣扬生物重演律，该理论的基础就是所有早期发育的胚胎都是相似的。这段平淡时期过后，海克尔凭着一点想象力和大量艺术创作，使自己和其他人都相信，他可以按顺序辨认出至少四种类群的"低等动物"的形态，其复杂程度越来越高——鱼、蝾螈、龟、鸟，都是已经完全发育的形态。而在最高的顶端，当然就是人类。

个体发育，即一枚受精卵的发育过程，并不能概括系统发育，至少不能概括为海克尔所提出的字面意义上的系统发育。然而，它确实以另一种更深刻、更漂亮的方式映射出进化史的历程。就像画家在画布上用粗线条描出大面积的色块，随着绘制的进行而有条不紊地收紧，直到最后用最好的貂毛刷收尾。躯体模式是这样绘制出来的，大致分为几个重复的部分，每个部分再细分为各个区域，并且经过修正和不断细化，以达到特定的目的。逐渐地，至少在理论上有可能成为霸王龙或蜂鸟、老鼠或人的细胞集合，显现出特定动物的科、特定的属、某个物种、某个种系或个体的特征。在正在发育的胚胎中，基因型

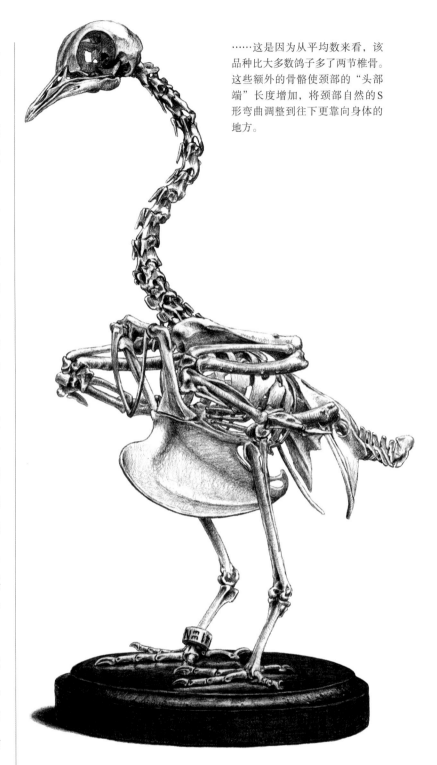

……这是因为从平均数来看，该品种比大多数鸽子多了两节椎骨。这些额外的骨骼使颈部的"头部端"长度增加，将颈部自然的S形弯曲调整到往下更靠向身体的地方。

转化为表型。在这里，携带相同指令集的相同细胞被分化成不同的类型，每个类型都有特定的用途：脑细胞、肝细胞、血细胞，骨骼、皮肤、头发、眼睛。当一只动物出生时，它已经经历了一生中最伟大的冒险。

失去附属结构比获得它们更容易，这是普遍的进化原理。

一旦四足动物的躯体模式被确定，在大约3.9亿年前的泥盆纪中期，任何起源于这个谱系的生物都会被限制在4个或数目更少的肢体内，同时每一个肢体上都有5个或少于5个趾。

所有发育过程组合的复杂性导致真正新颖的复杂结构的变异（如同神话中让马飞行的额外肢体）不可能自发出现。必须回到进化史的起点并重新开始，这样6个肢体的动物可能成为常态，不必大惊小怪。问题不在于6个肢体，事实上，飞马的翅膀是具备功能的，并且有不同于已有肢体的用途。把马变成飞马需要的不仅仅是翅膀，还有整个骨骼肌肉系统，更不用说体重和翅膀负荷的物理限制了。最重要的是，如果没有必要的发育过程来调控，那么用基因指令来构建这些额外的附属结构是没有好处的。为了构建某种复杂的东西，需要在过去就已构建好一些同样复杂的东西。

另一方面，额外增加的身体部分是连续重复的现有结构的基础副本，比如椎体节，可以相对容易地实现。只需要去看一看蛇，看看重复体节能达到什么效果。脊椎动物的体节与节肢动物的体节具有可比性，并且是发育过程中胚胎内最早铺设好的部分，由相同的基本遗传工具——完全相同的基因——所决定，这套工具被运用在整个进化史之中。

在鸟类当中，椎骨的数量在科与科之间变化很大。长颈的鸟比短颈的鸟有更多椎骨。尽管如此，天鹅比火烈鸟有更多椎骨。两者都有长长的脖子，但对火烈鸟来说，其长度是通过延长每节骨头，从而扩大曲线角度实现的，就像连点成线游戏的曲线。几乎所有的哺乳动物，无论是蝙蝠还是长颈鹿，都有7节椎骨（仅有的少数例外是海牛，它们的椎骨较少，而树懒可能比这更少或更多），相比之下，鸟类颈部的变异能力是相当显著的。更值得注意的是，鸟类也会有额外增多的椎骨，而且

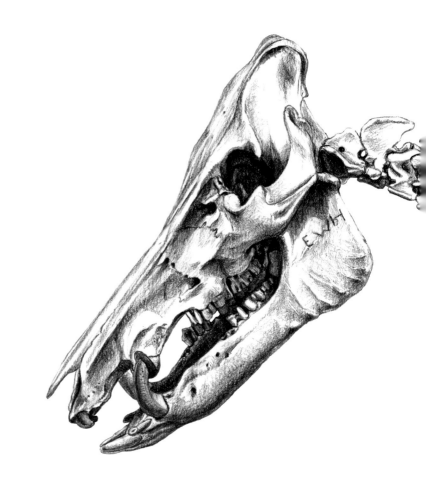

野猪，所有家养猪的祖先，通常有19节椎骨，但个体之间的椎骨数量明显有所不同。当然，实际上没有人会去选择那些有多余骨骼的品种，只有产肉量最高的后代才会被选择，结果是相同的。

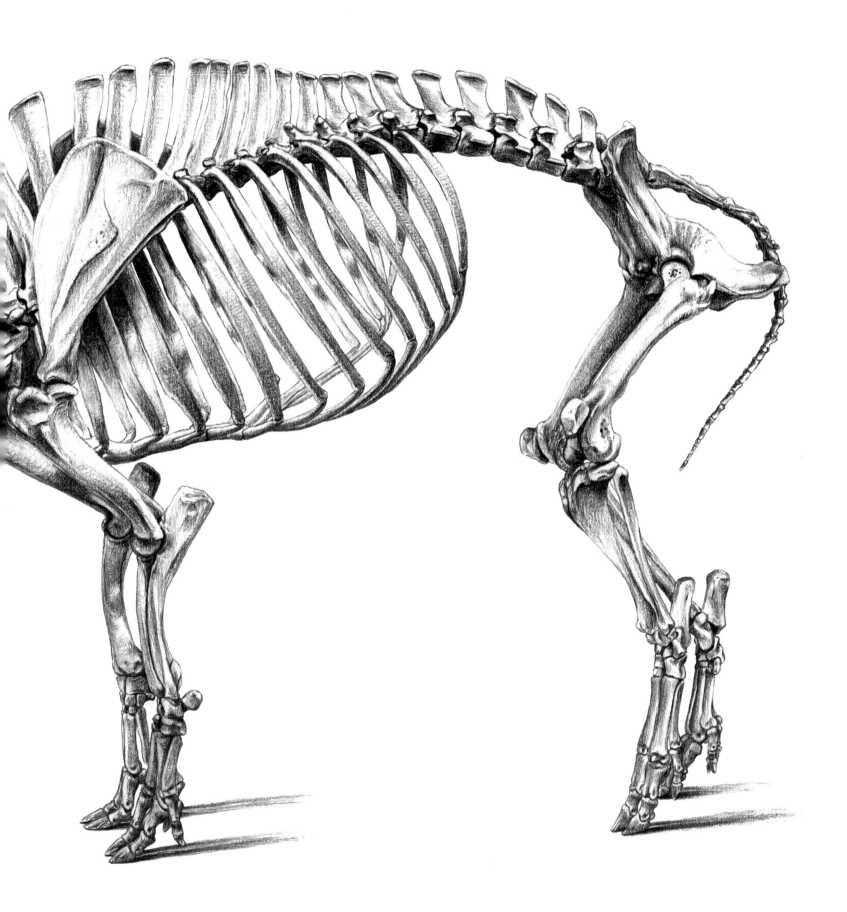

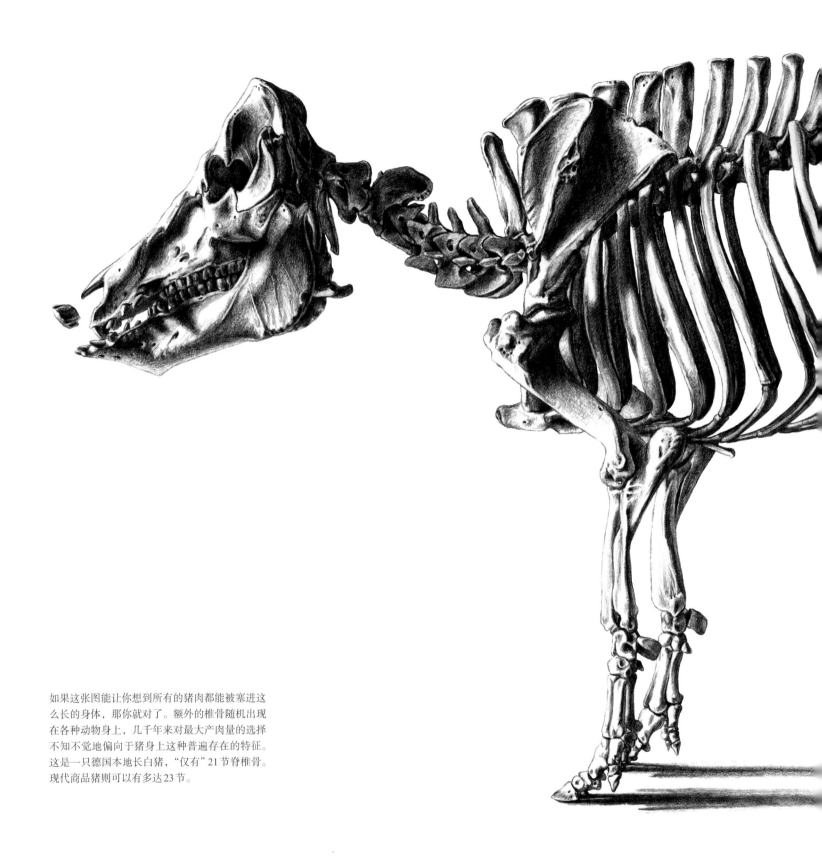

如果这张图能让你想到所有的猪肉都能被塞进这么长的身体,那你就对了。额外的椎骨随机出现在各种动物身上,几千年来对最大产肉量的选择不知不觉地偏向于猪身上这种普遍存在的特征。这是一只德国本地长白猪,"仅有"21节脊椎骨。现代商品猪则可以有多达23节。

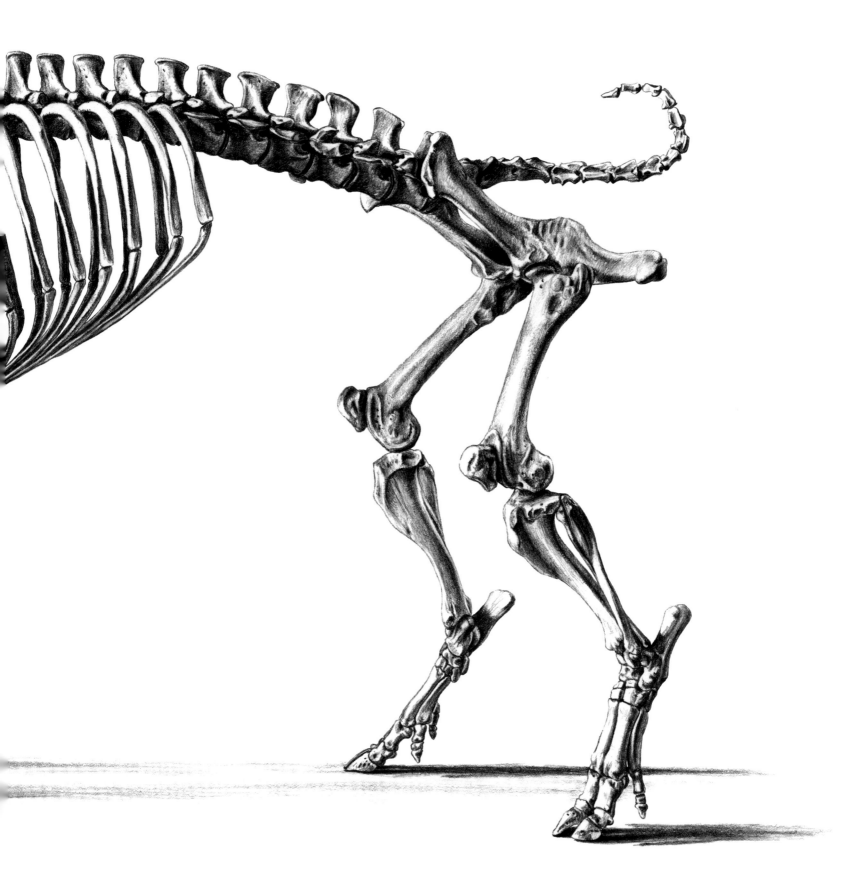

出现的频率高得惊人。

某些观赏鸽子品种因为长颈而被有选择性地培育，它们有13节颈椎骨，比构造正常的品种多了1节。而且达成这种效果所需的时间非常短，这更令人震惊。其中一种是马耳他鸽——背部平直，尾巴像母鸡一样竖起，腿直得有点古怪，直到最近

才被当作肉鸽来饲养。由此看来，挑选长颈鸟参加展览的趋势可能是在不到一个世纪的时间内出现的。另一种是斯塔加德震头鸽（Stargard shaker），它的脖子不仅比一般鸽子长，弯曲的位置也不同，和其他鸽子相比，弯曲处离头部更远，呈现一种奇特的外观。据推测，额外的椎骨被"添加"到靠近头部的位

在野生动物进化的意义上，额外的趾从未成为主流。鸟类的共同祖先已经把它们的趾数从5个减到了4个，除了一种以外，没有其他鸟类有比这更多的趾数，这个例外就是家养鸡。对少数品种（如乌骨鸡）来说，有5个趾是正常的，那个额外的趾长在后脚趾的部位。这种突变实际上是颠倒极性，从第一个趾的位置增加脚趾，从而产生了脚的镜像效果。

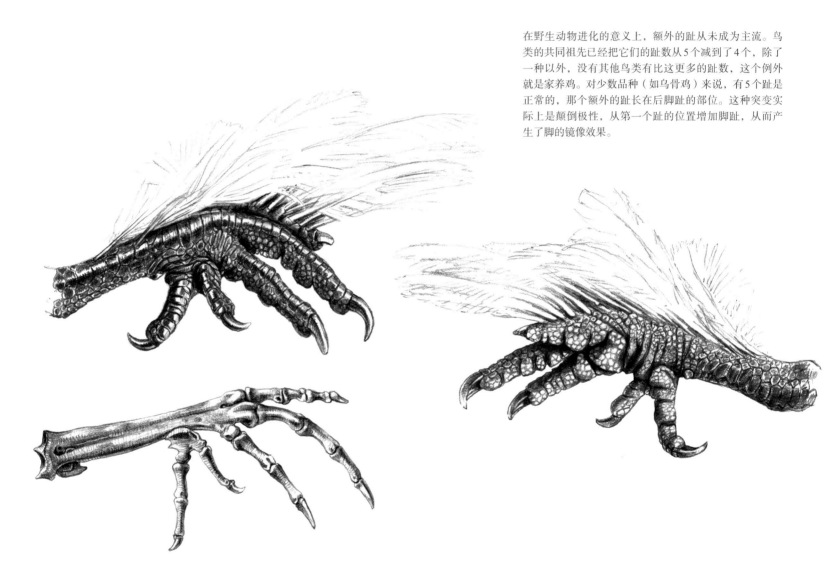

置，导致了这种独特的形态。顾名思义，震头鸽和第2章讨论的莫其鸽和扇尾鸽一样，都有抖动脖子的习惯，使得这种不寻常的脖子形状更加引人注目。

动物不是因为骨骼而被选择的，这是当然——只会因为它们的外表，而再多的选择性育种也不至于诱导骨骼数量的增加或减少。但事实上这种情况发生得如此迅速，表明额外骨骼的

出现相当有规律，只是在等待一个有利于它们生存的环境。

对许多人来说，没有什么比美味的培根三明治更好吃的了。几千年来，猪一直被饲养作为肉用，所以当突变能给它的身体增加一点儿长度，是不会有人抱怨的。虽然颈椎骨数量的变化会给哺乳动物带来有害的遗传影响（这解释了为什么除了不迁徙时间最长的物种外，其他所有物种的颈椎骨都是标准数量），

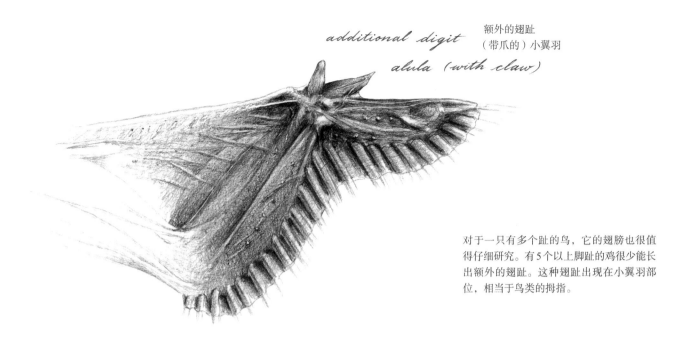

额外的翅趾
additional digit
（带爪的）小翼羽
alula (with claw)

对于一只有多个趾的鸟，它的翅膀也很值得仔细研究。有5个以上脚趾的鸡很少能长出额外的翅趾。这种翅趾出现在小翼羽部位，相当于鸟类的拇指。

但是脊椎其他部位的椎骨可以（也确实会）更自由地增减。随着时间的推移，家养猪已经多了4节椎骨，再加上它们的祖先野猪本来就有的19节椎骨。与现代商业品种相比，180～181页图中这只古老的德国长白猪身体略长，而它只有21节椎骨！相当于多了不少猪肉。

与四肢一样，趾在进化水平上似乎也坚决拒绝增加数量，不管通常发生的遗传突变是否会导致额外数量的增加。尽管最早的四足动物"试验"过多个趾（棘螈[37]的前足上各有8趾），但所有现生四足动物的共同祖先在每个肢体上都只有5趾，而且从那时起，几乎所有的物种都保持了相同的模式（还存在很多趾数量减少的例子）。有一个例外就是鱼龙（ichthyosaurs）——长得像海豚的海洋爬行动物，生存在中生代的海洋里，它们每个巨大的桨状前肢上的趾的数量少则2个，多则10个，每个趾上有多达30块独立的骨头。大熊猫、大象和鼹鼠都有额外的类似趾的结构，但这些是变化了的籽骨（嵌入肌腱或肌肉的游离骨），而不是真正的趾。然而在驯养动物和人类身上，多指/趾性状（polydactyly）[38]——额外附加的指和趾——是较为常见的，这表明它可能也经常发生在野生种群中，

只是根本不受自然选择的青睐。

鸟类的共同祖先已经将其后肢的趾数减少到只有4个，除了一种之外，没有其他鸟类有比这更多的趾数。家鸡就是这个例外。5个趾出现在少数几个品种中，包括杜金鸡（Dorking）、乌骨鸡、贵妃鸡（Houdan）、苏丹鸡（Sultan）和法夫罗鸡（Faverolle）。但是，正如我多次强调的那样，性状很容易从一个品种转移到另一个品种，因此具体是哪些品种并不重要。

第5个趾在每只脚的内缘上第一个趾（后脚趾）区域发育。其负责的基因是"工具箱"基因之一，它们建立并制定好所有动物发育中胚胎的基本身体蓝图，相当于画家在艺术作品创作前期使用的大笔刷。这种突变的结果是颠倒极性，从第一个趾的位置增加脚趾，从而产生了脚的镜像效果。在个体之间，甚至同一只动物的左右脚之间，都有很大差异。它们可以像普通的鸡一样有4个趾，或者4个趾并且在后趾上多一块骨头。或者第5个趾可以从后趾的端部分叉——有时只是双趾甲。甚至可能有第6个或第7个趾。额外的趾，也就是说超过5个，被认为是由多趾性状等位基因造成的，它延迟了胚胎细胞发育的关闭，所以这些细胞就继续产生越来越多的趾。

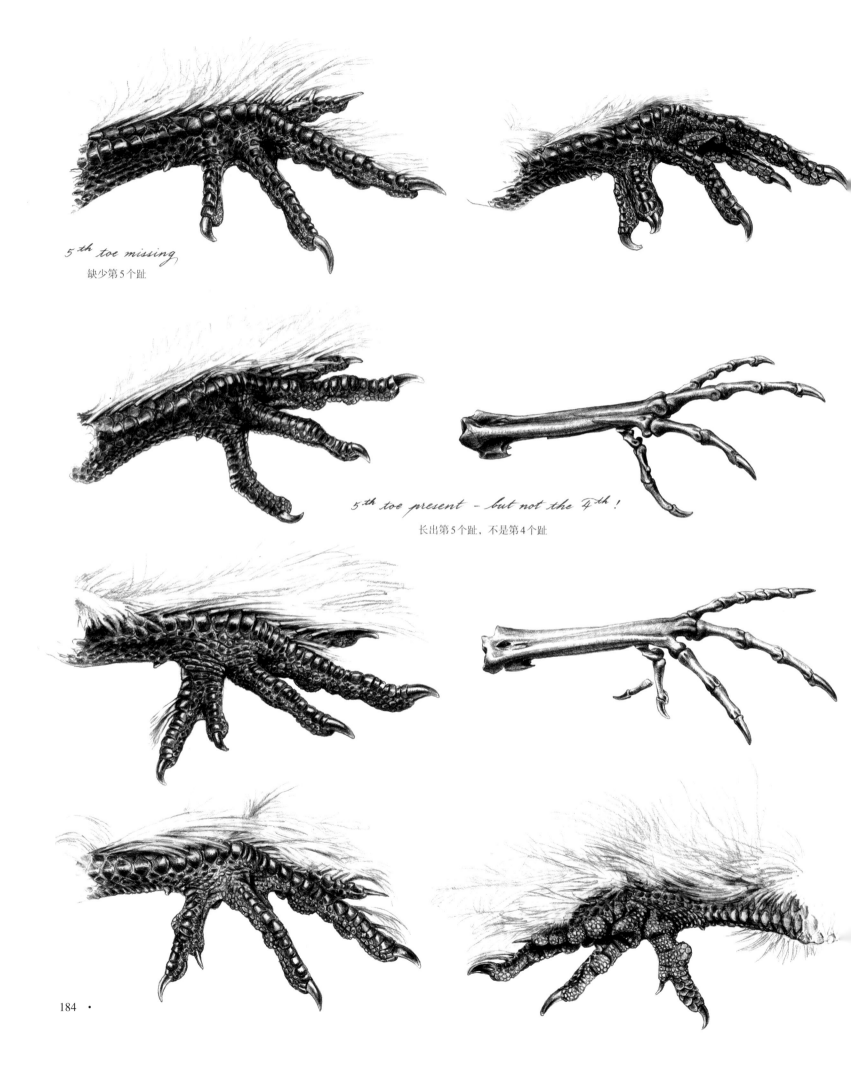

5th toe missing

缺少第5个趾

5th toe present – but not the 4th !

长出第5个趾，不是第4个趾

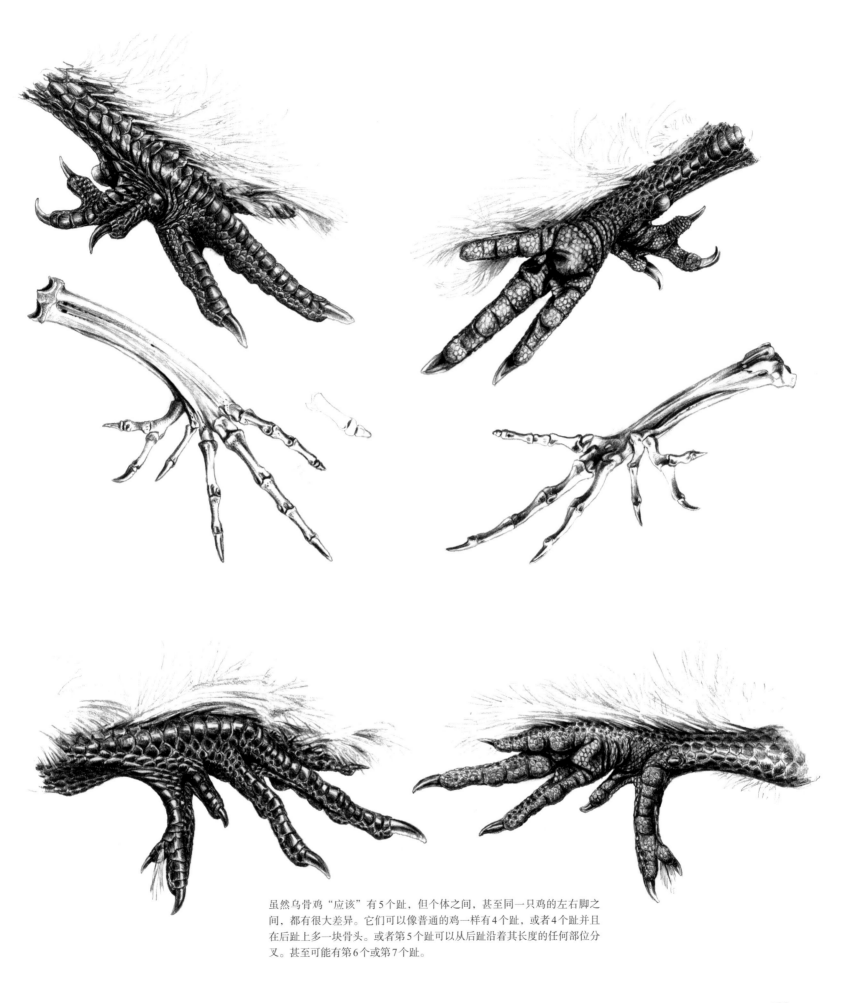

虽然乌骨鸡"应该"有5个趾，但个体之间，甚至同一只鸡的左右脚之间，都有很大差异。它们可以像普通的鸡一样有4个趾，或者4个趾并且在后趾上多一块骨头。或者第5个趾可以从后趾沿着其长度的任何部位分叉。甚至可能有第6或第7个趾。

对于一只有多个趾的鸟，它的翅膀也很值得仔细研究。极少有多趾的鸟会长出额外的翅趾，这些翅趾同样出现在第一指区域，即小翼羽区域，等同于鸟类的拇指（事实上，关于鸟类的小翼羽到底是位于第一指还是第二指仍有争议）。我曾经看到过一张照片，照片上是一只红隼（kestrel）雏鸟，羽翼刚刚丰满却不会飞，一只脚上多了一个后趾，另一只脚的跗骨位置长了几个趾，一个翅膀上还长出了更多的趾，这大概是它不能飞的原因。这只鸟被送到一家野生鸟类医院去实施安乐死，但不幸的是，没有人想到要保存尸体。翅趾在一些鸟类身上很普遍，最有名的是麝雉（Hoatzin）雏鸟，它们用翅趾在芦苇中爬行。然而，这些并不是额外的趾，只不过是最长指尖和小翼羽上的爪，而且通常是灵活可动的。

肢体之间的对称并不那么令人惊讶，就像重复的脊椎体节一样，前肢和后肢是所谓的序列同源物，它们是相同的基本结构的复件，只在发育的后期才有所分化。

就像鸟的翅膀能长出爪子一样，鸟的脚也能长出羽毛。猫头鹰、松鸡，甚至一些燕子以及燕科小鸟，其跗骨和脚趾的上表面都覆盖着短小且排列松散的廓羽。但是没有任何一种野生鸟类的脚上有或者有过完全成形的不对称翻羽，能与翅膀上的飞羽相匹敌。只有两类动物有这种与众不同的特质，或者说其实是同一类动物被时间的深渊和截然不同的环境所分开。一种是兽脚类（捕食性的）恐龙的一个谱系——小盗龙类（Microraptoria）[39]；而另一种也是兽脚类恐龙，就是家鸽。

是的，你没看错。正是在1868年，也就是达尔文《家养下的变异》出版的同一年（也是本书出版前150年），他的主要支持者托马斯·亨利·赫胥黎，"达尔文的斗犬"[40]，在研究了新发现的始祖鸟化石后发表了激进的观点，认为鸟类是由兽脚类恐龙进化而来的。但直到最近几十年，在中国辽宁省发现的一系列引人注目的化石几乎颠覆了我们对鸟类的所有认知。我们发现鸟类是恐龙。被错误地认为属于适应飞行以及只有鸟类才有的特征，一个接一个地被发现与它们的恐龙祖先所共有，最意想不到的就是具有羽毛。

尽管这些发现令人兴奋，但怀疑论者认为，这些发现仍然没有为鸟类进化提供新的线索。这些发现中的大多数，包括壮观的小盗龙类"四翼"恐龙化石，都是白垩纪时期的，而始祖鸟（Archaeopteryx）则是在侏罗纪晚期更古老的岩层中发现的。而后，在2009年，一个保存完好的带有羽毛并且非常非常像鸟类的恐龙化石被发现，这个化石的年代比始祖鸟早了至少1000万年。它的腿上也长着羽毛（虽然不像后来的小盗龙那样长得像翅膀），形状完美的翅膀上也长着不对称翻羽。为了纪念赫胥黎（Huxley），它被命名为赫氏近鸟龙（Anchiornis huxleyi）。顺便说一句，它的保存状态如此原始，甚至可以从色素细胞的化石残留物中破解出它羽毛的颜色和花纹。你猜到了吧——是黑色素。

小盗龙被认为用它的四个"翅膀"滑行或跳跃，而不是扑翼飞行的，它的后肢角度向下，只轻微地向外伸。事实上，非鸟类恐龙的骨骼结构有力地表明它们不能动力飞行。鸟类的扑翼飞行会产生大量的热量，这些热量通常会通过未覆盖羽毛的裸露皮肤区域散失：羽迹[41]之间的空隙、喙的两侧、脸部的裸露区域，尤其是通过脚来散失。对鸟类来说，它们的羽毛提供了超级高效的隔热性能，保持凉爽和保持温暖是同一个问题。采用脚上无毛的普通鸽子进行的实验表明，在长时间的飞行中，被人工覆盖的鸽子的脚很快就会过度发热。因此，恐龙脚上长羽毛的趋势可能与后来在鸟类身上进化出来的扑翼飞行热力学不相容，这或许可以解释为什么在野生鸟类中有羽毛的脚通常相当罕见。

脚上有羽毛的鸽子，尽管它们只要有机会就能飞得很好，但它们带有羽毛的后肢并未利用任何空气动力学优势。这些都是花式鸽品种，通常不允许自由飞行，当然就从来没有飞行的竞争。脚上的翅状羽毛更加引人注目，因为它是由两种非常不同的、非常适度的脚羽类型结合而成的。把一只长着"松鸡"脚的鸟和一只长着"拖鞋"脚的鸟放在一起育种，"松鸡"脚的鸟跗骨和脚趾上面覆盖着浓密的短羽毛；"拖鞋"脚的鸟羽毛虽然更长，却稀疏得多。最终会得到一只长着"套筒"脚的鸟——脚上的后翅完全成形，甚至翅膀和脚羽之间的色素分布也显示出精确的对称性。

许多脚上长羽毛的鸡品种的后肢羽毛相当于三级飞羽（翅膀后缘的坚硬羽毛），被称为"秃鹫脚肘"，基因上独立于有时在蹠骨和脚趾上形成的翎毛状羽毛。然而，鸡脚上的羽毛覆盖从未达到鸽子那样令人印象深刻的翅膀状排列。

鸽子在脚上长出完全成形的翩羽的这种能力非常显著，完全可以与沿着翅膀前臂排列的飞行羽毛群相媲美。甚至羽毛的颜色分布也反映了前肢和后肢之间的对称性。然而，形成这种壮观的"后翅"（爱好者称之为"套筒"脚）并不仅仅是简单的逐步选择的问题……

NORMAL

普通

SLIPPER

拖鞋

GROUSE

松鸡

首先，普通鸽脚是没有羽毛的。有羽毛脚的变种分为两种完全不同的、非常适度的类型："松鸡"脚，上面覆盖着浓密的短羽毛；"拖鞋"脚，上面的羽毛虽然更长，但稀疏得多。只有将这两种类型结合起来，才能得到一只完全成形的套筒脚鸟，而且只有经过大量的进一步筛选，才能使它们的外形更加完美。

"套筒"脚上的翮羽组与翅膀上飞羽的排列和结构完全对应,下面的骨架位置发生了变化,以保持翅膀的构象。最内侧指向前方的脚趾,第二趾,长出的羽毛与翅膀的小翼羽相对应。中央和外侧的脚趾有与翅膀上的初级飞羽一样的羽毛,沿着指和手排列。同时,假次级飞羽也从跖骨上的部位长出来。

一只像博卡拉小号手鸽（Bokhara trumpeter pigeon）这样的"人造"装饰性展览鸟被认为能为鸟类进化这样深刻的问题提供答案，听起来很愚蠢。没有任何一种野生鸟类的脚上有过完全成形的不对称翻羽，并与翅膀上的飞羽相匹敌。这种特征只有两类动物有，或者说是同一类被时间的深渊分隔开的动物：家鸽和兽脚类恐龙。

脚上的翩羽组与翅膀上飞羽的排列和结构精确对应，羽毛下面的骨架位置发生了变化，以保持翅膀的构象。最内侧的指向前方的脚趾，第二趾，上面长出的羽毛相当于翅膀的小翼羽（这一点值得注意观察，如果你还记得关于这是翅膀上哪个指的争议）。脚趾的中央和外侧相当于翅膀上的初级飞羽，沿着指和手排列。同时，假次级飞羽也从蹠骨上部位长出来。一级和次级的对应羽毛都与骨骼紧密相连，就像它们在翅膀上长的那样，尽管蹠骨上缺少鸽子翅膀（以及许多其他鸟类的翅膀）前臂上附着次级飞羽部位的小突起"翩羽节"。甚至还有三级飞羽——翼翅后缘周围坚硬的羽毛——从胫骨部位长出，就位于脚踝上方。在翅膀上，这些羽毛应该就在肘部上方。许多有羽毛脚的鸡品种也有这种所谓的"秃鹭脚肘"，尽管它们脚上的羽毛从未达到像鸽子那样壮观的翅膀状排列。

驯养的花式鸽子，这样一种"人造的"装饰性的观赏鸟，被认为能为诸如鸟类从非鸟类恐龙进化而来的深刻问题提供答案，这听起来很愚蠢。然而，区分有鳞腿和有羽腿、前肢和后肢的步骤可能只是一个很小的步骤，不是基因本身而是调控的差异——对基因表达方式的调控，或者各个发育过程的时序调控。这就是为什么亲缘关系很远的群体却有这么多相同的特征；为什么在整个进化史中，基因的基本工具箱变化如此微小；为什么黑猩猩、人类，甚至小鼠，这些不同的动物在基因上如此相似。在每一种鸟类的基因组中都包含着一种恐龙，尽管它们的发育路径可能会被切断，并被长期废弃。现代生物学的启示不在于动物之间的差异，而在于它们的共同点。

第9章 适用条款与条件

小时候，我特别喜欢迪士尼的音乐剧《玩具王国》(*Babes in Toyland*)，它并不算迪士尼最美好的剧，但我喜欢它。我还珍藏着配乐的唱片，封面已经很破旧，由于多次取放而卷了边。故事结尾的情节发生在一个玩具制造商的车间里，那里的玩具制造商的学徒发明了一种可以按需生产玩具的机器。玩具制造商只需按下几个按钮，选择想要的特征组合，就会弹出一个身穿猩红制服的锡兵，或者一个蓝眼睛的金发娃娃。我不会告诉你接下来会发生什么（当然是一切都出了问题），但尽管如此，这台机器本身还是一项非常方便的发明。

许多人相信基因的工作原理有点儿像那个样子。遗传学是一个神秘的世界，有高深莫测的术语。所以，很容易会想到用简单的基因语言来"指定"蓝眼睛或金发，就好像它们是可以按的按钮，按下就能得到一样的结果。正如我们在第5章已经看到的，既有遗传法则，也有已知例外，只要知道基因型，理论上很容易预测表型。

然而，读到这里你可能已经猜到，实际情况是相当有趣的。按钮并不存在，甚至连比喻意义的按钮都不存在。建造主体的过程是有机的，而不是机械的，并且非常容易受到其他因素影响。甚至"基因"这个词也是一个相当抽象的概念，因为它可以指不同长度的DNA片段，每个片段都有多种不同的功能。DNA链本身与眼睛、头发或其他身体部位并无关系，它由四个化学碱基组成，这些碱基在特定的组合中决定了20种氨基酸的产生，而氨基酸又构成了蛋白质。最终的结果可能是某些类型的细胞在胚胎发育过程中某个特定点上的活动被开启或关闭，是的，这可能会导致金发或蓝眼睛。也可能不是，基因只会带来某种结果的潜在可能性，潜力的发挥取决于基因所处的环境。正如广告上用小号字印刷的附加项："条款和条件在此适用。"

为了有效地执行基因指令，它们需要与周围环境保持协调。完美的结果是，这将成为它们进化的环境。首先是遗传环境，基因以团队方式工作，并且需要能够与它们相互作用的基因合作，而不是造成阻碍或与冲突。还有生理环境，正确的运转机制和化学组成需要到位，以达到所需的效果。不相容的组合导致胚胎死亡、卵孵化失败、细胞不能发育或发育异常。最后是外部环境，包括所有因素，比如双亲的照顾、光照水平、土壤类型，以及最重要的——营养。所有这些都在基因作用的开与关、胚胎发育的控制以及影响整个生命过程中身体构建的生物学等方面起着至关重要的作用。

有时，遗传所得的发展某种结构的潜力会被身体的环境拒

长出27英尺长（约8.2米）的尾巴不是任何一只鸡都能做到的，需要遗传特性和环境条件的特定组合。长尾鸡在它的诞生地日本被认定为特殊的自然历史遗产，也是被认定为"长尾"的一类家禽品种中最具美学价值的一种。这件令人惊叹的装架标本于1887年由东京博物馆赠送给大英博物馆。

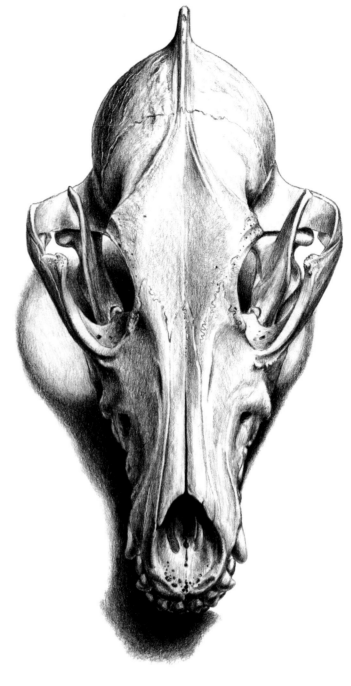

所有的狗在遗传上都能形成一个骨质的矢状嵴来附着下
颌肌肉，但前提是它们足够大，使肌肉可以到其中线。
虽然右边的标准腊肠犬有发育良好的矢状嵴，但迷你腊
肠犬（左图）不可能发育成这样，因为体积和表面积并
没有以相同的比例减少。换句话说，小动物并不仅仅是
大动物的缩小版。

绝。头盖骨的形状往往与功能紧密相连，尤其是食肉动物，可
作为很好的例子。沿颅骨上表面延伸的矢状嵴是两侧颌骨肌肉
的固定点，只有在出生后才会发育。如果下巴肌肉得到特别高
强度的使用，矢状嵴将扩大，以适配这些肌肉。然而，有一点
很有趣：通过选择性育种来缩小动物的体形，到了一定程度后，

下巴的肌肉就不能一直延伸到中线位置。这是因为动物的总体
积和表面积并没有以相同的比例减少，也解释了为什么玩具狗
的头是苹果形的，没有嵴。重新增大动物的体形，就又会长出
一个嵴。

同样地，像大脑和眼睛这样的器官也无法承受类似的尺寸

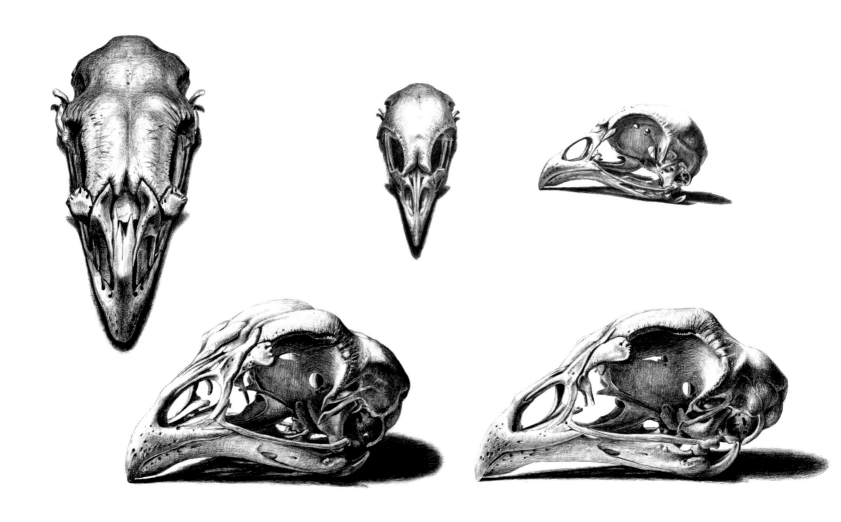

这些大头骨属于马来鸡（最大的鸡品种），而小头骨则来自最小的玲珑鸡。它们的形状完全不同。因为颅骨需要容纳其内部的结构——大脑、眼睛、舌以及其他不能以同样速度缩小的器官，所以按比例缩小是绝不可能的。

缩小，这就是为什么最大的鸡品种（马来鸡）和最小的鸡品种（玲珑鸡）的头骨形状在比例上如此不同，以及为什么许多体形细小的鸽子品种眼睛呈球状，眼窝凸起。它们不是故意被创造成这样的，这只是变小导致的一部分结果。

在极为罕见的情况下，只有从其中一个亲本遗传下来的

某些性状才会被表达，这种现象被称为基因组印记（genomic imprinting）。最著名的例子是双肌臀羊，（Callipyge sheep，它名字的意思是"美臀"！）它是一只名叫纯金（Solid Gold）的公羊的后代，它丰满的后躯引起了主人的注意，使它免于被宰杀。令人失望的是，它的主人发现它的肉太瘦，而且看起来相

当坚韧，并不好吃的样子，但至少这引起了科学界对一个令人着迷的变异的关注。尽管任何一种性别都可以携带这种性状，但这种性状只在从父本那里遗传下来的动物身上表达。

再看外部环境，没有一种家养动物比绵羊更敏感于环境的微妙。绵羊与气候、土壤、植被、地形和地质有着不可思议的联系。但它们无处不在，你可能会认为它们在任何地方都能健康成长。是的，一般来说，绵羊是可以的。但单个的群体只有在非常特殊的环境下才能达到其最高的繁衍能力，这种环境正是它们进化出这种繁衍能力的环境。以美利奴绵羊（Merinos）为例。在19世纪早期，西班牙美利奴绵羊被普遍认为是世界上产羊毛最好的羊，但是将这个品种引入英国的尝试一直失败。美利奴绵羊这种在炎热、干燥的低地牧场上生活的动物在英国的气候下就是无法产出高质量的羊毛，在苏格兰或威尔士更是如此。然而，这些国家都不缺绵羊，而且几乎没有一个国家的绵羊看起来与美利奴绵羊有很大的不同。

不列颠群岛有很多不同的环境，也有很多不同的绵羊品种，这并不是巧合。古老的地方品种通常能从贫瘠的牧草中获得比改良品种所能获得的更多的营养。来自苏格兰东北部奥克尼群岛的北罗纳尔德赛的一个种群能以海藻类的食物为生。在高地地区，苏格兰黑脸羊（Scotch blackface sheep）的肉和羊毛产量略低于竞争对手山地品种雪维特羊（Cheviot），但在真正的山区地形的挑战下，黑脸羊以其能以欧石南为食的优势，可使人类获得最佳的商业回报。

北方的高海拔母羊如果与南方的低地公羊杂交，往往表现良好。这类杂交总是带来提升，然而相反方向的杂交则不行。因此，英国农民开发了一种独特的分层养羊系统，将山地母羊带到地势低一些的牧场，与山地品种杂交改良，其杂交后代再与低地品种杂交。这不仅仅是为了满足获得良种动物的需要，还将需求转化为商业利益，确保整个国家在最多样化的环境条件下尽可能提高生产力。

从表面上看，环境的影响听起来并不令人惊讶。我们都在电视上看自然频道，并习惯于各种各样的适应恶劣环境的例子，通常会导致动物因自然选择而发生的表型转变。然而，在环境对达成动物的全部遗传潜能的影响与动物在固有表型中一直表达的适应性之间，有一条精细的界限。例如骆驼和瘤牛，即使在非干旱气候条件下圈养几代，即使营养良好，它们隆起的脂肪峰也会一直保留。同时，无论是在山区还是在沙漠中饲养的，优质的、有商业生产能力的绵羊看起来几乎都一模一样。这是适应性的一种最微妙的水平，不仅仅是一个个体能否在特定条件下生存的问题，而是代谢功能——影响到肌肉、脂肪、骨骼发育、毛发生长和产奶量——是否达到最好的运作的问题。

一些气候影响产生了更奇怪的结果。猫、小鼠、豚鼠、沙鼠和兔子都有"尖出部位色变"的变种。确切地说，它们的"尖出部位"或四肢都有有色的皮毛，对比之下它们的身体颜色则浅得多。下列名字之间并没有逻辑关系：喜马拉雅豚鼠、加利福尼亚兔、暹罗猫，所有物种的这个性状都是可比的，就像遗传变异导致的任何颜色变异一样，这种性状很容易从一个品种转移到另一个品种。

虽然这一性状是一个与白化病有相同基因座的等位基因，但它不是白化病，尽管通常呈现粉红色的眼睛。虽然白化病动物根本无法合成黑色素，但在尖出部位色变的动物中，黑色素的表达仅在低温下才被触发。哺乳动物身体中唯一保持较冷的部位是尖出部位：耳朵、鼻子、脚（包括爪垫）和尾巴（豚鼠除外，也就是说如果它们有尾巴，尾巴也会呈现颜色）。重要的是要记住，这些并不是在寒冷天气下会形成较暗斑点的白色动物，它们本来的颜色受到抑制，除非达到一定的低温。这就是为什么会有巧克力色的尖出部位、海豹色的尖出部位、紫丁香色的尖出部位——这一切都取决于动物隐性的底色。

在温暖的子宫里，这些幼崽是完全白色的，但出生后不久，所有伸出的部位开始显现颜色，因为这些部位的黑色素细胞变得活跃。在一生的每一次换毛周期中，毛发在实际生长时都会出现尖出部位色变现象。温度的降低可能会导致深色区域的增加，在寒冷的月份去除毛发（如一只动物因为做手术被部分剃光）会刺激该区域较深色毛发的再生。所以，不要让展览猫在冬天做阉割，否则它的腹部会出现一个深色的矩形皮毛"补丁"，直到下一次换毛才会消失！

这听起来似乎在适应寒冷气候的野生动物身上是一个有用的性状——在很大程度上成为伪装，但突出端上的吸热深色区会随着温度下降而扩大。奇怪的是，虽然它存在于如此广泛的家养哺乳动物群体中，但似乎从未在野生动物进化的意义上普遍存在，尽管确实发生过。据报道，有几种蝙蝠出现了这种突变，博茨瓦纳图利野生动物保护区也有一只豚尾狒狒（Chacma baboon）（被起名为雪球）也有这种性状。也许这种突变从未出现在对其有利的气候条件下，又或者眼睛色素沉积减少的频繁发生使这种性状的益处受到压制。

在几乎所有的物种中，尖出部位色变都会抑制两种形式的黑色素产生：灰黑色的真黑素和红棕色的棕黑素，这导致身体的颜色呈白色，或者至少尖出部位的颜色非常浅。然而，最近在豚鼠身上发现了一种新的突变，这种突变起源于秘鲁，它不但没有抑制黑色素的表达，反而在肢端增加了额外的真黑素，而其余的皮毛（以及眼睛的颜色）则不受影响。这使爱好者们可以选择将任何现有的皮毛颜色与尖出部位颜色较深的特征结合到一起。

尖出部位色变在哺乳动物中是众所周知的，但在鸟类中一直被忽视。几十年前，丈夫注意到一个不寻常的颜色模式发生在他的家养环鸽身上：全身白色羽毛，但尖出部位除外。这些鸟儿天然应该是浅米黄色的，所以这样的斑纹比较微妙，但持续存在足以引起他的兴趣。于是他等待冬天到来，拔掉几根白色的羽毛作为试验。果不其然，它们长回了米黄色。鸟类和哺乳动物的散热部位是不同的。比如，你要找一条黑色的鸟尾巴，那是浪费时间。羽毛不会觉得冷，鸟尾巴的肉质部位紧贴身体，并被厚厚的羽毛覆盖，使尾巴不受影响。鸟类从头部、翅膀的腕关节和肘关节、脚，甚至嗉囊中心以上的上胸部位散失热量（饱满的嗉囊会将皮肤往外撑起，可能会变得有点冷），因此如果你想发现鸟类的尖出部位突变，这些都是需要观察的区域。从那时起，丈夫已经发现了许多其他鸟类物种的例子，包括现生的鸟类以及博物馆的收藏，有野生的鸟类也有驯养的鸟类。

关于环境对基因表达的影响，再没有比红色金丝雀的故事更好的例子了，这个故事以战前的德国为背景，讲述了两位鸟类爱好者汉斯·邓克（Hans Dunker）和卡尔·赖克（Karl Reich）为培育红色羽毛的金丝雀而不懈努力的故事。蒂姆·伯克海德（Tim Birkhead）在他的《红金丝雀》一书中精彩地讲述了这个故事，这是科学与历史的完美结合，我对此书的推荐度之高，实在是语言所不能表达。故事的结局是（我要为这里的剧透向蒂姆表示歉意）即使经过几十年的选择性繁殖，成千上万只鸟参与其中，只有在它们的饮食中添加颜色补充剂，才能创造出真正的红色金丝雀。如果不是因为那次一举成功，这件事情听起来可能就是对彻底惨败的沮丧描述。通过将金丝雀与一个完全不同的物种黑头红金翅雀（Red siskin）杂交，邓克和赖克成功地发现了"红色因子"——金丝雀中黄色类胡萝卜素——的遗传潜力，它会响应适当的环境信号而改变颜色。他们只是败在这项事业的最后一关，仅仅从遗传学的角度考虑，没有意识到要给予富含类胡萝卜素的饮食，红色因子才可以使羽毛变红。

不仅仅是驯养的鸟类可以通过补充色素来改变，野生鸟类也可以，许多鸟类依靠这种方式获得繁殖的成功。想一想火烈鸟，它们从取食的虾身上自然地获取到在野外保持它们粉红色所需要的全部色素。动物园不给鸟儿喂食微小的虾类，很多年来，圈养的火烈鸟都是灰白色的，也不繁殖。后来发现了补色食物，这才改变了一切。

从食物中获取的颜色作为性选择的信息是非常有意义的。它清楚地宣示了未来伴侣养活自己的能力，颜色越浓烈，也就越有可能养活家人。像这样有用的指标会让那些伴侣更有吸引力，以至于它们在不知不觉中受到青睐，仅仅是因为它们有吸引力。如果一只鸟的健康状况不好，它的颜色也会减退，这对想交配的动物来说瞬间就没了兴致。

白色家鸭喙部的橙色也是它们饮食中类胡萝卜素的产物（事实上，野鸭和其他颜色的家鸭都是如此，但它们的情况是橙色被灰黑色的黑色素部分地掩盖了）。一个值得注意的例外来自我的家乡艾尔斯伯里，位于英国白金汉郡，这个地方以残奥会、修士音乐馆，还有鸭子而闻名。艾尔斯伯里鸭（Aylesbury ducks）是一种大型、白色、产肉的品种，有橙色的腿和粉红色

只有在特定的环境条件下才能充分表现出来的性状，与对特定环境的适应是不一样的，比如瘤牛的肉峰和肉垂，或者骆驼的驼峰。在非干旱的气候条件下，即使经过好几代的圈养，瘤牛和骆驼也会有隆起的脂肪峰。

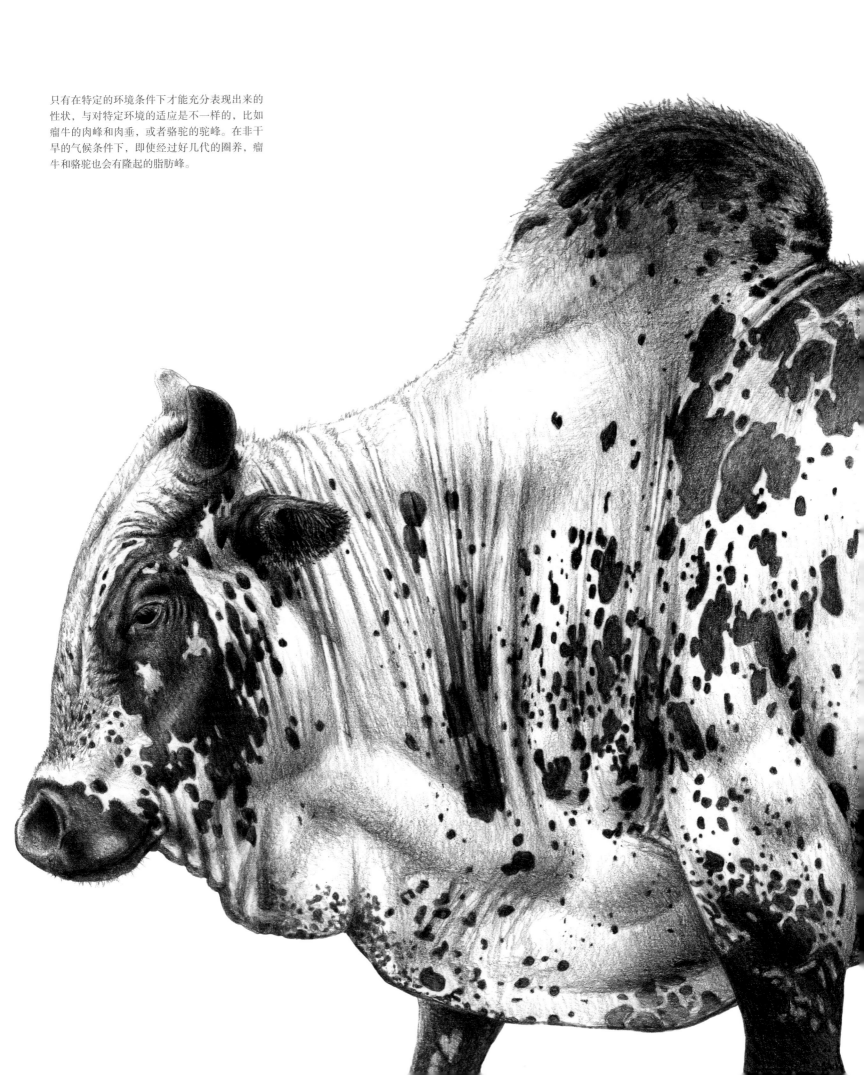

黑色素在"尖出部位色变"动物中的表达是依赖温度的，如喜马拉雅豚鼠和暹罗猫。只有伸出的末端（尖出部位）——耳朵、鼻子、脚（包括爪垫）和尾巴——才会因为足够冷而表达颜色。豚鼠没有尾巴，但如果有，尾巴也会被着色。

的喙。这是一种突变的结果，这种突变阻止了鸭子吸收色素，所以它们的喙和皮肤仍然是粉红色的，即便它们的腿因为由另一种基因控制而呈橙色。许多人相信粉嘴鸭本身就是因为食物造成的，是由附近奇尔滕山上流下来的富含白垩质的溪流所致，他们认为这就是在其他地区创造类似鸭子的尝试失败的原因。他们弄错了。要产生一只粉嘴家鸭，唯一的方法就是通过基因阻断类胡萝卜素的色素沉积。换句话说，如果不是因为它们环境中类胡萝卜素的影响，所有的白鸭子都会有粉红色的喙。

如果说红金丝雀获得了基因＋环境的最佳故事奖，那么最令人印象深刻成果奖就要颁给长尾鸡（Onagadori）公鸡了，它是被认定为"长尾"的一类家禽品种中最具美学价值的一种。本章开篇那件令人惊叹的装架标本，是在1887年由东京博物馆赠送给大英博物馆的。

长出27英尺长（约8.2米）的尾巴并不是任何鸡都能做到的。其遗传极为复杂，涉及多种因素的组合，会影响到羽毛数量、羽毛生长速度，以及最重要的，还会延缓甚至停止换毛的周期。其中一些性状表现出中间显性，所以杂合子配对出来的结果就不那么极端了，而且每一个性状都会影响不同的羽毛群。基因组合的多种可能性解释了为什么有这么多不同的长尾品种。有些甚至还拥有啼叫延长的额外性状。

"长尾"这个词其实有点儿用词不当。除了中间的一对尾羽之外，公鸡的真正的尾羽相对较短且坚硬，通常隐藏在长而弯曲的覆盖羽毛之下，这些羽毛被称为镰刀形羽和鞍羽。正是这些才真正赋予了长尾鸟（一般都是公鸡）令人印象深刻的外表。与其他鸟类一样，长尾鸡每年都会褪换它们的大部分尾羽，但是中间的一对（在日语中称为kougai）以及两侧的一对或两对宽大而灵活的附加尾羽（称为kouge）会保留3～4年。有趣的是，长尾鸡的尾巴下面多了一对镰刀形羽毛，这些羽毛也是在3～4年后才褪换。最外面的三对镰刀形羽和鞍羽每年也会褪换，但最里面的被称为uwayore，一旦长出成年羽毛，就再也不会褪换，而是持续无限期地生长，而最为耀眼的就是中间那对永不褪换、带有螺旋弯曲的鞍羽。

然而，即使拥有所需的基因，创造一种真正优秀的长尾鸡也是技能和文化遗产的问题，要经过几个世纪的专注实践才获得。它需要富含蛋白质的饮食，以达到最佳的羽毛生长速度，还要非常特殊的环境，以防止或延缓羽毛褪换的发生。鸟类通常每年更换所有的羽毛。也有一些例外，包括绿原鸡 Gallus varius，它每18个月换羽一次（表明鸡基因组中含有少量绿原鸡以及第1章中讨论过的灰原鸡的元素）。不管怎样，羽毛能保留3～4年，甚至一辈子，都是非常不像鸟的事情。

一系列的刺激都会引发换羽：昼长的变化、突然的压力、饮食，而最重要的是性行为。因此，最珍贵的长尾公鸡过着简朴的僧侣式生活。传统上，它们被关在名为托巴库（tombaku）的高脚封闭笼架中，在那里，它们暴露在日光下的情况可以被密切监控。（具有讽刺意味的是，这种饲养方式在西方并不受欢迎，这是基于动物福利的理由。而与此同时，世界各地的养鸡场里，数10亿只鸡却被关在更加封闭的条件下！）尽管日本以外有许多长尾鸡品种，其中许多品种声称是纯种长尾鸡，但需要通过托巴库饲养以表达它们的全部遗传潜力，并将冒名顶替者与真正的长尾鸡区分开来。

鸡长出的长羽毛除了美观之外还有其他用途。这种羽毛是飞蝇绑制[42]艺术的完美材料。顾名思义，钓鱼用的飞蝇，目的就是要弄得像……蝇，事实上是模仿一系列会被鱼吃掉的水生昆虫。但仅仅看起来像昆虫是不够的，还需要表现得像昆虫。例如，干飞蝇有短而硬的羽枝，它们会瞬间落在水面上，而不会掉进水里，就像歇息的石蛾或石蝇。还有一些更柔软、更细密的羽毛可以用来做湿蝇或咸水蝇——会下沉的蝇，看起来就像水生幼虫或溺水的昆虫。

科罗拉多州怀廷农场的家禽遗传学家汤姆·怀廷（Tom Whiting）创造出了适合飞蝇钓的特定羽毛类型的鸟儿。他非常友好地给我寄来了一些颈羽和鞍羽的样本，这些羽毛非常纤细和柔韧，摸起来滑溜溜的，像纤细的绒线，他还容许我问了他一大堆问题。

又一次，成功取决于在基因和环境之间保持适当的平衡。在严格控制日照长度的精确条件下，怀廷农场的鸟类被有选择地培育出具有所需长度和柔韧性的鞍羽和颈羽。关于这个问题

尖出部位色变不仅仅是"哺乳动物才有的东西"，它也发生在鸟类身上，尽管它很容易被误认为是其他的颜色异常。鸟类与哺乳动物相比，是从不同的地方散热的，因此有颜色变化的尖出部位会出现在不同的位置：头部、翅膀的腕关节和肘关节、脚，甚至嗉囊中心以上的上胸部位置。丈夫首先在他的家养环鸽身上发现了这种现象，后来又在许多其他鸟类物种身上发现了这种现象的证据。翅膀上的那根深色羽毛就是替换了"测试"羽毛的那一根，之前被拔掉就是为了看看重新长回什么颜色！

没有"正确答案"——重要的是要始终如一地选择在这种环境中最有生产力的鸟类。这套系统运作得如此之好，以至于当从别处引进新的鸟儿时，这种差异立即就显现出来。本章的中心思想之一就是最优解（适用于野生动物和驯养动物）不仅是找到适合生产力的最佳条件，而是创造出能在这些条件下充分发挥潜力的动物。

继续关于鸡的主题，所有鸡种的公鸡通常可以通过它们的羽毛形状与母鸡区别开来：前面提到它们的长而弯曲的中央尾羽，瀑布般的镰刀形尾部覆羽，从臀部垂下的边缘呈流苏状的尖尖的鞍羽，还有它们脖子上与鞍羽非常相似的颈羽，在肩膀上形成了一圈披肩。相比之下，雌鸟的羽毛整齐、短、宽、圆，而且大多缺少雄鸟身上那种华丽的结构色彩。但它们确实有自己微妙的美，这一点在带有"花边"图案的羽毛上表现得尤为明显，那就是带有黑色镶边的银白色或金色羽毛。花边纹在长着圆形羽毛的母鸡身上看起来很可爱，却跟长着尖羽毛的雄性一点都不搭。要造就一对真正吸引人的花边纹的鸡，你需要一只长着雌性羽毛的公鸡。为此需要两个条件：一个是让雄性长出雌性羽毛的突变；另一个是动物饲养者中的某位天才，知道该怎么去做成这件事。那位天才就是约翰·塞布莱特。

我在这本书中已经多次提到塞布莱特，但现在是时候介绍他的名字了，塞布莱特矮脚鸡（Sebright bantam），一个完全装饰性的品种，对蛋或肉的生产毫无用处，但非常好看，尤其是成对的时候。就像一位厨艺大师能够巧妙地加一点这个，再来一点那个就能创造一道完美的菜肴一样，塞布莱特将一撮南京矮脚鸡（Nankin bantam）、少量红冠青脚鸡（hamburg），还有一种珍贵的配料混合在一起，他碰巧留意到这配料在诺福克农场的院子里昂首阔步，这小公鸡的样子像一只不寻常的小斗鸡，身上长着雌性的羽毛。

你可以说"母鸡化羽毛"突变的作用与环境的影响无关。它符合孟德尔法则，并只要你希望它表达它就会可靠地在杂交中显示出来。然而，这种特性的表达确实会随着激素水平的变化而波动，在我看来，这就很好地说明了本章中的观点，即动物的表型不仅仅是按下几个基因按钮的结果。

激素系统是一门深不可测的复杂科学，涉及大量相互关联的连锁反应，任何连锁反应都可以通过一次触发而显著改变。在这种情况下，母鸡化羽毛的性状通过一种迂回的途径，将皮肤中多余的雄性激素转化为雌性激素，这就是为什么羽毛会受到影响，而不是别的。虽然塞布莱特公鸡拥有雌性的羽毛，但雄性的性冲动或任何会受到睾酮影响的品质都没有削减。它们具有公鸡特有的较大的鸡冠和肉垂，它们长出鸡距，对其他雄性好战，对雌性动情，也会啼叫。尽管如此，在某些品种中，塞布莱特鸡还是获得了生育有问题的名声，但这可能与它们玫瑰冠的复杂遗传有关，而不是雌性类型羽毛化的结果。

有趣的是，达尔文讲述了一只塞布莱特矮脚母鸡的故事，它年老时在卵巢里面患了病，并且具有了"正常"公鸡的羽毛特征，长而尖的鞍羽和颈毛，以及长长的镰刀形羽。他将此解释为原始品种的潜在特征，自从其品种诞生以来隐藏了60年。但有一个更可能的解释。

研究有力地表明，在一些鸟类群体中，包括猎禽和鸭子，雄性类型羽毛化的发育不依赖于雄性激素的存在。雌激素才是这件事情的本质，而正是这些雌性激素的存在，决定了一只鸟是长出雄性羽毛还是雌性羽毛。因此，当雌激素的产生中断（在年老时，或者疾病的原因），雌性恢复回它们的默认设定，雄性羽毛就取而代之。

明显的性别变化在鸟类中，特别是在猎禽中，实际上是一种经常发生的现象。传说中的鸡身蛇尾怪（cockatrice，也叫半鸡半蛇）被认为是"性转"鸡的后代。在欧洲黑暗的过去，这些鸡因负有违背上帝之罪在法庭上受审判并被立即处决。

不过，最著名的例子要算18世纪末廷特夫人的一只花斑雌孔雀。在生育了几窝雏鸟之后，在大约11岁的高龄时，这只雌孔雀长出了雄孔雀的华丽羽毛，最后在它转变后的第3年还长出了距，此后不久就死了，这让它的主人感到惊讶。1780年，外科医生及博物学家约翰·亨特（John Hunter）在《伦敦皇家学会哲学汇刊》上发表了一篇题为《一只非同寻常的雌鸟的记述》的论文，这篇论文引起了科学界的极大兴趣。孔雀死后，它那伤风败俗的性腺被保存在伦敦皇家外科学院博物馆——亨特博物馆。

无论公鸡的鸡冠有多大，标准的鸡冠在健康的鸡身上几乎总是挺立的。奇怪的是，有些鸡的鸡冠就是松软的，像一只空橡胶手套一样耷拉在一边，而且这总是出现在雌鸡身上，尽管它们的鸡冠比较小。这是白来航鸡（White leghorn）品种的一个性状，而在卵巢功能失调的老母鸡发生"性转"的情况下，你猜到了——睾丸激素体现了其影响，使耷拉的鸡冠变得挺立起来！

性别逆转的现象，加上我们对母鸡化羽毛现象的了解，依然有助于科学家了解激素的微妙相互作用，不仅在驯养品种中影响到鸟类的羽毛，在野生物种中也有影响。例如，许多鸭种的雄性，在每年秋天更换飞羽很容易受到捕食者攻击的时候，会持续几个月换羽长出不起眼的类似雌性那样的暗淡羽毛。有人认为，这可能是对激素水平季节性波动的一种雌鸟化羽毛反应，数千年的自然选择使其发挥了季节性的有用功能。

虽然有些类型鸟类的雄性羽毛是由雌激素调节的，但其他一些类型的雄性羽毛则是由另一种方式调节：它们受睾酮影响。在这类为数不多的几种鸟中，有一种被称为流苏鹬（Ruff）的小矶鹬（sandpiper），它们的雄鸟羽毛被认为完全受睾丸激素的影响。在繁殖季节，雄性流苏鹬的外形如同高跷桩子上支着的一团团蓬松的羽毛球，它们忙着进行复杂精巧的集体求偶表演，这种表演被称为竞偶场（lek）。雄性之间有一个等级制度，等级较高的个体（会拥有大多数雌性）长着红棕色羽毛的装饰性翎颌[43]，而下等地位雄性的翎颌是白色的。这些鸟会趁头等雄性不注意的时候设法在这儿和那儿快速地交配。与很多鸟类和哺乳动物中类似的集体表演策略不同，在那样的策略下，等级较低的雄性至少有希望在某一天成为头等雄性，而白色翎颌个体在遗传上却永远无法摆脱自己的地位。但这变得更为有趣。定期观察流苏鹬之中似乎是雌性同性恋者的交配，发现了第三种雄性形态——披着雌性羽毛的雄性流苏鹬！这些"披着羊皮的狼"可以从正在表演的雄鸟眼皮底下偷偷溜过，在雌鸟中间玩个痛快。事实上，它们相对巨大的睾丸表明它们在性行为方面非常活跃。也许（这纯粹是猜测）这种高水平的睾丸激

素在某种程度上是导致某些个体产生雌性羽毛的原因，这类似于塞布莱特矮脚鸡母鸡化的羽毛。这些鸟被称为菲德尔型雄性（faeders），意思是"祖传的父亲"，被认为代表了祖先类型的雄性，它们可能保留了一个小而重要的生态位，这个生态位完全依赖于性别竞争系统的存在，为它们提供了一扇瞒天过海的后门。

为了继续讨论鸡毛的主题，或者说在这个例子中是没了鸡毛，是时候回头讲讲我在第5章中已经简要地提到过的裸颈鸡了。还有一种裸颈筋斗鸽，我很快就要谈到它。这两种鸟都出自罗马尼亚的特兰西瓦尼亚地区，这纯属巧合，它们在各种与吸血鬼有关的笑话之中是首当其冲的。我们两种都有饲养。

就像拥有母鸡化羽毛的塞布莱特鸡一样，裸颈鸡也引起了科学家们的特别关注。这一次完全与体温调节有关。羽毛以精确的羽迹排列方式分布在身体各处，羽迹之间的空隙对于散去多余热量至关重要。尽管这些羽迹的布局在几乎所有鸟类中都是相似的，但它们的形状在不同的群体中是不同的，栖息在炎热气候中的鸟类通常有更大的空隙。颈部的空隙最宽，羽迹最窄，颈部是热量散失的最佳位置，因为主要的血管非常靠近皮肤表面。颈部完全裸露的鸟类，像鸵鸟和秃鹫，在散热方面尤其有效，很可能它们达到这个状态的方式与裸颈家禽完全一样，只需通过一步。

一般认为所有鸟类的颈部皮肤都含有一种衍生自维生素A的物质，这种物质对身体其他部位羽毛的减少非常敏感。当一个突变发生，增强了羽毛减少的程度，然后在颈部区域的化学物质被激活，羽毛毛囊的发育就会被阻止。请记住突变是随机的，所以它可以发生在任何地方，任何气候下，甚至在罗马尼亚。如果这一特性在炎热的气候中被证明是有益的，那就全靠自然选择来支持它，如果育种爱好者认为它值得延续，那就靠人工选择。

热带地区的一些商业家禽养殖户进一步发展了这种性状，生产出全裸的鸡。按理说，这是出于动物健康的原因，尽管该性状在节省拔毛设备、羽毛清理和空调成本方面的经济优势可能也有一定影响！

做一件漂亮的钓鱼飞蝇需要一根非常特别的羽毛。这些鞍羽和颈羽来自专门为绑扎飞蝇而培育的家禽（为了比较，图中较宽的这根羽毛来自一个"长尾"品种）。它们具有惊人的柔韧性而且手感非常光滑，这是选择性培育的结果，微调至适合精确的环境条件。

塞布莱特矮脚鸡是一个完全为了装饰而选育的品种，结合了美丽的花边羽毛图案和一种叫作"母鸡化羽毛"的变异，使雄鸟拥有了雌鸟整齐、圆润的羽毛。皮肤中多余的雄性激素通过一个复杂的连锁反应转化为雌性激素，这就是羽毛受到影响而其他方面不受影响的原因。

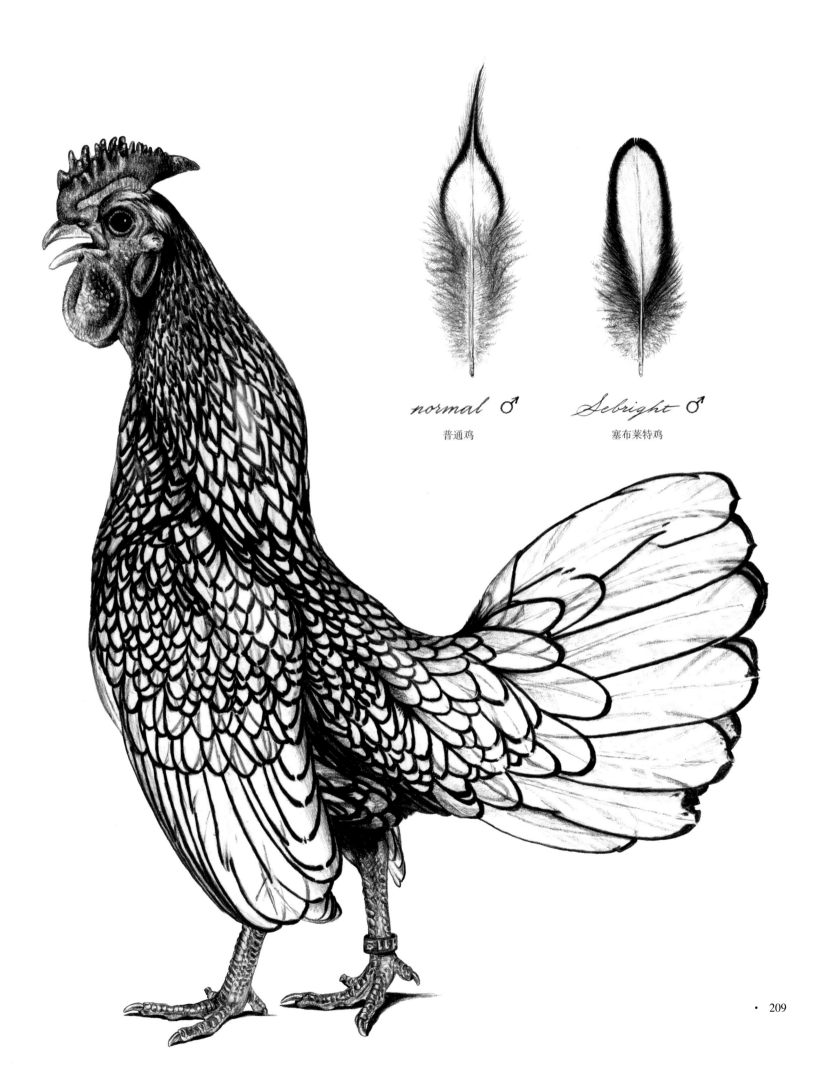

normal ♂
普通鸡

Sebright ♂
塞布莱特鸡

裸颈鸽和裸颈鸡除了它们的裸颈和原产国之外，并没有任何共同之处。不同于裸颈鸡从未长出颈部羽毛，甚至在那个部位没有毛囊，裸颈鸽的雏鸽全身都会长出正常的羽毛，然后颈部羽毛会脱落。但真正有趣之处在于：只有羽毛是红色或黄色的才会脱落［我说的不是红色素（Psittacin）或类胡萝卜素引起

的鲜红色和黄色，而是红棕色的棕黑素在纯净和稀释情况下的颜色］。

裸颈性状并不局限于这独一个已认定的品种：罗马尼亚裸颈筋斗鸽（Romanian naked-neck tumbler），这种性状可以自发地出现，也可以通过育种引入任何变种或颜色的鸽子。但在它

无论公鸡的鸡冠有多大，标准的鸡冠在健康的鸡身上几乎总是挺立的。奇怪的是，有些鸡的鸡冠就是松软的，像一只空橡胶手套那样耷拉在一边，就像图中这只白来航鸡，而且这总是出现在母鸡身上，尽管它们的鸡冠比较小。

被传递到一只有红色或黄色的鸽子身上之前，你永远不会知道它的存在。当你那表面看着健康的雏鸽一次性脱落所有的颈部羽毛，这可能是相当令人震惊的。当这种突变最初出现在罗马尼亚以外的地方时，由于相信它们患了某种奇怪的疾病，所以对幼鸟进行扑杀的行为并不少见。

只产生灰黑色真黑素的鸟类，或缺乏色素的白变症鸟类，都不可能表达裸颈的性状。只有棕黑素会受到影响。即使是脖

子上有白变斑块的鸟也只会失去红色的羽毛而不是白色的。然而，我们还不知道遗传上属于红色的白化鸽子是否也受到同样的影响。我们也不确定同时含有两种黑色素的鸽子（如大天使鸽[44]和吉姆佩尔鸽[45]这样的品种）是否也受到同样的影响，尽管我们曾被告知在这些品种中已经发生了自发的裸颈突变。这是丈夫"准备要做的"清单中的一个实验。（等他完成了用橙色品种创造裸颈之后！）

裸颈鸡从未长出过颈部羽毛，颈部皮肤上甚至没有毛囊。这一解释涉及所有鸟类的皮肤化学和某些鸟种的基因突变之间的复杂连锁反应，被认为有助于揭示类似秃鹫和鸵鸟等热带裸颈鸟类群体的体温调节机制。

还记得使杏仁色花斑鸽子的羽毛颜色逐渐变深的stipper基因吗？对，也是要经过一个过程，或一系列过程，才会产生相反的效果——渐进式的褪色。这在狗身上很常见，而且我们都非常痛苦地意识到，在人类身上也是如此。但是褪色变灰不仅仅发生在老年。许多灰色的马（这些马被称为"灰色"，即使它们看起来是白色的）在它们出生时是一种不同颜色的马，在它们到达成年时发生了彻底的颜色转变。这种情况在鸟类中的出现还知之甚少。

渐进式的褪色过程通常可归因于黑色素细胞的死亡，并开始散发出现纯白的毛发或羽毛，随着每一次相继的换毛而数量增加。但在有斑驳或灰白图案的家禽和鸽子身上，羽毛本身会逐渐变白，这与stipper的效应完全相反，首先是尖端变白或出现白色的斑点，随着每一次羽毛更替，这些变白的区域会变得更大或更多。

我们看到的许多有白色羽毛的野生鸟类，被错误地描述为"部分白化"（不可能）或者白变（这是相当罕见的），其实是某种或另外某种形式的渐进式褪色的鸟儿。因为只有群体中的一小部分能够活到老年，而幼鸟可能还没有开始失去色素，在生命的某个阶段有可能逐渐褪色的个体比例可能确实是很高的。有些物种，甚至某些性别，似乎比其他物种更易受影响。有些物种在城市环境中比在乡村环境中更容易褪色，目前看来，至少有些类型不是遗传的。

金丝雀是一种肯定受到可遗传类型的渐进式褪色影响的鸟类。在黄金丝雀身上，结果当然是看不见的，因为突变只影响黑色素。然而，在绿金丝雀身上，如果有这种基因存在，幼鸟的深色羽毛将被边缘有黄色的羽毛所取代，随着黑色素的消退，黄色羽毛的数量在相继的换毛过程中不断增加。最后的结果将变成颜色均一的黄色金丝雀。

对此，金丝雀的爱好者们做出了回应，他们培育出了一种能使过渡性的羽毛充分展现出美感的品种，每一根中间深色、边缘黄色的廓羽覆盖在下一根羽毛上面，造成鳞片般的效果。这个品种被称为"蜥蜴"。

另一个与蜥蜴这个品种密切相关的"品种"，是伦敦花式（London fancy），这个品种自第一次世界大战结束以后再未见过，也是金丝雀爱好者梦寐以求的圣杯。事实上，伦敦花式就是一种蜥蜴金丝雀，除了外表不同，而且可以与蜥蜴金丝雀从同一窝中孵化出来。然而，与黄色边缘的鳞片状羽毛不同的是，它们表现出一致的黄色身体，与绿黑色的翅膀和尾巴形成鲜明对比。而答案，极有可能就是快速的渐进式褪色。

鸣禽雏鸟一旦离开鸟巢就需要能够飞翔，因此它们需要尽早长出具备功能的、成熟的飞羽。在大多数物种中，这些翅膀和尾部羽毛能一直保存到次年夏末。然而，毛茸茸的幼鸟身体羽毛在长成后1个月左右被替换，导致两次产生的羽毛同时存在。鸟儿正是这样装扮为成年的鸟。现在引入一种突变，使第二次产生的羽毛在幼年换毛后失去所有的黑色素。你就能创造出一种身体羽毛黄色而翅膀和尾巴颜色较深的鸟：伦敦花式，但只能持续一年，之后翅膀和尾巴也会换成纯黄色的羽毛。

羽毛是从皮肤中的毛囊生长出来的，每个毛囊在鸟的一生中都会接连地产生羽毛，就像香肠机一样。尽管鸟类羽毛的颜色、花纹图案甚至结构在其一生中都会发生变化，但它们的羽毛都来自同一个毛囊，这些毛囊只是经过重新编程，在激素的作用下产生不同的表现。发育中的羽毛会有血液供应，直到它们完全长成，然后血液供应被撤销，当毛囊细胞进入静止期，羽毛实际上已经死亡（前面描述的长尾鸡则不同寻常，因为它们的一些羽毛保留了血液供应，像人的毛发一样，会继续生长）。只有当旧羽毛脱落时，细胞才会受到刺激，产生新的羽毛。剪掉一根羽毛不会使它长出一根新的，但将它拔出却会再长出来。大多数鸟类一年更换一次羽毛，尽管它们会逐渐地更换，而且从来不会完全没有羽毛，但这是一个使它们暂时脆弱的过程。自然选择将换毛的时间定在对鸟类整体繁殖成功风险最小的时期。

换毛通常是在繁殖季节结束日照开始缩短的时候开始的（记得我提到过性活动和日照的长度会触发换毛的发生），到秋天就结束了。但这里有一个悖论：如果你提前几个月太早把漂亮的新羽毛换上，等到春天来临的时候，它就会处于一种令人遗憾的状态。而且，如果隐蔽的地方不太多，就很容易成为捕

裸颈筋斗鸽，不像裸颈鸡，它们的脖子上确实有羽毛毛囊，甚至在那个部位长出羽毛！但是如果羽毛中含有红棕色的棕黑素，它们在发育完全之前就会脱落。只产生灰黑色真黑素的鸟类，或缺乏色素的白变症鸟类，都不可能表达裸颈的性状，尽管它们可能携带有这种性状基因。

食者的目标。然而，自然选择确保了换毛是有确定时间的，不仅仅是在对鸟的伤害最小的时候，也是在几个月后羽毛会处于最佳状态以吸引配偶。这是因为许多鸣禽（如束鸟、雀鸟和麻雀）引人注目的繁殖羽毛不是由新长出来的羽毛组成的，而是由更明艳的羽毛基组成，这些羽毛经历了冬天的磨损，当它们色彩微妙的羽毛边缘磨损后，更鲜艳的羽毛基会变得显眼。

羽毛不是唯一需要用到才有用的东西。牙齿同样是为了磨损而形成的，只有经过了严格使用的修正，它们才能继续发挥功能。在许多以人工饲料为食的动物园动物身上，牙齿甚至整个头骨的形态都因此发生了变化。

动物作为环境的一部分，在改变它们的条件下进化。为了保持它们最大的进化适应度，自然选择在一开始并不会产生完

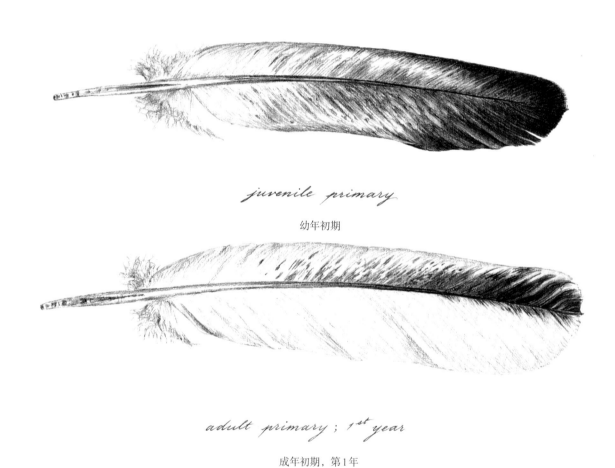

juvenile primary

幼年初期

adult primary; 1st year

成年初期，第1年

记得导致杏仁色花斑鸽子羽毛逐渐变暗的stipper基因吗？另有一个过程可以产生相反的效果——渐进褪色。在家禽和鸽子身上有斑驳或灰白的图案，羽毛上的白色尖端或斑点随着每一代羽毛变得更大或者更多，最终变成纯白的羽毛。

juvenile
幼年

moult 1
第一次换羽后

很有可能那个被称为伦敦花式的金丝雀"品种"——爱好者们的圣杯，被认为自20世纪初已经灭绝，它根本不能算一个品种，而是一个发生了快速渐进式褪色突变的种群。黑色的翅膀和尾巴是保留下来的幼年羽毛，与现在缺少黑色素的第二次产生的羽毛形成了鲜明对比。

美的功能性产物。如果真是那样的话，完美将是短暂的。环境是一个无法逃避的现实，因此，就像弓箭手将箭故意偏离目标射出以抵消风力作用一样，它被自然选择所整合，以产生在其影响下发挥最大优势的结果。

然而，有时候，风向会发生变化。

第四部分

选 择

第 10 章　契合的方方面面

在威尔士集市小镇阿伯加文尼，在诺曼城堡的废墟中隐藏着一个不起眼的当地博物馆。它收藏了一个充满历史气息的小镇上的各种珍宝，这些珍宝不拘一格，略带超现实主义色彩：罗马时期的文物、一个"二战"时期的防空掩体、各种服装、农具、几家商店的物品以及一个完整的维多利亚式厨房。在厨房里，一个木制的、用玻璃镶了正面的盒子里装饰着仿真花卉，盒子比鞋盒还小，里面有一只小小的狗填充标本。这只小母狗的名字叫威士忌，虽然它算不上是世界上最好的犬类动物剥制标本，但它确实是一只非常重要的小狗。

这只叫威士忌的狗是唯一仅存的转叉狗（turnspit dog）标本。除此以外这种狗没留下皮毛，没有骨架、没有照片，甚至也没有什么插图。它为什么存在？转叉狗是厨房用具，你不会去保存这样一个物品，就像不会委托画家为一个平底锅绘画。它们被训练成在一个小轮子里面跑，就像仓鼠喜欢的那种，通过一个简单的齿轮和传动装置系统，它可以转动烤肉，使之烤得均匀。如果这听起来不算很糟糕，请记住，轮子位于极不舒适的靠近火源的地方，而狗是不允许暂停下来喝水的。如果它们的步伐放慢了，总可以往轮子里扔几块烧热的煤来鼓励他们跑得快一点！纵观几百年的大英帝国历史，君主一任接一任，

当战争在欧洲大陆上肆虐，政治和经济的巨轮扭转世界格局的时候，人们仍需要吃饭，肉仍需要烤，厨房里的狗用来确保肉不会被烧坏。

转叉狗不是现代意义上的品种。把19世纪末以前的工作犬看作今天的纯种犬，这是一种误导。它们是广义的类型，不同类型的狗可以从同一窝小狗中选择出来，用于完全不同的目的。那些不幸被认为适合转叉的类型，只需要个体小并且短腿。（许多当代的报道形容它们有弯曲的腿和暴躁的脾气，但这些很可能是在轮子上生活造成的特质，而不是必要的！）然而，历经数代，一种典型的转叉狗进化出来了。

在参观阿伯加文尼博物馆之前，我多次看到过威士忌的照片，所以我来到这里的时候自信地以为它和其他的短腿小狗没什么不同——只是一只填充得很糟糕的小狗标本。从照片中真正得到某样东西的"感觉"是很难的。威士忌令我感到惊讶，它和普通的杂种狗完全不同，而且比我想象的要小得多。它是最后在转轮上奔跑的小狗中的一只，这个品种（或类型）很快就绝种了，像那个时期的许多其他体力劳动者一样，被一种维护成本更加低廉的机械发明所取代。

威士忌和它的同事们并不是唯一一种因为进步而面临裁减

这是威士忌，世界上唯一的一件转叉狗标本，它曾经在厨房里的一个小轮子上奔跑转动烤肉。转叉狗只是19世纪面临裁减的许多前工作动物之一。当一些种类遭遇灭绝时，另一些种类，作为纯种谱系的展示品种，进入了一种崭新而且非常不一样的进化轨迹。

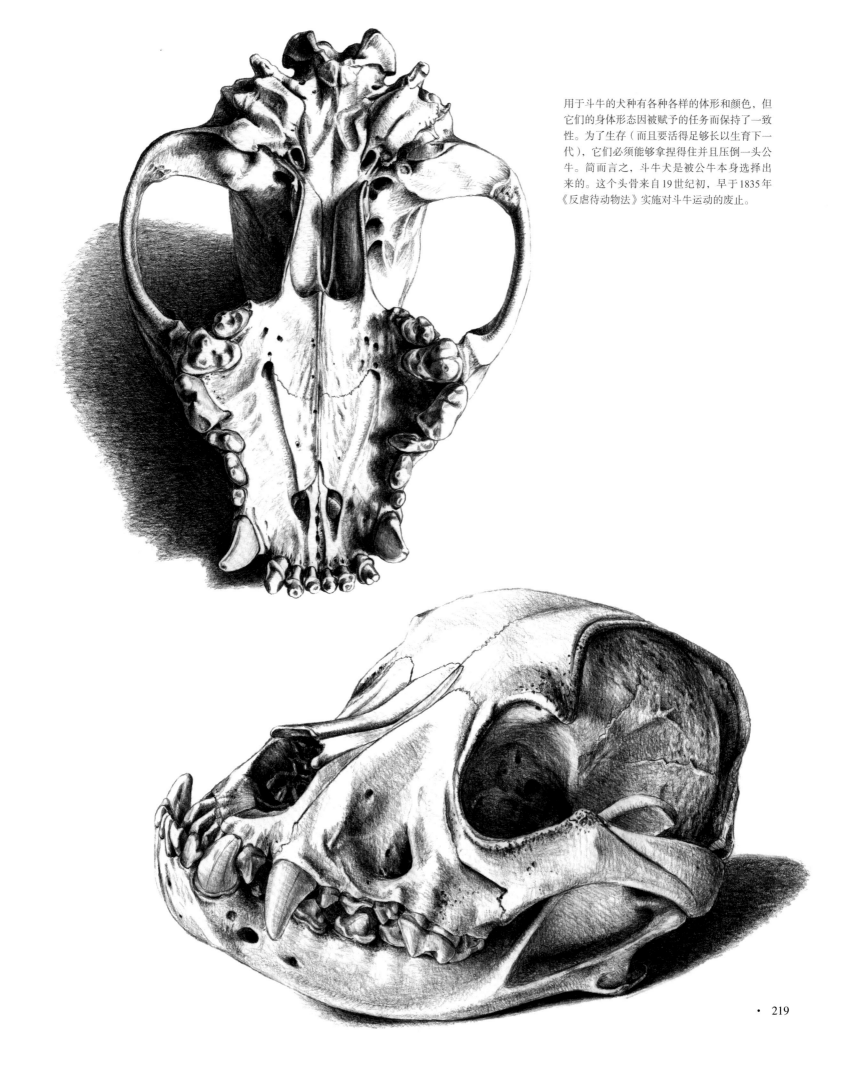

用于斗牛的犬种有各种各样的体形和颜色，但它们的身体形态因被赋予的任务而保持了一致性。为了生存（而且要活得足够长以生育下一代），它们必须能够拿捏得住并且压倒一头公牛。简而言之，斗牛犬是被公牛本身选择出来的。这个头骨来自19世纪初，早于1835年《反虐待动物法》实施对斗牛运动的废止。

将现代英国斗牛犬的头骨与219页19世纪早期的头骨进行比较，很难相信它们是同一个品种，甚至是同一个物种。将工作犬种从工作环境转移到展览环境，就像关掉加热器上的恒温调节器，看着温度渐次上升，一度高过一度。即使是出于好意，改变也是不可避免的。

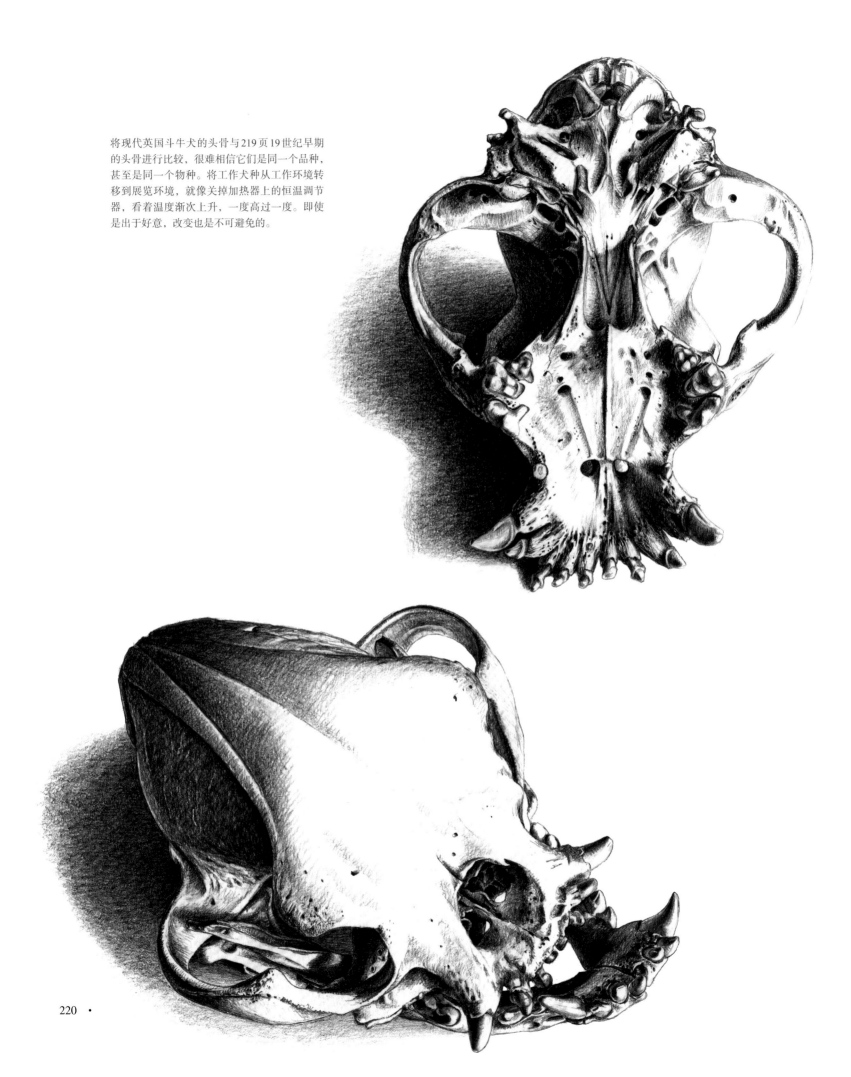

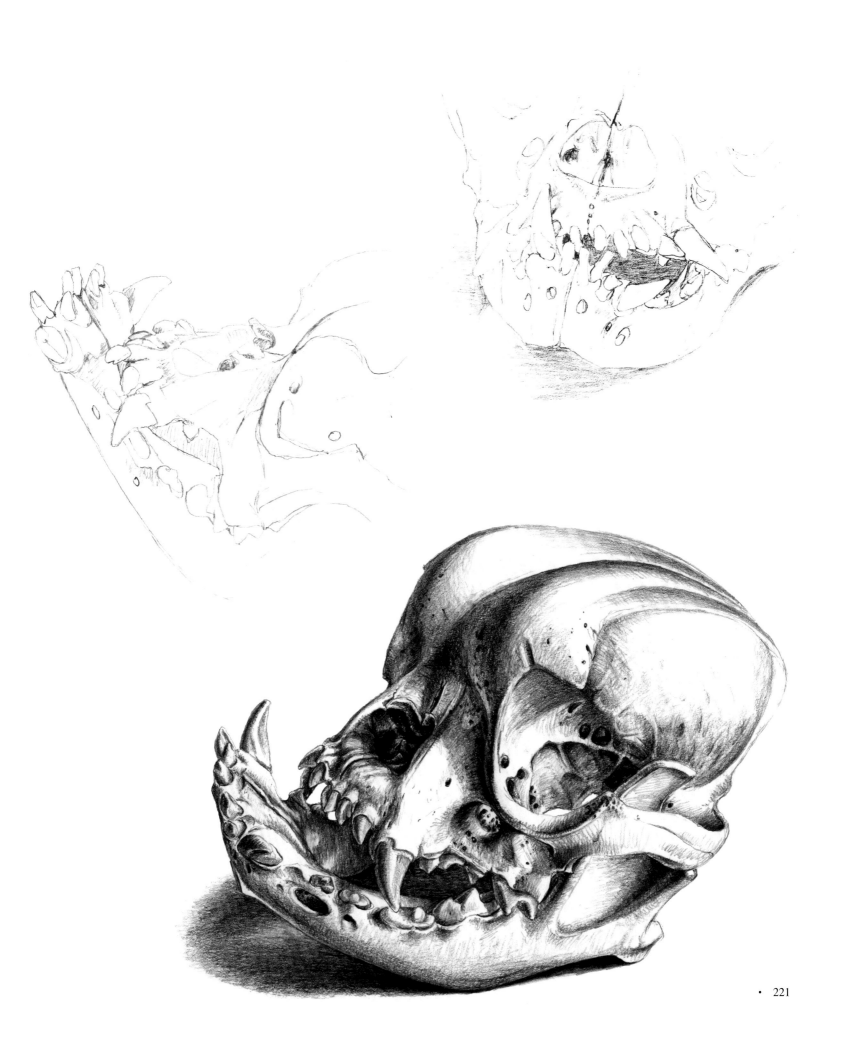

的驯养动物。具有讽刺意味的是，工作品种灭绝的主要原因之一是为了动物福利而通过的立法，特别是1835年的《反虐待动物法》，该法律至少在英国结束了诸如斗牛和斗鸡这类运动——随之也让参与这些运动的斗牛犬和斗鸡走向没落。

到1874年英国斗牛犬协会成立时，它们已经失业了39年，陷入严重的困境。爱狗人士迟迟意识不到他们认为丑陋、残忍的这种动物所具备的吸引力，因为它们简直就是社会下层的代表。就连对斗牛犬的勇气和坚韧印象颇深的著名美国驯狮师艾萨克·范·安伯格（Isaac van Amburgh）也不得不承认，斗牛犬"在其思想范畴上相当欠缺"。

工作动物为了某个目的被选择，除此之外不为任何目的。它们是高度专业化的进化产物，与复杂生态系统中的任何野生动物一样完美地适应它们的环境。人类最初对动物的选择只是开始。最终，成功和失败的区别在于动物完成分配给它们的任务的能力，而工作本身建立了一个上限，超过这个上限，进一步的改变就不再具有用途。

对一只在1835年以前工作的斗牛犬来说，这意味着，它有一个宽大、略微突出的下巴，可以咬紧公牛的口鼻，有能力保持对挣扎中的公牛的咬紧力量，鼻子往后长在颌部后面的位置，这样它就可以在坚持咬紧的同时继续呼吸，它有勇敢的性格，以及躲避牛角的敏捷性。虽然在整体的外观上有着巨大的变化，但它们全部都具有与公牛战斗并压制公牛的能力。任何被人类主人认为不合适的小狗都不会在被考虑之列。任何不太适合与公牛对决的动物，可能都不会作为种犬繁殖出自己的幼崽。换句话说，古老的英国斗牛犬是被公牛本身所创造并保持了其一致性的。

从公牛的角度来看，当面对着狗的时候，就已经没有回头路。无论结果如何，公牛都已到了生命的尽头，因此进化对卷入此种争斗动物的影响是完全一边倒的。公牛会停留在同样的状态，而斗牛犬会变得更善于制服公牛，直到它们达到效率的顶点，不再往前进化。因此，古老的英国斗牛犬的身体形态，像许多其他工作类型一样，可能几个世纪以来几乎没有变化，就像自然界的停滞状态一样——进化看似停止了，尽管事实上自然选择以同样的速度继续着，去除那些效率较低的变异个体。

当然，大家都知道，很多现在的工作品种和以前的工作品种会出现在展览表演中，也会被当作宠物饲养，所以你可能很奇怪，为什么我谈到了灭绝。想找到答案，可以将现代英国斗牛犬的头骨与19世纪中期以前的斗牛犬进行比较。很难相信它们是同一个品种，甚至是同一个物种。当环境发生变化时，也就是说，当它们不再需要再做任何工作时，塑造工作动物并使其保持始终如一的压力就会消失。将工作犬种从工作环境转移到展览环境，就像关掉加热器上的恒温调节器，看着温度渐次上升，一度高过一度。即使是出于好意，改变也是不可避免的。

对于那些仍作为工作一族的动物（如看门狗和猎犬），它们被纳入动物血统系谱展示世界，这代表了一个分支点，在这个分支点上，种群向不同的方向分化，指向了不同的终点，就像第2章讨论的系统发育树一样，工作动物沿着其中一条路径，变化即使存在，也非常缓慢，而展览动物沿着另一条路径，变化极其迅速。如果这种动物最初的用途已经被废止（如斗牛犬）或者无人问津（如转叉狗），系统树上的那个分支就可能会完全消失，或许只留下一个正在快速变化的品系。

动物爱好者们谈论了很多关于适合最初目的理论。也就是说，从理论上讲，为斗牛运动而培育的品种应该仍然能够挑逗公牛（尽管几乎每个人都认为不应该给它们这样的实际机会）。无论是否适合目的，都在展览犬和工作犬爱好者团体之间产生了裂痕，还带着某些敌意，特别是来自工作犬的阵营。我想说的是，在理论水平上一直保持适合那个目的是不可能的，你只能满足于勉强适合的状态。

不幸的是，试图将英国斗牛犬等动物的外貌恢复到其历史上一个更具运动性的时期，其最终效果只是成功地建立了新的少数品种，与现有品种竞争，而不是影响现有品种。它们的存在甚至可能将现有的品种推向更远的极端，从而确立一个明显的差异，就像两个新兴物种在繁殖上相互隔离一样。

一位名叫大卫·勒维特的美国犬类育种家，成功地重新创造了一个动物品系，它的外形与原来的英国斗牛犬相似，却没有它们那种凶猛的性格，他利用了历史参考资料小心地导

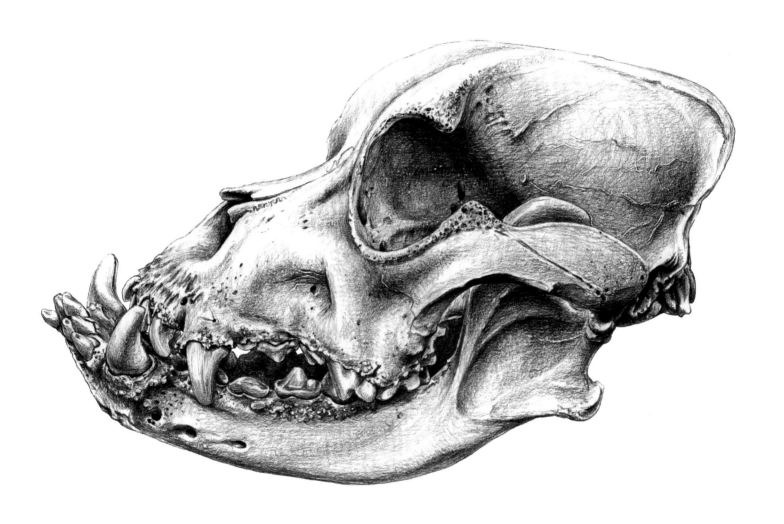

一位名叫大卫·勒维特的美国犬类育种家，成功地重新创造了一个动物品系，它的外形与原来的英国斗牛犬相似，却没有它们那种凶猛的性格。你甚至从这第一代狗头骨就可以看到，其构造是更接近理想的原始类型。勒维特斗牛犬，作为宠物，理所当然地在世界范围广受欢迎。

斗鸡是另一群工作动物，由于1835年的《反虐待动物法》而面临废止。幸运的是，人们对斗鸡的热情被家禽展览的时尚所取代。斗鸡爱好者分成了两个阵营。那些想开发斗鸡美学潜力的人，造就了一种优雅而精致的现代英国斗鸡……

……而纯粹主义者则认为以前的斗鸡品种在理论上应该
"适合目的"。他们制造了矮胖、宽胸脯的古英国斗鸡。
作为展览选择的结果，这两个品种都在持续变化，在与
历史对手的争斗中也不会维持很久。最初的英国斗鸡已
基本灭绝，它分别变成了两个完全不同的品种。

向他的研究。他把它命名为复刻版英国斗牛犬（Olde English bulldogge，尽管他后来被迫将名字改为勒维特斗牛犬，以避免与其他繁育者培育出来的品系混淆）。虽然勒维特斗牛犬作为宠物理所当然地在世界范围内广受欢迎，但不幸的是，为展览而培育的英国斗牛犬将无法从中受益，因为根据犬业俱乐部不可失去血统地位的规定，异交是不允许的。英国斗牛犬的变化只能通过修改犬种标准，以及通过展览评委的决定来实现，通过淘汰不合适的动物来有效地取代公牛的作用。谢天谢地，这个过程已经开始了。

狗是如此，家禽也是如此。在《反虐待动物法》颁布之前，英国流行的斗鸡，这种优雅却体格健壮的猎禽已不复存在。我们反而拥有两个奇特的品种，它们来自两个对立的爱好者流派：一个倾向于原始品种的美学标准；另一个则由纯粹主义者组成——你猜对了，他们想让他们的鸟儿符合其最初的目的。为了避免混淆，两个品种被赋予了不同的名称。近200年过去了，现代英国斗鸡（Modern English game）是一种体形纤细苗条的精灵般的生物，如果跟19世纪的斗鸡对手，战斗持续不了五分钟，而古英国斗鸡（Old English game fowl），至少在欧洲大陆的时尚中，是走向了极为相反的方向，其体形很像一个长了腿的保龄球（图中的古英国斗鸡和现代英国斗鸡都是体形较大品种的矮脚鸡变种）。

重量级的图拉鹅（Tula goose）是处在进化变化前沿的一个罕见的斗鹅品种，曾在俄罗斯和东欧许多地区流行。与斗鸡不同，斗鹅并不是一项真正的血腥运动，因为鹅很少会伤害彼此，但它在以前的大部分地区都被禁止。图拉鹅是完全从灰雁种禽繁衍出来的。它们就像相扑选手一样，靠巨大的体重战胜对手。它们体形巨大的特征以及又深又圆的喙让它们在美学上带有了某种后天获得的品位，在家禽展上看到图拉鹅是很不寻常的事情，尽管少数爱好者正在尽最大努力让这个品种延续下去。

把它们与另一种以前的斗鹅进行比较，这个品种来自德国：施泰因巴赫尔鹅，在第1章中曾提到过。与图拉鹅不同，施泰因巴赫尔鹅没有表现出任何明显的争斗适应性，它们还有一个额外的优势，那就是呈现出一种被称为"蓝色"的另类颜色——一种稀释的形式，这使它们成为爱好者非常期望拥有的鸟儿。也许它们的争斗风格不同于图拉鹅；或者它们的混血祖先来自灰雁和体形颀长的鸿雁，使它们具有优雅的外表；又或许，用于展览的施泰因巴赫尔鹅和用于斗鹅的施泰因巴赫尔鹅早就分道扬镳了。

正如我们在斗牛犬和斗鸡身上所看到的，即使图拉鹅作为一个展览品种受到欢迎，但在不同的选择标准下，它们肯定会沿着一条或多条新的进化道路分化，要么变得更加高大强壮，要么更加优雅，甚至两者兼而有之。

在19世纪早期，展览动物的流行与《反虐待动物法》的通过差不多在同一个时间，这不是巧合。人们喜欢与动物之间有关联，如果他们不能把它们关在一起互相打斗作为运动，他们会拿它们去做其他的娱乐消遣活动。在公共场所里观看斗狗或斗鸡的聚会，如今被从美学角度来评判最优秀的狗或公鸡的比赛所取代。女士们同样会在客厅这样更优雅的环境中展示她们的陪伴犬。没过多久，就有了为不同种类的给狗安排的课程。狗展和家禽展成了最风靡的新热潮，人们以天文数字的价格购买稀有或奇异的样本，众多的欺骗狡诈行径给展览带来了额外的趣味。很快，人们对几乎所有的家养动物都产生了浓厚的兴趣。

除了通过杂交故意创造的新品种外，已经有许多种类的动物可以满足越来越多的爱好者们的需求，其中很多是新成立的品种协会正式认定的工作品种。关于能够定义它们的品质特征应该是什么，会有很多讨论，最终会有一个标准被写出来，然后根据这个标准来评判这个品种的所有动物。

这一切都是出于好意，至少在理论上，似乎是保存和维持每个品种特性的完美方式。然而，这种计划存在许多缺陷，必然会在实际上产生相反的效果，尤其是品种标准本身。书面描述，就其本质而言，相当模糊并且可以有多种解释。它们也可以更改，就像大棒上的胡萝卜一样，有效地让目标保持在遥不可及的状态。具有讽刺意味的是，正是设计来规范动物外观的那套系统，实际导致的效果却是从另外的方向去"追求它们"。

其结果是快速的进化，所以这个解释必然是进化角度的解释。这场竞争与第3章讨论的孔雀开屏的性别选择相似，或者与猎豹和瞪羚之间的捕食者/猎物"军备竞赛"相似。当一个单一的生态关系对竞争对手施加如此大的压力，将它们置于进化的超动力下，在一个自我持续的变化失控的过程中不断提高每一代的竞争水平时，就会发生这种情况。只要最成功的动物继续在基因库中产生最多的后代，这个过程就会继续有增无减。为竞争而繁殖的选择力量实在是不可小觑，而且肯定是动物界最强大的进化力量之一。

我必须在这里就"自然选择"一词说几句话，因为它至少有三种不同的用途，这可能会让人相当困惑。在其最广泛的意义上，正如达尔文所想的那样，自然选择可以用来指代第3章中给出的等式所总结的整个进化过程：随机的遗传变异＋非随机的选择＝进化。或者它也可以专门用来指代方程中的选择这个部分，特别是当你想把它与人工选择区分开来的时候。但是，正如我们已经看到的，选择也不是那么简单，进化的适应有许多方方面面，其作用的力量有时还会相互对抗。

第三种是用它来指代环境因素的总体影响，以区别于性相关的或者军备竞赛选择的失控过程。在这种语境下，自然选择是由环境的各个方面产生的多方力量构成的网络，它影响着整个生态系统。相比之下，失控选择（runaway selection）是相当二维的，在物种内部或物种之间的特定关系上起作用，将它们推向更大的极端。

这两种力量（第三种语境下的自然选择，以及失控选择）通常是对抗的。最终会达到一个平衡点，通过直接的自然选择，以捕食者或能量需求的形式，使失控选择受到控制。超过某一点，个体就无法成功繁衍。出于这个原因，人们很容易认为失控选择是一种创造性的建立过程，用以平衡自然选择的侵蚀性影响。然而并非如此。像性选择以及捕食者/猎物军备竞赛这样的失控过程，只是同一进化规律的高度特殊化的形式：是一种消除变异的方式。

驯养的动物，至少在一定程度上受到保护而免受自然选择的损害，它们的生存与野生动物相比拥有更大的缓冲空间，这意味着它们可以被推向更大的进化极限。这就引出了进化能走多远的问题。例如，马的整个解剖学结构和生理学过程，经历了数百万年的发展，已非常适应持续的高速奔跑，而赛马则作为另一个失控选择的例证磨炼了这种潜力。通过选择性育种，普通赛马的运动潜力显著提高，缩小了最快的马和最慢的马之间的差距。其净效应是进一步推动竞争水平的提高。

正如预期的那样，纯种赛马遭受骨骼损伤的比率越来越高，与平坦的赛道相比在有跨栏的赛道上尤其如此。新创的纪录越来越少，人们普遍认为赛马比起50年前的耐力更差。这只是相隔只有很少几代的马，如果你认为选择应当不断提高它们的表现，这很可能是一个非常迅速的衰退。无限地打破速度纪录是不可能的，在某种程度上，必会到达进化的平台期，而纯种马也许已经到了不可能跑得更快的极点。

尽管对于驯养的动物可能有所缓冲，但它们仍然受到自然选择的影响。的确，坚固的围栏和严格的卫生措施能将狐狸和细菌阻挡在外，但狐狸和细菌依然是导致鸡死亡的主要原因。绵羊仍旧死在雪堆里，赛鸽照样被游隼杀死。这些不一定是随机的事故，生存下来的动物，是因为它们能够生存。那些没撑住的动物在竞争中效率偏低。当所有这一切都在进行的时候，人类主人正独立地实行他们自己的人工选择，有时与自然选择相反，有时与之一致。有没有想过，狐狸怎么会有那么神奇的本领，能把你最棒的展鸟叼走？虽然这看起来像是一个令人恼火的索德定律[46]的例子，但更有可能的是，这些个体变化得最厉害，相对而言最容易被捕食。狐狸捕食的选择性影响和人类主人为展览而繁殖的选择性影响是以对立方式运作的（好吧，索德定律可能也有一个因素在起作用）。

另一方面，热衷于赛鸽的人们希望飞得最快的鸟儿同时具有最好的归巢本能。游隼（几千年来它一直在努力担当完善赛鸽野生祖先的速度和敏捷性的任务）想吃任何它们能捕捉到的鸽子，所以二者都在朝着同一个目标努力，尽管我还没有遇上任何一个这样认为的赛鸽育种者。游隼并不希望鸽子飞得又快又敏捷，但通过把速度较慢的鸽子吃掉，它们实际上正是将鸽子将来的后代朝着这个方向驱赶。尽管鸽子肯定也不想被吃掉，但它们同时也无意中确保了只有飞得最快、最敏捷的游隼才能

将其基因遗传给下一代。游隼和鸽子有着相似的空气动力学构造，这绝非偶然，尤其是竞翔荷麦鸽（在第4章有图片），有着肌肉发达的胸部、短尾和粗壮的尖翅。再提一次，这是一种军备竞赛。

对达尔文来说，自然界中各种各样的选择所带来的明显冲突的力量仍然不清楚，特别是在性选择方面。例如，许多种类的雄鸟色彩鲜艳的羽毛似乎与他对生存斗争的理解相矛盾。如此奢华的装饰确实相当于随身带着一个大招牌，上面写着"吃我"。尽管达尔文意识到，如果这些缺点可以让后代的数量增加，那么这些缺点就会被抵消，他还没有准备好理解这种非适应性特征的涡旋是如何形成的（这一过程是由雌性偏好驱动的，其中的真相必须等到罗纳德·费希尔[47]在20世纪30年代取得研究成果）。"孔雀尾巴上的羽毛，"达尔文抱怨道，"每当我盯着它看的时候，都会感到难受！"

重量级的图拉鹅是处在进化变化前沿的一个罕见的斗鹅品种。与斗鸡不同，斗鹅并不是一项真正的血腥运动，因为鹅很少会伤害彼此，但它在以前的大部分地区都被禁止。即使图拉鹅作为一个展览品种受到欢迎，它们肯定会沿着一条或多条新的进化道路分化，要么变得更加高大强壮，要么更加优雅，甚至两者兼而有之。

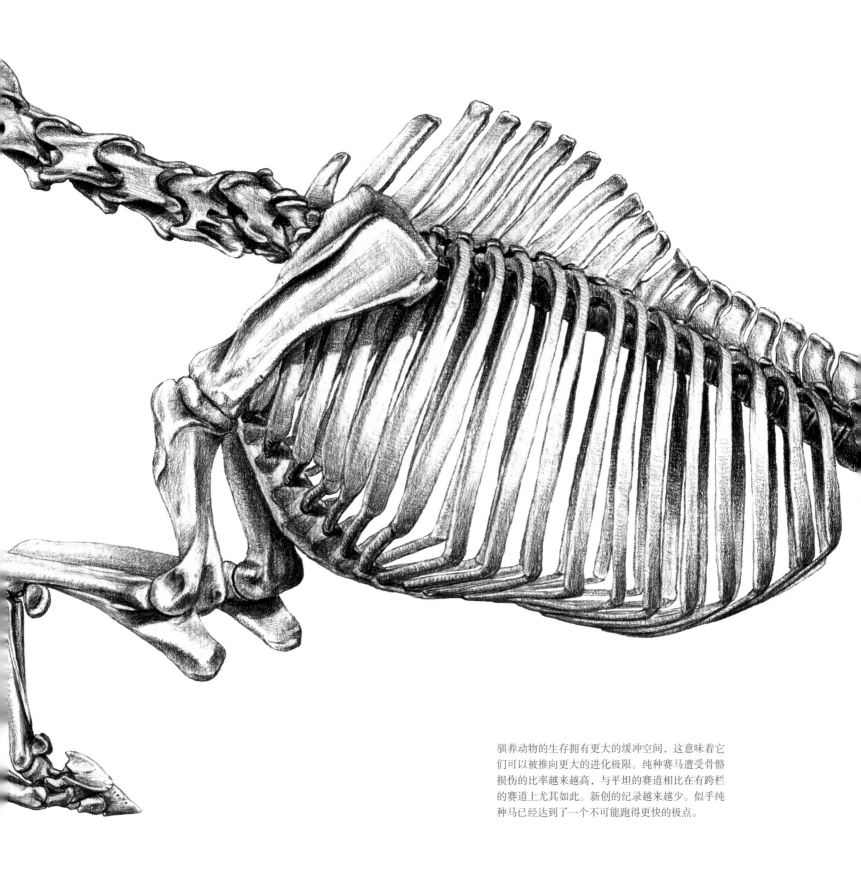

驯养动物的生存拥有更大的缓冲空间，这意味着它们可以被推向更大的进化极限。纯种赛马遭受骨骼损伤的比率越来越高，与平坦的赛道相比在有跨栏的赛道上尤其如此。新创的纪录越来越少。似乎纯种马已经达到了一个不可能跑得更快的极点。

达尔文认识到，通过他所称的"有意识的"人工选择创造和改良品种，与"无意识的"选择，亦即对有吸引力的、易驯服的、生育能力强的动物的无方向性偏好的选择，这二者之间是有明显区别的。但他实际观察到的是，与正常生态环境下自然选择相比，相当于进化中非常快的失控过程。激烈竞争的育种家们，就像雌孔雀一样，追逐着难以捉摸的目标。

自然选择和人工选择的主要区别在于，自然选择缺乏远见，只作用于当下环境中对单个个体有利的品质。每一步都必须提供一种优势，并在竞争中取得成功。相比之下，人工选择可以提前做计划，甚至可以预测后代的基因型。

想象一下，一个石雕工正在凿一块大理石。他会受到大理石比例的限制，幸运的是大理石相当大，他的工具只允许他切削而不允许他把碎片粘到上面。现在他可以采用不同的方法。他可以随着进程依据"效果"来弥补，也可以提前计划，小心地在他想安排雕像的手臂和头的位置留下足够的完整大理石。这两个都是移除的过程——没有往上面粘贴任何额外的小石块，但一个过程带着预设的目标，而另一个则没有方向（无方向性并不等同于随机性）。这就是无意识和有意识人工选择的区别。事实上，就如雕刻师的事先规划那样，在人工选择中所做的大多数定向规划都是在最后时刻完成的，数百万年的自然选择已经设定好参数。当然，这个类比纯粹就是比喻。进化过程的那个石雕工只是去除了那些功能不如其他的东西。

在培育一个与野生祖先已经隔离很远的品种的过程中，找出选择的力量往往是一项挑战，尤其是因为它可能已经适应和对抗适应不同的结局有很长的时期，就像在自然界里面一样。达尔文对印度跑鸭的起源感到特别困惑，它们当时被称为"企鹅鸭"，因为它们有直立的姿势。现代的展览跑鸭有酒瓶状的身材（这可能是我特别喜欢它们的原因），与绿头鸭的水平姿势相比非常垂直。它们很古老。据称，爪哇岛公元9世纪的婆罗浮屠神庙的墙壁上有它们的雕像，所以它们的体态逐渐旋转了90度的原因永远无法确定。人们因此去猜测。猜测的结果通常涉及有意识地决定创造出这种形状的鸭子，而不是这种形状是无意识选择性压力的偶然结果。

在它们的故乡印度尼西亚（它们名字的"印度"部分不是专称，泛指任何东方的事物），畜牧业的方式可能在几个世纪里变化都不大。它们晚上被关在笼子里，每天成群结队地被放到稻田里进食。它们被训练成跟随着绑在竹竿末端的彩色布条，就像一群游客跟着导游一样。它们的身高使它们在高大的植被上很容易被看到，所以人们通常认为这种直立姿势被选择就是这个原因。然而，水稻比绿头野鸭高出许多，所以为了这一目的去开始有意识地选择稍微直立一些的个体需要相当有远见的想法。另一个推测是，高个子的鸟比矮个子的鸟能更好地捕到昆虫，但是同样，除非食物摄入量的微小差异影响到它们的繁殖能力（记住这些是圈养的鸟，通常不会挨饿），否则这对选择几乎没有影响。也许个子更高的鸟能发现正在接近的捕食者？但它们也会被捕食者们发现。

对我来说，最合乎逻辑的进化路径不是刻意去选择外表，而是因为持续的行走而受到无意识地选择。野鸭最初是为了在浅水中游泳和涉猎而进化的，而不是为了长途跋涉。尽管如此，赶鸭人还是带领着成群的跑鸭，一次次跟随着挂着招眼的破布条的竿子，旅程累计长达数月。拖了后腿的跑得较慢的鸟会更容易受到伤害，它们并不讨喜，而且如果跑累了，会更容易被捕食者和赶鸭人抓住当成晚餐。渐渐地，鸭子的基因池（我喜欢一池子鸭这个想法）会有更多直立的鸟，它们的姿势更适合徒步长途旅行。

然而，任何在印度尼西亚以外见过体态竖直的展览跑鸭的人都会同意，它们走路相当笨拙，步子很小。这里的线索是"印度尼西亚以外的地方"。体态相对没那么直立的那些仍然在稻田里觅食的鸭子正处于最佳性能状态，几个世纪以来，它们看上去可能都是这个样子的，几乎与那些为展览而饲养的鸟没有相像之处。再一次，这一切都归结于选择类型的差异，一方面是功能性的，自我稳定的适应，而另一方面，是自我持续变化的失控过程。

对达尔文来说，跑鸭的问题不仅仅是创造了它们的那种选择压力，还有它们原始野生祖先的身份。在测量了几百件鸭子的骨架后却一无所获，是卷曲的尾羽最终解决了问题。在所有的野生鸭种中，只有绿头鸭有卷曲的中央尾羽。因此，任何有卷曲尾羽的家养鸭，即使像跑鸭这样不寻常的鸭，也很可能（尽管不一定）是绿头鸭的后代，这似乎是符合逻辑的。

自然选择从最广泛的意义上，从达尔文学说的角度讲，是一种不可抑制的力量，正如我在本书通篇所强调的那样，对最微小的变化高度敏感。令人吃惊的是，选择压力的放松，甚至是选择重点的无意识转变，竟能以那么快的速度产生效果。例

如，绵羊往肉用方向改良的选择总是以牺牲羊毛产量为代价。达尔文描述了（最初是由他的同事、兽医威廉·尤亚特观察到的）两群羊，分别属于相邻的两位农场主巴克利先生和伯吉斯先生。这两群绵羊都是从罗伯特·贝克威尔的著名的新莱斯特羊（New Leicester）品系中获得的纯种绵羊群中分离出来的，然而仅50年内，它们的外表已经分化得如此之大，以至于像两个完全不同的品种。这不是一个孤立的例子，我敢肯定，今天

达尔文对野鸭很感兴趣，尤其是它们原始野生原种的身份。是卷曲的尾羽最终解决了问题。在所有的野生鸭种中，只有绿头鸭有卷曲的中央尾羽。因此，任何有卷曲尾羽的家养鸭，即使像跑鸭这样不寻常的鸭，也很可能（尽管不一定）是绿头鸭的后代，这似乎是符合逻辑的。

的许多动物爱好者都有类似的故事可讲。

丈夫在荷兰有两个养鸟的朋友，他们都养着一种稀有的来自土耳其的鸽子，叫库姆鲁鸽（Kumru），是几种被称为"笑鸽"（laughers）的鸽种之一（我们也养它们，它们真是令人快乐）。笑鸽不是像其他鸽子一样有节奏地咕咕叫，它们会笑。事实上，这声音就像一群歇斯底里的长臂猿在一起说笑话。在它原产地的土耳其，库姆鲁鸽被选中仅仅是因为它们笑的频率。声音本身是一步突变的结果，不太会受到更进一步变化的影响，但选择可以导致鸟类不断地笑，它们在鸽舍里互相刺激，一整天不停地咯咯大笑。丈夫的两个朋友一开始都是从土耳其直接

进口叫声很大的鸟。虽然两人都喜欢这种叫声，但其中一人持续只从叫声最连贯的鸟中繁殖，而另一人则更喜欢脸上白色的斑纹，他容许自己对最具吸引力个体的偏好影响到他的选择。几年后，当丈夫再次来到鸽舍时，那个鸽舍大部分时间都是安静的，而另一个朋友的鸽子，从黎明到黄昏连续不断的叫声掩盖了所有其他的声音。

去参观一个花式鸽展览，你会看到无数不同的装饰品种被描述为"翻飞鸽"（rollers）和"筋斗鸽"（tumblers）。还有"高飞鸽"（highfliers）和"环飞鸽"（ringbeaters）。就像第4章讨论的信鸽和赛鸽展览品种一样，这些只是名义上的表演品种。

对于正在表演的翻飞鸽或筋斗鸽来说，其任务就是以紧密集结的鸽群或者"整体"飞到高空，然后从空中坠落，几秒钟后又再次飞起。在行家眼中，这种表演效果是令人印象深刻的。再一次，要想培育出能够始终如一地出色完成这项任务的鸟，需要坚定不移地进行选择。选择松懈哪怕只有几代，对某些行为的强化也会同样松懈。

表演飞行已经经历了好几个世纪（在远东地区，人们曾经流行在鸟身上附上能在风中振鸣的小哨子，当鸟儿飞翔时随风发出哨声）。尽管仍有许多飞行品种被保留下来供表演使用，但这些品种往往与为展览而培育的品种完全不同。人们的偏好也在很大程度上分离了，形成赛鸽爱好者、表演爱好者和展览爱好者等不同的团体。

鸽子是高度群居的，所以很正常地会吸引其他鸟群的鸟，然后将它们一起带回自己的鸽舍，因此鸽子爱好者会由此丢失或者得到鸟儿。故意引诱邻家的鸟儿，然后再把它们卖回给他，这都是乐趣的一部分，有几个品种，统称为"盗鸽"（thief pigeons），它们对异性有着不可抗拒的吸引力，是专门为此目的而培育的。丈夫告诉我，他年轻时在海牙看到一家宠物商店，在那里，鸽主人可以买回自己的鸟，我敢肯定，在鸽子飞行广受欢迎的其他城市也会有这样的商店。

偷鸽子的行为并不总是以这种无伤大雅的幽默方式进行。在中世纪及以后的西班牙和意大利，尤其是摩德纳市，结了世仇的特里加涅利黑帮，被同时代人描述为"一群放荡不羁的家伙，沉迷于赌博和放鸽子"，绝不放过任何恐吓对手的机会，以杀死被盗的鸟儿并拿它们的尸体示众等手段，甚至把小瓶火药和一根点燃的导火索系在一只鸟上，然后放它跟着它合法主人的鸽群一起飞回去！

看着现代的展览摩德纳鸽（Modena pigeon），很难想象它们曾经的暴虐历史。它们看起来很像一只矮胖的小鸡，笔直的两腿分得很开，身体水平，短尾巴往上竖起。展览标准偏爱大型鸟类，因此现代展览摩德纳鸽的体形远远超过了原来的小型飞行鸽，给它们的骨架增加了过多的重量。但对它们的表演性能的要求却很低。展览摩德纳鸽的吸引力在于它们的色彩。到

19世纪末，它们已经出现过152种颜色了，而且现在它们的变种比任何其他鸽子品种都多。

重要的是要记住，99%的动物对某项任务的能力都是它的野生祖先所固有的。狼追踪猎物数英里，包围它，并经常与竞争对手搏斗。因此，人类只是通过产生专门跟踪、放牧和打斗的狗来调整这些特征，以达到不同的目的。通过选择性育种，它们不仅增进了对所需性状的本能，而且抑制了相反的本能。指示犬并不是有意为了它们的主人而进行指示运动的。它们只是延长了所有的狗（无论是野生的还是驯养的）在猛扑之前都会犹豫的那种状态，而从不猛扑上去。

在另一个例子中，一些鸡和鸭的品种比其他品种有更好的产蛋能力。抱窝孵蛋是鸟类的本能，但如果选择不太喜欢蹲窝的母鸡，你就可以有效地培育出一种每天都能陆续产蛋而从不打算孵蛋的品系。产蛋品种正是通过选择那些很可能是最糟糕母亲的母鸡而产生的！

自然的力量——气候条件、吃与被吃、求偶行为，以及幼小的动物，不同生命形式的复杂相互作用，还有它们所构建的建造物，这些都是我们感兴趣的东西，我们观看探索频道或者朝窗户外面察看，我们一致认为进化确实是一件了不起的事情。一个关于微小突变的电视节目可能不会吸引那么多观众。出于这个原因，人们很容易忘记自然选择中的选择因素只是等式的一半。尽管选择很神奇，但它只能在可用的变异上起作用，而且，为了使某种变异形式获得成功，它必须在正确的时间和地点、在一个允许其蓬勃发展的环境中发生。

在第8章讨论过的"双肌肉"突变肯定是发生在达尔文有生之年的肉牛身上，农学家很快就认识到了它的潜力。然而，那个时机根本就不对。它们巨大的肌肉群是由正常牛的骨架支撑的，这使得双重肌肉的动物在体质上很脆弱，而生下如此庞大后代的困难程度也阻止了19世纪的商业开发。对于肉类工业来说，很幸运的是，当兽医学能够应对这一挑战时，这种突变再次发生了。

我们参观了比利时的一个农场，双重肌肉的比利时蓝牛公牛的精液在那儿被用来给正常的母牛授精，以此生产肉牛。这

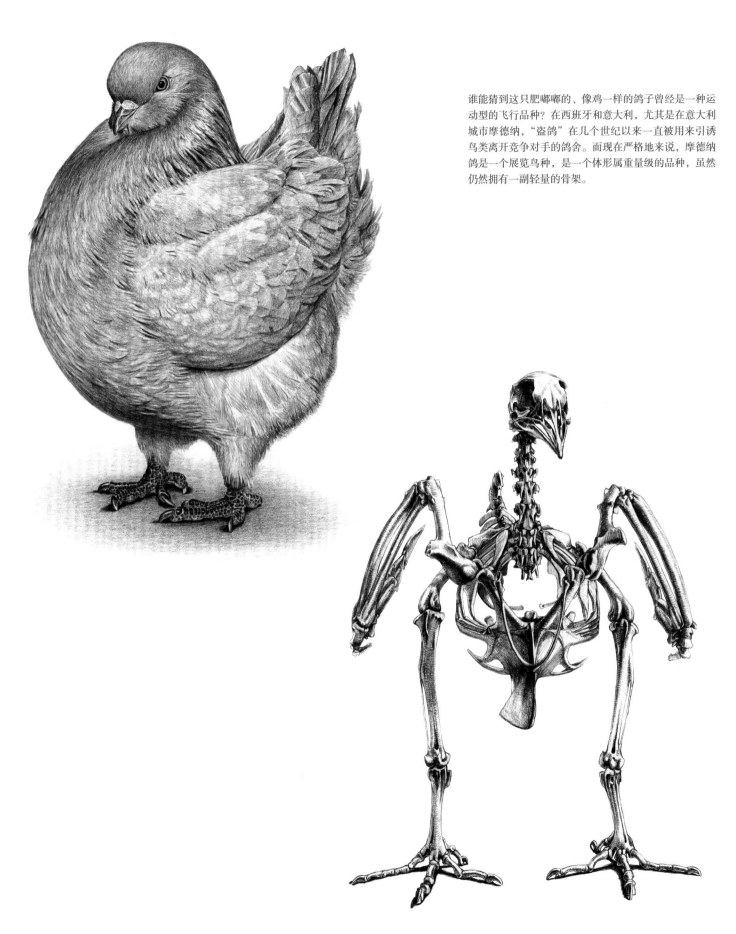

谁能猜到这只肥嘟嘟的、像鸡一样的鸽子曾经是一种运动型的飞行品种？在西班牙和意大利，尤其是在意大利城市摩德纳，"盗鸽"在几个世纪以来一直被用来引诱鸟类离开竞争对手的鸽舍。而现在严格地来说，摩德纳鸽是一个展览鸟种，是一个体形属重量级的品种，虽然仍然拥有一副轻量的骨架。

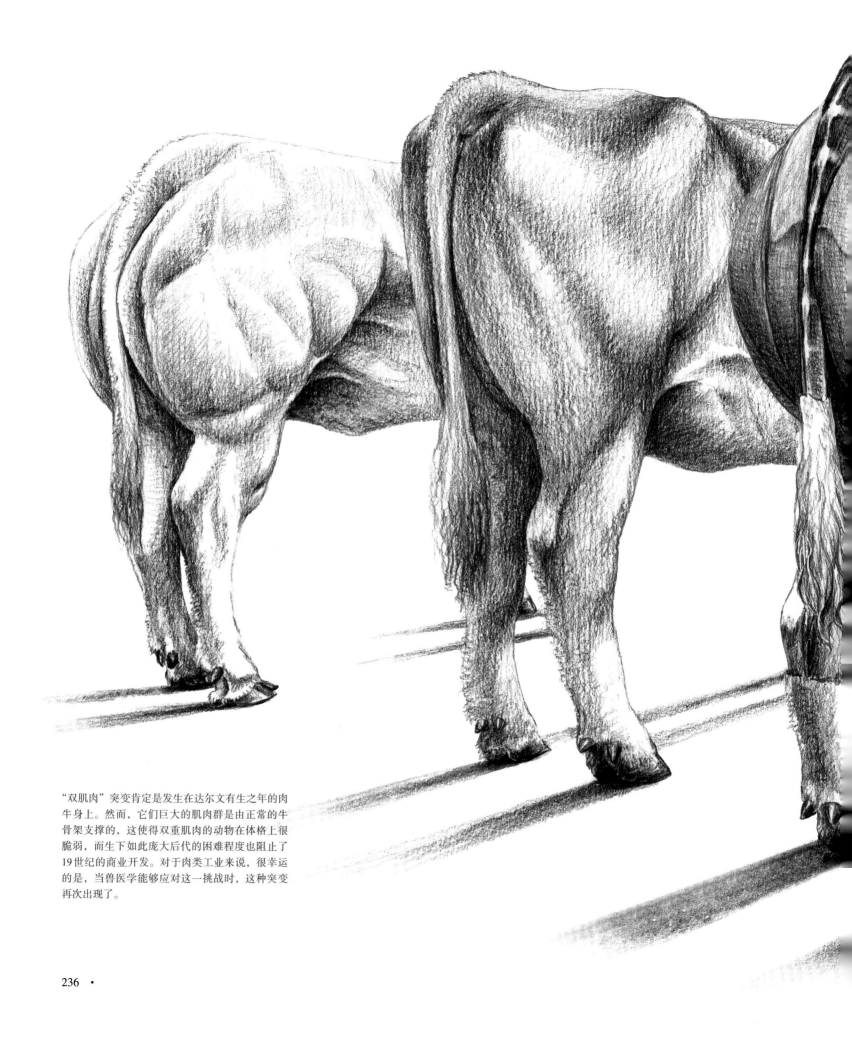

"双肌肉"突变肯定是发生在达尔文有生之年的肉
牛身上。然而，它们巨大的肌肉群是由正常的牛
骨架支撑的，这使得双重肌肉的动物在体格上很
脆弱，而生下如此庞大后代的困难程度也阻止了
19世纪的商业开发。对于肉类工业来说，很幸运
的是，当兽医学能够应对这一挑战时，这种突变
再次出现了。

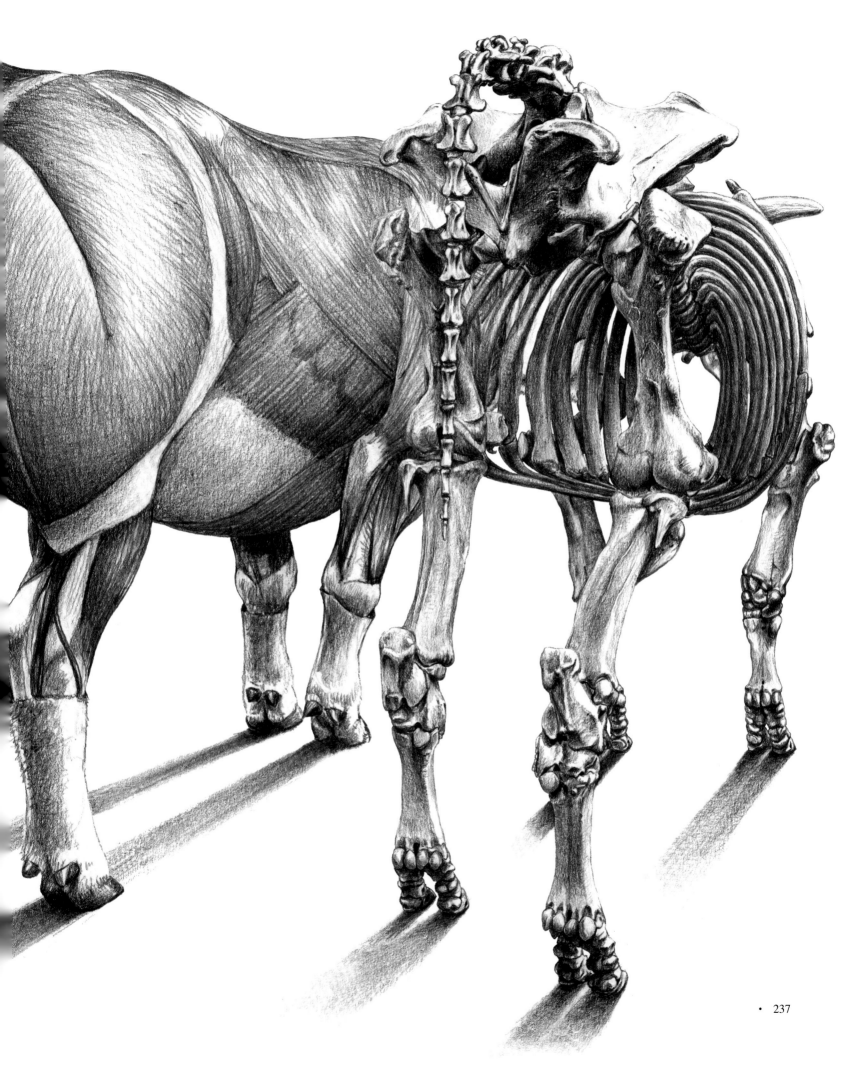

没有人能否认这两个金鱼品种——右边的土佐金（Tosakin）和左边的布里斯托尔朱文金（Bristol shubunkin）——都很漂亮。但是，华丽的鸢尾花形状的土佐金鱼尾，其理想的观赏角度需要从传统角度（从上往下）看，而从侧面（玻璃水族箱）来看，可以真正欣赏到布里斯托尔朱文金所有绚丽的姿彩。然而，玻璃水族馆只是金鱼养殖文化史上的一种新发展。在人们以这种方式欣赏鱼之前，又曾错过了多少美丽的变种？

项技术是目前最先进的。当母牛接近分娩时，检测其荷尔蒙变化并做出反应的传感器会自动提醒兽医，他会在适当的时间到场进行剖宫产手术。虽然这是不自然的，但这种方法造成的伤亡远远少于自然分娩，即使是正常大小的牛犊。

有一个不那么商业化，却更具有艺术美感的例子，你只需要往水里看看。问题是怎么去看？从一条鱼的角度来看，在水下世界被人欣赏之前经历了令人惊讶的漫长时间。在19世纪后半叶以前，水生生物的插图总是描绘它极其难受地被拖上了岸，而更富有想象力的演绎则是把鱼类或已灭绝的海洋爬行动物摆在水面上在波浪之间摇头摆尾。那时人类的想象力根本没有以任何其他方式设想过水下动物。即使材料和技术水平已经可以用来建造水密性很好的玻璃箱，它们最初的流行形式是华德箱（Wardian cases）——小型、封闭、能够自我维持的仅栽培植物的小花园。直到人们对养蕨类植物的狂热劲过去之后，水族箱才崭露头角。

尽管如此，在池塘和浅陶缸中饲养淡水鱼已经有几个世纪了，特别是在中国，颜色变异的野生银青铜色的银鲫（Prussian carp）导致了驯养金鱼的发展。进一步的突变又产生了两侧呈扇形展开的双尾、浑圆的身体，或者大大的水泡眼，从俯视的视角很容易欣赏到，尤其是饲养在浅缸里的动物。有些品种从这个角度看起来确实更好看。例如，美丽的土佐金（Tosakin，日本品种），它的双尾与上缘相连形成单个卷曲的鳍，在身体周围呈半圆形伸展，形状就像观赏植物鸢尾的花朵。在1945年"二战"对日本的空袭和次年的地震中，土佐金几乎全部覆没。它能够继续存在完全是因为一位爱好者坚定不移的信念，他想方设法到处寻找，在一家餐馆里找到了六条鱼。很幸运，餐馆老板愿意用鱼换一瓶日本甘薯烧酒——烧酎！

但观赏金鱼有许多奇特的性状，比如没有背鳍，身体宽厚或背部隆起，或是形状精致的单尾，还有许多颜色和花纹，只有在玻璃水族箱里从侧面看才能完全欣赏到。驯养金鱼的丰富多样性得益于历史上人们对它们不断变化的观赏方式。或者，换个角度来看，谁知道在19世纪之前，有多少奇妙而美丽的金鱼突变体被忽视了，有多少潜在的新变种只是因为人类文化还没有为它们做好准备，曾经出现过又因被无视而消失了？

第 11 章 各种各样的孤岛

那只马恩岛猫，它这样说：
"哦，诺亚船长，等一等！
我会抓老鼠来感谢你
并为迟到付代价。"
于是猫钻了进去，但是哦，
它的尾巴慢了一步！

根据 1927 年底特律自由新闻报社发行的《女孩和男孩》杂志（*Girls' and Boys' Own Magazine*），这就是马恩岛猫没有尾巴的原因。这是一个很棒的故事。雨开始下了，跳板已经拉起来，猫不得不在最后一刻冲上方舟，哄骗诺亚放它过去，但它的尾巴在关门时被夹掉了，它为迟到付出了代价。

始于 1845 年的另一种解释称，马恩岛猫是猫和兔子的杂交后代，由此产生了虚构的"猫兔"（cabbit）。而第三种解释，正如你可能记得在第 4 章中所述的那样，固执地认为仅因为意外失去尾巴就能导致正常猫生出无尾小猫。

我最喜欢诺亚的这个版本。一部分是寓言故事，另一部分是"原来如此的故事"再添点油加点醋（我喜欢所有关于船和大海的故事），关于大洪水的描述一定是每个人都爱听的故事。当然，如果你还记得奥古斯特·魏斯曼在小鼠身上的实验，就会知道，无论动物的尾巴发生了什么而导致它们与身体分离，可遗传的尾巴缺失都是随机突变的结果。尽管从此之后再也没有尾巴，马恩岛猫仍然生活在岛上，尤其是在它得名的那个岛：马恩岛，位于英格兰和爱尔兰之间的爱尔兰海中。

探究为什么豹子身上有斑点、为什么大象长着长鼻子是非常值得称赞的做法，特别是如果你对进化感兴趣的话。然而，答案很少会像我们希望的那样直截了当。斑点和象鼻之类的东西可能适应特定的用途，但它们之所以存在是因为豹子和大象的祖先为之铺平了道路，而最初，这些特征以及自然界中所有的其他结构（如羽毛和花朵）可能与现在有着非常不同的功能。诚然，纯粹出于审美原因，许多非适应性的性状在驯养动物中会受到人类主人的青睐。或者可能并没有任何理由。不同种类的动物的存在就是因为它们能够生存。并非自然界中的一切都属于适应。

以缪尔福特猪（Mulefoot hogs）为例。与其他猪通常的偶蹄不同，缪尔福特猪（缪尔福特可不是"骡蹄子"[48]）有一个像马（或骡子）那样的单蹄。这是由两个中央趾骨的部分融合导致的，这两个趾骨被一片而不是两片趾甲覆盖，有时在趾骨连接处的中间会有凹陷。缪尔福特猪最初饲养在密西西比河谷的沼泽地中，因此很自然地（尽管完全错误）认为由此产生的宽

在整个非洲大陆的无数部落群体中，牧民们对保持他们特定的牛种感到无比自豪，每个品系的牛都有非常特殊的角形、体色或花纹，每一种都具有重要的文化意义和价值。孤岛，作为个体性状可能会繁茂起来的绿洲，有许多不同的形式。

"脚趾"是对生活在沼泽地的适应。然而事实并非如此。虽然缪尔福特猪是唯一在认定的品种中确立了这种特性的动物，但这种突变——并趾突变（syndactyly）——是随机的，几乎可以发生在任何脊椎动物中。除了马！

在我最近一次参观克鲁夫茨狗展时，我在英国犬业俱乐部盛大的"发现狗狗"[49] 年度展览会上花了一整天时间。实际上，这个狗展是为了方便人们选购纯种小狗，而我利用这个机会询问了许多犬类爱好者有关他们所选品种的历史和发展的问题，但总的来说让我感到很厌烦。我领悟到的一件事是，即使是专业的育种家也无法抗拒对几乎每一个特征进行调整的诱惑。

纽芬兰犬（Newfoundland dogs）趾间有蹼是出了名的。它们也恰巧极度喜欢戏水。无论它们的蹼足是不是对游泳的一种适应，我们都可能永远无法弄清楚。达尔文肯定是这样认为的，并且描述了脚趾之间的皮肤可能随着每个世代的递进而略有增加的过程，在水环境中给狗带来了竞争优势（达尔文关于蹼足逐渐进化的看法可能是完全错误的。至少在鸭子中，这是由一个单一的基因开关引起的，该开关关闭了发育中胚胎的趾间细胞死亡程序）。我对此持相当怀疑的态度。虽然蹼足确实可以帮助纽芬兰犬游泳，但我不认为蹼足对它们的表现能产生显著差异的影响，以至于通过自然选择或人类选择影响到它们的生存。

不管怎样，有很多品种的蹼足不能归因于游泳。我从"发现狗狗"的友好人士那里了解到，萨路基猎犬（salukis，中东沙漠中的观光猎犬）进化出了蹼足，可以在沙滩上奔跑，而另一种我现在已经忘记了名字的猎犬进化出了蹼足，可以在岩石上爬行。我还被告知，法国牧羊犬法国狼犬（Beauceron）和它的近亲伯瑞犬（Briard）进化出了后脚上的双悬蹄，以便在崎岖的地形上灵活自如地移动。悬蹄是多趾畸形的一种形式——额外趾的发育。在狗的后脚中，悬蹄很少被超过一个凸缘的皮肤所连接，通常不能独立移动，因此在某个狗品种中不太可能为了特定的目的而进化出它们。

每当这样的性状有规律地出现，并且与人工选择无关时，你就会听到人们试图把它们当成是适应——二加二等于五。（我

甚至在网上读到有信息说斑点狗进化出斑点皮毛用于伪装！）更有可能的是，像悬蹄和蹼足这样的性状出现在由个体集合而成的群体中，这种性状能够确立，是由于与其他群体的基因流动非常有限而导致的。那么，回到马恩岛猫的例子，无尾也不一定是非要有原因不可。

然而，非适应性的性状可以告诉我们一些关于动物环境的信息。与其问为什么马恩岛猫没有尾巴，不如问一个更好的问题："为什么马恩岛上有这么多没尾巴的猫？"对于这个问题，简单而正确的答案是："因为它是一个岛屿。"

同样地，关于这个主题有不少故事，其中很多都涉及遇难的船只。我早些时候曾暗示，人们经常援引海难事件来解释某些地方意外出现的动物。嗯，马恩岛猫带有比那还要多的因素。至少有三个可选的原因。其一涉及一艘在该岛西南海岸遇难的西班牙无敌舰队船只。另一个则来自北面，实际上涉及一名目击者描述一只"无尾猫"往岸上游！然而，无论是由于海难还是自发的突变，岛上猫的种群中无尾猫的比例是否保持一致，并不取决于它们是如何去到那里，而取决于种群是如何保持稳定的。

我在第5章已触及这一点，当时我谈到了圣基尔达群岛上

失去尾巴的猫与像这种在基因遗传上无尾的猫有着巨大的区别。与其问为什么马恩岛猫没有尾巴，不如问一个更好的问题："为什么马恩岛上有这么多没有尾巴的猫？"对此，简单而正确的答案是："因为它是一个岛屿。"

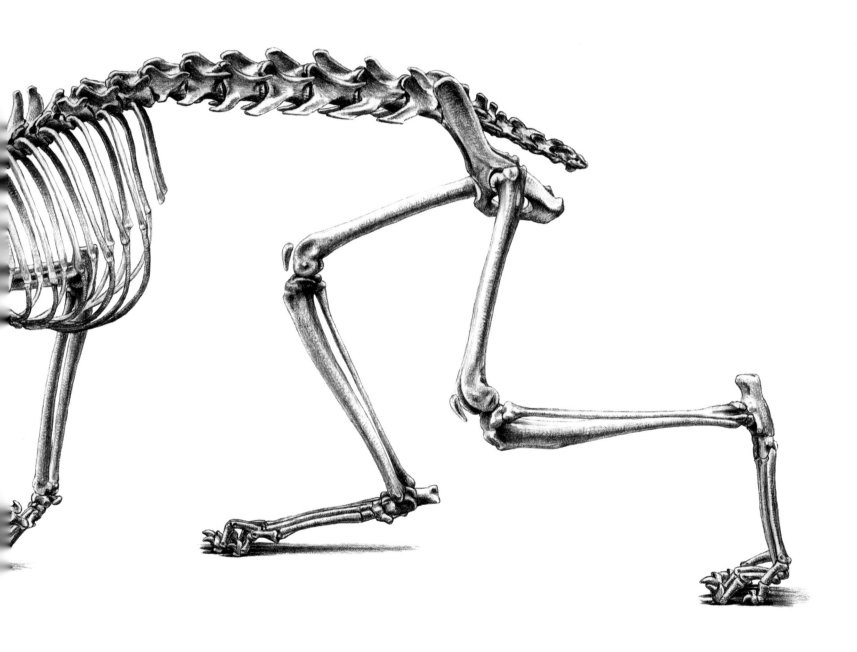

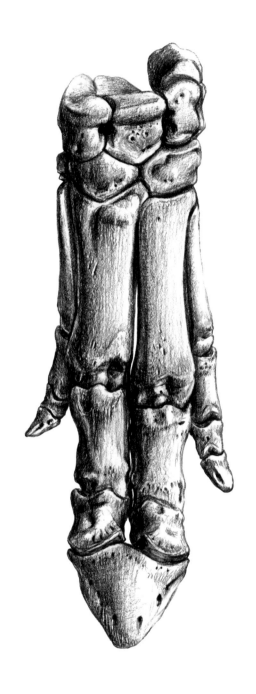

与其他猪通常的偶蹄不同，缪尔福特猪有一个像马（或骡子）那样的单蹄。这是由两个中央趾骨的部分融合导致的，这两个趾骨被一片而不是两片趾甲覆盖。虽然缪尔福特猪是唯一在认定的品种中确立了这种特性的动物，但这种突变是随机的，几乎可以发生在任何脊椎动物中。

出乎意料地成功生存的角发育不良的绵羊。这些岛屿，被大海包围，实际上切断了种群与其他种群杂交的机会。因此，只要它们不会对动物的成功繁殖产生负面影响，存在的等位基因（无论它们是如何出现的），无论是显性还是隐性，都会保留——以一致的比例代代相传。无害的、非适应性的性状，如退化的角、融合的或有蹼的趾，或者缺了尾巴，都会很快分散在一个没有界限的种群中，这些性状会让你成为某个岛屿范围内一个小小基因库中的大明星。

一只在基因遗传上无尾的猫从海难中逃生，其可能性并不像最初听起来的那么小。猫是船员的有用辅助，在清除储存货物和粮食周围的小耗子和大老鼠方面发挥了重要作用。在航海这样一种不可预测的环境中，非常依赖运气，不同寻常的猫引发了水手们的迷信天性。

特别受欢迎的是有额外脚趾的猫。目前尚不清楚这种突变是发生在英格兰、新英格兰，还是发生在二者中间某个地方的船上，但多趾猫在北美东海岸（尤其是波士顿周围）以及英格兰西南部和威尔士的港口周围变得数量众多，它们的后代仍在那里繁衍生息。当地品种有特定名称，如"波士顿拇指猫"（Boston thumb cat）、纽约伊萨卡的"伊萨卡猫"（Ithacat）和威尔士卡迪根的"卡迪猫"（Cardi-cats）。纯种缅因猫（Maine coon）品种的这个性状具有较高的普遍程度，反映了缅因州的航海传统，而这种大脚板看上去跟这种体形巨大、毛茸茸的品种很相衬。

也许最著名的多趾猫就是白雪（Snow White），它是作家兼冒险家欧内斯特·海明威（Ernest Hemingway）的珍爱宠物，是一位船长在旅途中送给他的。我认为，如果海明威知道白雪的多趾基因已经传给了仍居住在他家中的几代猫，他会感到欣慰。现在，在佛罗里达州的基韦斯特，海明威的故居是一个博物馆和猫的天堂，如果知道多趾基因 *Hw* 是以他的名字命名的，海明威会很开心！[50]

很容易就能看出一个当地性状是如何被控制在岛屿或者海港之内，但并非所有的岛屿都被水体环绕。任何与其他群体隔绝的种群都可以被视为没有海岸线的孤岛。例如，在南非的德

兰士瓦省，20世纪初发现了当地的野狗种群，其中具有称为短脊椎综合征（short-spine syndrome）的遗传性疾病的个体比例异常高。这是一种阻碍脊柱发育的常见疾病，尤其是在颈部，尽管四肢和颅骨完全正常。由于这些动物大部分时间都以狒狒般的姿势坐着，前肢伸展，因此它们被取名为"狒狒狗"（baboon dogs）。

短脊椎综合征发生在多种动物中，尽管看上去挺吓人，但除了有些运动限制外，它似乎对狗没有实际伤害。这是一种随机突变，与育种的做法无关。有许多非常快乐和健康的短脊椎狗，由富有同情心的主人作为宠物饲养，不希望它们被杀死。有两只甚至在画布上名传后世，在17世纪由瑞典艺术家大卫·克洛克·埃伦斯特拉尔（David Klocker Ehrenstrahl）所描绘。德兰士瓦种群的有趣之处在于，狒狒狗能够在其群体内维持经过很多代都始终如一的立足地位。

我花了数不清的时间想找到一具狒狒狗的骨架，以便我能在这本书中做个插图，但是一无所获。虽然我找到了两张很旧的照片，照片上的骨架组装得很糟糕，我无法找到它们的出处。但如果你在谷歌上搜索"狒狒狗"，你会看到活的狒狒狗的照片，以及一些患有短脊椎综合征的当代宠物狗的照片。

没有什么比一堵6英尺（约1.8米）高的墙更能隔离一个种群了——尤其是两边相接的群体。但我将要讨论的动物并没有被围在里面，而是被围在了外面。它们是赫布里底羊（Hebridean sheep），1832年，它们被隔离在奥克尼群岛的北罗纳德赛岛的腹地以外，以防止它们与新引进的改良品种的绵羊杂交。谁也不知道有多少因为饥饿而死亡，但是有一小部分能够代谢海藻的羊存活了下来。如今，整个种群完完全全地都是由能消化海藻的动物组成。虽然它们看起来与正常的赫布里底羊没有什么不同，但它们的整个觅食/反刍行为已经发生了变化，从日照时间为主导的常规行为，变成由海水低潮和高潮主导的常规行为。但这堵墙正面临崩塌。毕竟，如果这个基因独特的群体失去了其决定性的特征，那将是一个令人伤感的结局。

水和围墙是在地理上隔离种群的有效手段，但阻止杂交的方式比实际的物理分界还要更多。纯种动物被禁止与同一物种

许多品种的狗都有蹼爪，但这不一定是对游泳或任何其他环境挑战的适应。像这样无害的性状也许只能在一个孤立的群体中取得一席之地，使之成为一个小基因库中的大明星。
（我本想在这里展示纽芬兰犬的爪子，但它们的毛太丰满了，无法很好地展示蹼的样子！）

的其他品种杂交，在基因上与最偏远的海岛上栖居的动物一样孤立。最初，任何长相合适的动物都可以在几代之内被"培育"到纯种谱系地位。然而，一旦该品种确立起来，许多注册机构就会恢复到"封闭式"系统，防止将新种系添加到现有谱系记录中，从而限制等位基因进入或离开这个种群的进一步流动。

直到最近我才意识到，我对纯种狗品种与杂种狗的关系有一种前后颠倒的理解，我猜这种错误观点非常普遍。小时候，对我的家人来说，买一只纯种狗是不可能的。退而求其次则是杂交品种，但即使是这些品种也需要花钱去买。因此，我们决定收养一只"免费送给好家庭"的杂种狗，在狗的一生中，我们试图说服自己（和其他人）"在那里"有哪些品种。而事实上，我们的狗很可能来自世世代代从未与纯种尊贵的狗混杂过的杂种狗。外观千差万别的那些我们所说的野狗或者杂种狗，特别是在世界各地人类居住地周围游荡的野狗是无处不在的最原始的狗，几千年来几乎没有什么变化。正是从这样的源头，动物被分出来依据它们的形态和性格用于不同的用途，而这些动物随后会演变成具有自己独特外观的基因隔离的纯种狗。这个过程并不是反过来的那样。

非适应性状在孤立种群中确立自身地位的原则同样适用于野生动物和驯养动物（尽管在野生动物中，更难确定一个性状先前是否为某些适应的结果，或者一个看上去孤立的种群可能是一个更大种群的残余）。然而，在某些情况下，很明显可以看到变异类型获得稳定立足的证据，尤其是在有历史数据支持的情况下。例如，在北大西洋的法罗群岛，数百年来，约有10%的野生渡鸦是具有吸引人的黑白羽毛图案的白变鸟（至少在19世纪被收藏家猎杀至灭绝之前）。法罗群岛的白斑渡鸦作为群岛文化的一部分而备受赞誉，甚至（死后）还出现在他们的邮票上。同样，在澳大利亚海岸外的豪勋爵岛上，已经灭绝的豪岛水鸡（Lord Howe Island gallinule）[51]被认为具有第8章中讨论过的渐进式褪色突变。这些鸟儿在生命早期是紫色的，其体色在紫水鸡（Purple swamphen）的许多种群中司空见惯，只要经过几次换毛，全身羽毛就会全部由白色羽毛组成。

当我们在进化的背景下去思考岛屿时，我们就会想到加拉帕戈斯群岛，距离厄瓜多尔海岸500英里（约805公里），在太平洋中，查尔斯·达尔文在"小猎犬号"的航行中到访过该群岛。正如我在第2章中提到的那样，达尔文当时对加拉帕戈斯地雀几乎没有什么印象（只有回到英国依靠约翰·古尔德的天赋才将这些迥然不同的小鸟确定为密切相关的物种）。但他确实注意到了不同岛屿上的知更鸟和巨龟种群的差异，并质疑它们为什么如此互不相像，但大体上又与大陆上的动物如此相似。

加拉帕戈斯群岛之所以如此特殊，是因为这些岛屿在地质上是新近产生的，由海底深处的火山爆发形成。因此，它们为生命的到来提供了一张新的空白画布，这些生物迅速填补了可获得的生态位，为达尔文和我们提供了一个难得的机会，以此见证进化的作用。一些岛屿是最近才出现的，因此可以直接观察到定殖的初始阶段。在这些风景平淡的岛屿上，黑色熔岩以黏性褶皱的形式涌出，呈起伏的涟漪状蔓延，形成裂缝和沟壑，在里面长出一块块稀疏的植被。随着时间的推移，这些贫瘠的裸露岩石也将转化为生生不息、繁荣茂盛的生态系统。

除海洋生物外，加拉帕戈斯群岛和类似火山群岛上的所有非人类定居者都是从大陆或其他种群稠密的陆地意外抵达的，被风吹得偏离了航线，或者附着在漂浮的植被上被冲上岸。一旦种群建立，不同岛屿之间几乎没有或根本没有迁移，因此每个种群都是在与邻岛隔离的情况下发展起来的。就像上一章讨论的农场主巴克利和伯吉斯的绵羊一样，每个种群沿着不同的轨迹朝着不同的方向进化，最终分化成为人类分类学家所称的独立物种。

如果你参观过加拉帕戈斯群岛，并对此有所关注，你可能会注意到这里许多岛屿上都有山羊。它们的境况有点儿尴尬，旅游公司尽全力转移视线让人们不要注意到它们。在我参加的那次游览中，有人看到一名厄瓜多尔导游在夜间带着步枪偷偷离船，24小时后，他带着新鲜的肉再次出现，但他拒绝透露肉是从哪里来的！

数百年来，水手们非常明智地有意将山羊引入加拉帕戈斯群岛和无数的其他海洋岛屿，为自己和未来的其他旅行者提供了能够自我维持的食物供应。他们不知道这些外来哺乳动物会

当特定的动物品种具有某种体形性状时，比如这只法国狼犬（一种来自法国北部的牧羊犬）的双悬蹄，人们很容易认为这一定是对其生活方式的适应。然而，只要一个性状没有带来任何不利因素，它不一定必须有益也可以在一个群体中建立起来。

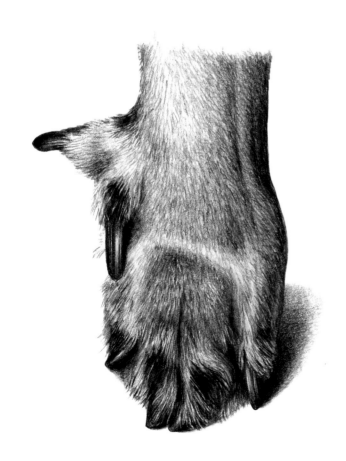

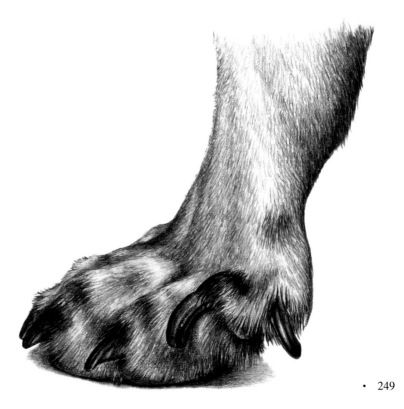

对脆弱的生态系统造成怎样的破坏。你可以在别处读到关于这种引入的愚蠢之处，而我要为这些山羊辩护，或者至少为这些山羊的进化辩护。

正如我在本书通篇所述，自然选择是一种不可抑制的力量。就像巨龟和知更鸟一样，山羊也可能改变了它们原来的外貌。根据当地的地形和植被，它们很可能已经分化成了不同的岛生类型。例如，在新西兰海岸外的阿拉帕瓦小岛上，1773年詹姆斯·库克（James Cook）船长在"奋进号"航程中放生的山羊后代现在被认为是一个独特的品种（也是一个非常有吸引力的品种，阿拉帕瓦山羊，Arapawa goat）正处于极度濒危的状态。虽然我们不能否认，岛上的山羊不幸待在了错误的地方，但也许我们应该在不假思索地盲目毁灭它们之前需要再三考虑一下。

在许多孤立种群中常见的一种趋势是体形整体大小的变化——大型动物在整体比例上都会变小，而在相同条件下，小型动物则会变大（尽管已经注意到第9章中讨论的表面积和总体积变化之间的差异，以及不同器官之间的差别）。例如，图中荷兰侏儒兔的骨架几乎是其野生祖先欧洲兔的缩小模型。尺寸减小的速度相对而言要快于反向的效应（在进化过程中，失去物质通常比获得物质更容易）。有侏儒象、侏儒地懒，甚至侏儒恐龙。与经常发生在家养动物中的侏儒症单步突变不同，这个过程被认为是一个渐进的过程。如果能知道引进到岛上的山羊体形是否在逐渐缩小，将会十分有趣。

有一次岛屿引进事件发生在很久很久以前，远远早于库克船长或西班牙无敌舰队。早在特洛伊城陷落之前，在巨石阵的建造，或是摩西诞生之前，那就是狗被引入澳大拉西亚[52]。

在北大西洋两岸的海港附近，长着额外脚趾的猫特别常见，这绝非巧合。任何不寻常的事情对于迷信的水手来说都是个好兆头！无论这种突变最初是发生在英格兰或新英格兰，还是发生在二者中间某个地方的船上，与内陆猫种群的相对隔离使其能够在这些地区迅速繁殖。

很容易想到澳大利亚的澳洲野犬（Dingos）和外形类似但截然不同的新几内亚的歌唱犬（Singing dogs），它们只不过是引入的外来种——野化的驯养动物种群，几乎不值得进行科学研究。如果这还不够糟糕的话，它们是一种胎盘类哺乳动物，这使它们有别于其他澳大利亚的动物群。

澳大利亚也是一个岛屿，尽管它非常非常大。在胎盘哺乳动物进化出来之前，它与南部超大陆冈瓦纳古大陆分离，这就是为什么在那里所有特有的哺乳动物都是有袋类动物及其近亲（也就是，它们会生下一个还未发育完全的胎儿，在体外的一个由皮肤构成的安全育儿袋内完成发育），或者是单孔目动物——产卵的鸭嘴兽（platypus）和针鼹（echidnas）。其他大陆也有特有的有袋类动物，但澳大拉西亚却没有特有的胎盘类哺乳动物。

从地质学角度来看，4000年可能算不上多久，但对于一种引入的捕食性动物来说，一片新的大陆却可以提供各种层次的进化可能性。在新几内亚和澳大利亚，这两个基因隔离的种群都经历了独特的旅程，成为生态系统的一部分，并利用了以前任何犬类从未遇到过的生态位（除了它们的有袋类对应物种袋狼）。可以说，这两个物种的基因组现在已经与青铜时代亚洲犬科祖先的基因组有了足够的差异，从而使它们的地位不仅如同独特的种群，而且如同独立的物种。

但它们永远不会是独立的物种。更近代在澳大拉西亚的人类定居者继续带来他们的狗。虽然澳洲野犬和歌唱犬自从它们来到澳大利亚以来已经走了很长的路，但它们仍然能够与现代家养狗进行杂交，而且很容易就能做到。它们甚至被有意用于创造新品种，如澳大利亚牧牛犬（Australian cattle dog）。虽然用澳洲野犬的成分来增强狗的基因组是很好的，当这个流程以相反的方式运行时，从那时起，每一代都会受到影响。纯种、野生的澳洲野犬种群可能只存在于最偏远的地区，或者可能根本已经不复存在。

到目前为止，我们知道自然选择起作用的原理是，出生的个体数量多于可以将其可遗传性状传递给下一代的数量，而平均而言，被剔除的是竞争效能较低的个体。

根据经验，我们也知道（俗话说）"糟糕的事情总是难免会发生"。有时候，适应和效能根本没有什么不同。像火山爆发、丛林大火和飓风（或者《圣经》中的洪水）都是非选择性因素，可以不加选择地消除随机的遗传多样性。而且，原始种群越小、越孤立，受到的影响越显著。重要的是要考虑，在这种背景下不是从个体的角度，而是从它们携带的等位基因来看。其影响不仅仅是潜在的有用等位基因的丢失，还包括余下的等位基因比率的改变，因为同一物种不同种群中等位基因比率的随机变化，会使其随后的进化沿着不同的轨迹转移。即使个体数量得以恢复，这个种群也永远不会恢复其等位基因频率从前的组合方式。

在这样的遗传多样性随机地减少之后，可以说一个种群已经经历了一种遗传"瓶颈"。在一个被缩减了的基因库中，在一个大种群中可能只产生极小影响的少数有害等位基因，可能会突然占据总多样性的很大比例。虽然你可以依靠自然选择来消除那些影响生殖适应性的负面性状，但在生殖损害已经造成之后，还有更多的负面性状会在以后的生命中产生影响。此外，鉴于显性等位基因会在动物的表型中表达，因此如果它们有害或不受欢迎很容易根除，但隐性等位基因在与另一个隐性等位基因结合之前，无法判断它是否存在。到这个时候，一种不良性状可能正在向整个种群传播。

在20世纪早期，英国几乎没有一种犬类未经历过基因"瓶颈"。这一不幸的事实并没有逃过谱系系统的许多批评者的眼睛，他们会将责任完全归咎于不择手段的近亲繁殖。可以说这是起了一部分作用，然而，我在这里要提到的不是故意的近亲繁殖。我要说的是战争，这可能是所有驯养动物遗传多样性丧失的主要原因。

特别是在第二次世界大战期间，为了展览而饲养花式动物被认为是一种不能原谅的奢侈。由于人类的民众几乎没有足够的食物，维持像狗这类的一群食肉动物不会得到任何支持。大型犬舍被责令解散，犬舍不再有人维护，饲养者面临着不得不毁灭大部分动物这种令人心碎的无法避免的结果。战争爆发时，仅伦敦一地，动物慈善机构在短短一周内就让75万只宠物进入休眠，被主人杀死的数量可能还要高得多。新发现的品种，或数量较少的品种，情况最为糟糕。例如，萨塞克斯猎犬（Sussex spaniel）被减少到只剩 8 只。事实上，我们之所以仍然拥有萨塞克斯猎犬，以及许多在那些可怕的岁月里面临灭绝威胁的其他品种，都是由于爱好者们的决心和自我牺牲，他们的努力应该受到赞扬。

我已经讲过这世界上差点就失去钩嘴鸭和土佐金鱼的故事，以及这些品种的所有现生的代表性个体如何来自很少数的动物。恢复种群遗传多样性的唯一方法（除了等待新的突变发生）是与其他种群杂交。然而，在犬类和其他封闭式种畜动物的系谱系统中，异种杂交有可能会破坏整个系统，并给这种喜好带来非常现实的困境。

在你急于谴责近亲繁殖行为之前，先回想一下那些孤岛，这是本章的中心主题。塞舌尔鹊鸲（magpie-robin）现有几百只栖息在 5 个岛屿上，在 20 世纪 70 年代曾经减少到只有 16 只。现在欣欣向荣的毛里求斯红隼，在那段相同时期的数量也曾减少到只有 4 只。一般来说，许多岛屿物种，往往都是在漂浮的植

物上意外抵岸的几只淹得半死的流浪者的后代，就其本质而言，都是近亲繁殖的。每当近亲繁殖的任何有害结果在野生种群的表型中表现出来时，自然选择就会将其清除。因此，只要劣等个体被无情地淘汰和阻止繁殖，近亲繁殖本质上并不是坏事。

传奇人物罗伯特·贝克威尔只是 18 世纪英国众多致力于提高牲畜生产力以满足快速增长的人口需求的农学家之一。他的方法是出了名的隐秘，但他公开发誓要通过"同种交配"进行繁殖，这意味着他采用了一种近亲繁殖的体系，外加无情的淘汰挑选。通过这种方式，他改变了他经手的动物的外观以及生产力，产生了迪西利长角牛（Dishley longhorn cattle），尤其是他有名的新莱斯特羊或迪西利绵羊（Dishley sheep）。贝克威尔是一位真正的选择性育种大师，他的技术可以与任何现代农夫匹敌，即使农夫们拿出所有的技术杰作来与他相比。尤其是他的羊获得了持续的成功，它们的巨大价值在于，它们对几乎每一种与它们杂交的羊都产生了改进性的影响，它们的基因被携带到世界各地无数的现代品种中。

正是由于贝克威尔的影响，激励了年轻一代的农学家尝试

在这本书中，我们已经多次提到过不成比例的侏儒类型，但也有成比例的侏儒类型，它们的整个身体都变小了。这只荷兰侏儒兔（Netherland dwarf rabbit）是野兔或任何较大型的驯养品种（对页的英种垂耳兔头骨是为了给出大小的概念）按比例的缩小版。侏儒症及其相反的影响——巨型化（gigantism），经常发生在岛屿种群中，尽管它们被认为是通过许多小进化步骤逐渐发生的。

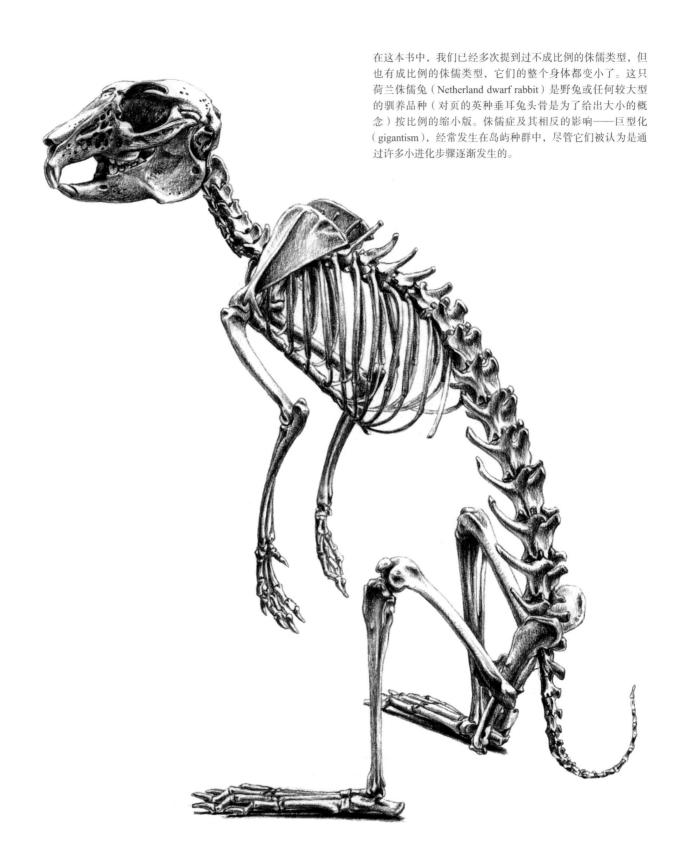

用短角牛来实现他曾经用长角牛所取得的成就。来自英格兰北部的少数技艺高超的养牛人取得了惊人的成绩。他们在育种种畜中选择品质方面极有眼光，这些种畜能产生出更优良的后代，具有更高的产奶量和肉产量以及始终如一的身体构造。你可能已经从古典画作中看到了理想化的牛类型：长方形的身体，细腿和小头。具有讽刺意味的是，今天许多纯种品种的创始种畜大多都是没有可知历史的野兽，在路边上和贫瘠的小农田里"被发现"，就像一个星探可能会在破旧的后街俱乐部里寻找明星坯子一样。在现代的封闭式育种系统下，这是不允许的，但正如我所解释的，在那个时候，任何品系都可以在数代之后升级为纯种系谱状态。

保存血统登记的做法早在1791年就已经开始了，仅仅是作

为识别动物个体以防止作弊的一种手段。1822年，它首次被用于记录短角牛的血统，并由此延伸到记录狗和其他动物的血统。系谱登记原本是一种育种手段，但无意中成了一种用来识别未受外来血统影响的最纯净品系的方法。这个想法瞬间就流行起来。近亲繁殖成了一切纯洁善良的同义词，而纯洁是一种狂热的国际性的痴迷。错误不仅仅在于饲养者，而且在于普遍的观点潮流。别忘了，在那个时代，人们认为遗传是父母特征的混合，所以异交会被视为对这些珍贵性状的稀释。

其中最受追捧的动物，是由托马斯·贝茨（Thomas Bates）培育的著名的公爵夫人系（Duchess line）近亲繁殖的短角牛。由于它们的价值如此之高，它们被购买当作供应出口的商业投资，并因价格较低而比同等优质动物更受青睐。贝茨采用了贝克威尔"同种交配"的做法，但对品质较次的动物却没有进行必需的清除，而那些为贝茨的纯血种畜付出高价的饲养者也同

样不愿意稀释血统，因而无视其适应性和生育能力的下降。以公爵夫人短角牛的价格，谁又能责怪他们呢。1873年，最后一头纯正的公爵夫人奶牛，即怀着牛犊的日内瓦公爵夫人八世（8th Duchess of Geneva），在纽约米尔斯以惊人的40600美元被出售，即使按照今天的标准，对于一头奶牛来说这也是高价，超过当时美国平均年收入的80倍。几天后，这头母牛产下了一头死胎之后不久就死掉了。

然而，有时，即使没有淘汰，近亲繁殖也不见得有明显的不良影响。家养金黄仓鼠（Golden hamsters）可能是最著名的例子。事实上，这个故事似乎不太可能，以至于许多人认为这是一个神话。这并非神话。所有笼养的金黄仓鼠都是同一只怀孕雌性仓鼠的后代，于1930年在叙利亚被耶路撒冷的一个实验室所收集。从那里，仓鼠被带到伦敦，并最终流向世界其他地方。它们繁衍后代，生养众多，且不易患任何已知的遗传病。

偶然来到加拉帕戈斯群岛的小型地雀类小鸟，不仅仅建立了不同的岛屿种群。它们栖息在正常情况下由其他鸟类填补的生态位上，进化出各种特殊的喙型和觅食行为，从而减少了种群内的竞争。同样的过程也发生在其他岛屿上的鸟类群体中，包括马达加斯加的钩嘴鹨和夏威夷的管舌雀（现已大部分灭绝）。此外，在另一种不同类型的孤岛——四面被陆地包围的水体里，维多利亚湖和马拉维湖的丽鱼（cichlid fishes）也同样地辐射发展成许多不同的形式。

栖居在同一地理区域的近亲种群，除了专门化其觅食行为外，还迅速进化出不同的求偶行为，从而阻止了杂交。这种竞争的减少不是善意的行为，也不是有意为之。它从利用微小变异获得繁殖优势的过程开始，然后结束于……嗯，事实上，根本就没有结束。这导致了物种形成和分化的持续过程，在进化树上建立了更多的分支。

这一过程的第一部分，可能是让一小部分变异个体利用一种压倒性的趋势来提高繁殖成功率。我们从反向旋转的蜗牛身上看到了这一点，从雄鸟的翎颌看起来像雌性的现象看到了这一点，还有从小角的圣基尔达群岛羊[53]身上也看到了这一点。当"叛逆者"只占少数时，这些策略最为成功。随着它们在种

群中的比例增加，它们的竞争优势降低，到最后，它们完全失去生殖优势，于是这个领域又对新的变异少数群体开放，使之可以立足。

再一次，相同的过程也同样适用于人工选择，尤其是在竞争水平达到最高的情况下。同样地，当原始基因库较小而且孤立时，新的等位基因能够以最快的速度渗透到一个种群中。

正如每个运动员都知道的那样，能够在短跑比赛中获胜的人几乎肯定不会在马拉松比赛中表现得一样优秀。这点同样适用于马，原因就是，至少在马身上，短距离和长距离的最佳表现是由同一位点上的两个相反的等位基因控制的。马跑得快，但它们最适合长距离的耐力跑。这适用于17世纪和18世纪的赛马，在2到4英里（1英里≈1.6公里）长的赛道上，只有两名参赛者参加，并且重复比试，直到其中一只动物赢得两次胜利或超越了对手。到了20世纪50年代，这一趋势已经转变为相当短的距离，在这个时候，出现了一匹名为新北方（Nearctic）的马，它超过了所有的竞争对手。基因组研究在最近表明，新北方是第一匹"短程冲刺"等位基因纯合的马，该等位基因以单份形式存在了大约300年（它是隐性的，这就是为什么它从未在杂合组合中表达）。但这优势是短暂的。这位新北方的儿子，北方舞蹈家（Northern Dancer），作为一匹种马而广受欢迎，现在世界上几乎每匹纯种赛马都是这个等位基因的纯合子。

一种新性状对整个种群的影响如此之快，真是令人惊讶。如果你看看图片中的三个狗头骨，会注意到其中一个与另外两个明显不同。正如你可能猜到的，这并非不同的品种。这是一只典型的20世纪之前的柯利牧羊犬（collie）头骨。现代柯利牧羊犬的头骨几乎与旁边的俄罗斯猎狼犬（Borzoi）头骨无法区分。我说的是如今在英国被称为粗毛牧羊犬（Rough collie）的品种，这个品种因电影《灵犬莱西》（Lassie）而出名。就像刚才提到的短角牛一样，牧羊犬的受欢迎程度迅速上升，外观也发生了根本性的变化。

原本它们是体格粗壮的农场犬，通常是三色的，头部宽阔，前额和口鼻部之间有一个明确的截位。莱西美丽的金色和白色的皮毛，被称为"紫貂"色，是一只名为三叶草（Trefoil）的

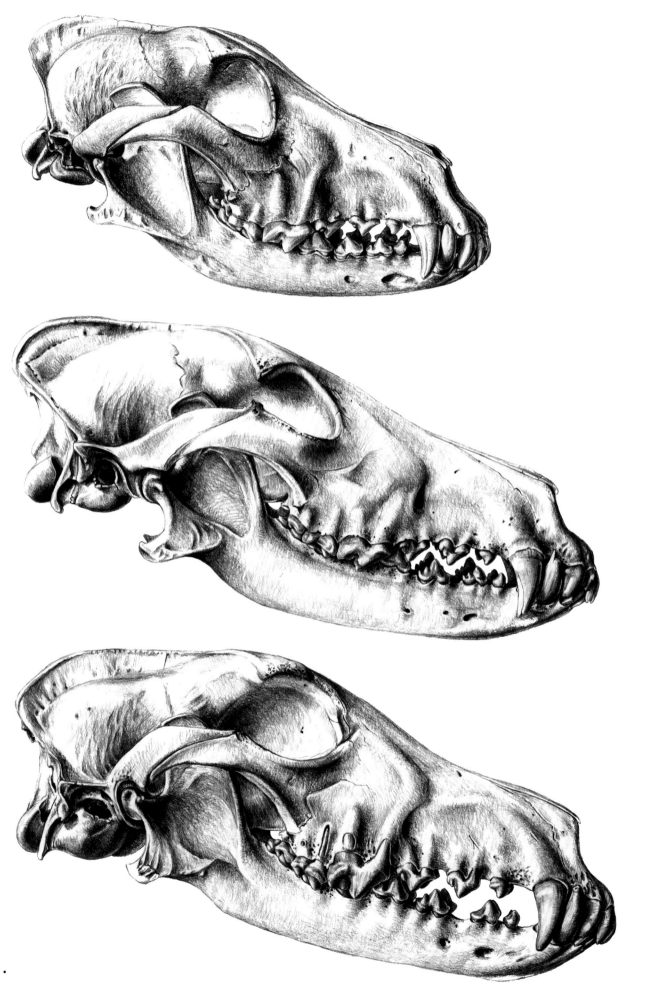

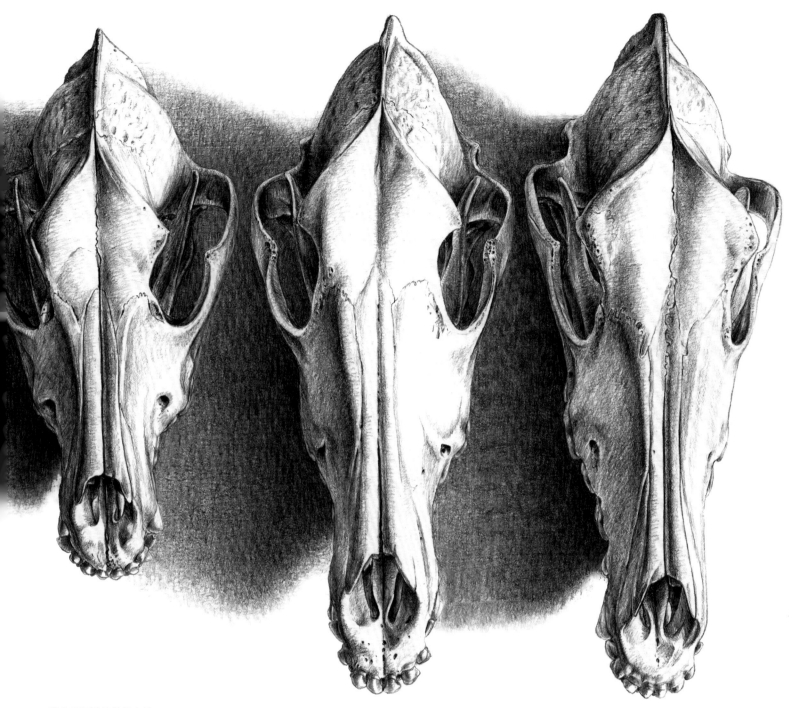

哪个是不同品种的头骨？

不，不是边上的小头骨，而是距离它最远的那个头骨：俄罗斯猎狼犬。另外两个是柯利牧羊犬，一个是在19世纪之交融入俄罗斯猎狼犬基因之前，另一个是融入了之后。

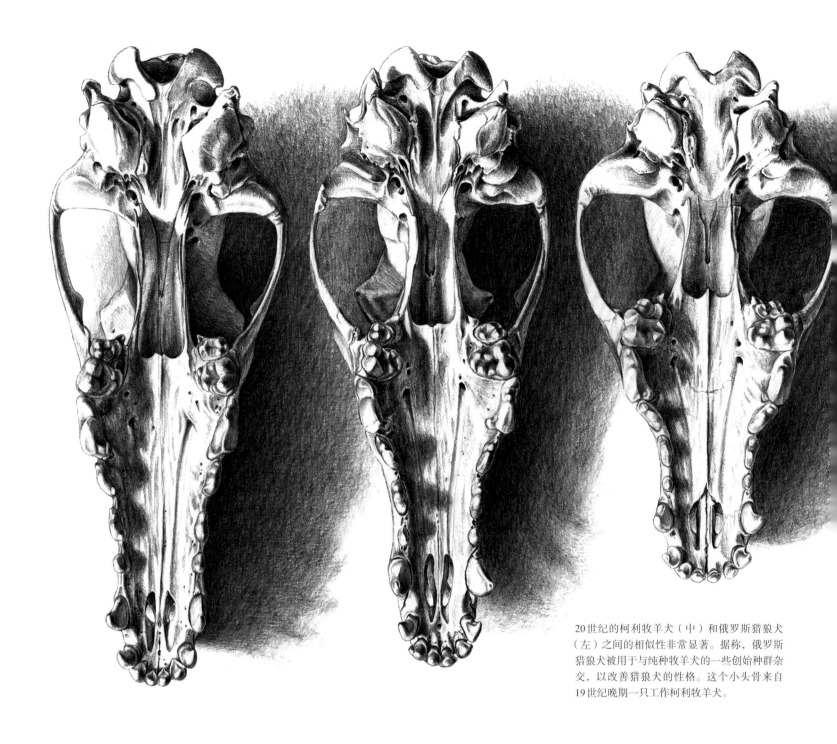

20世纪的柯利牧羊犬（中）和俄罗斯猎狼犬（左）之间的相似性非常显著。据称，俄罗斯猎狼犬被用于与纯种牧羊犬的一些创始种群杂交，以改善猎狼犬的性格。这个小头骨来自19世纪晚期一只工作柯利牧羊犬。

狗的单一颜色突变的结果，它的基因存在于今天所有的纯种牧羊犬的祖先中。同样，牧羊犬头部形状的变化并不是逐渐发生的。位于伯尔尼的阿尔伯特海姆研究所收集的大量头骨表明，在世纪之交，头骨有了明显的区分。这种影响来自俄罗斯猎狼犬，也叫俄罗斯狼犬。有些人认为这是一个神话，有些人则认为这是后来在牧羊犬谱系中为延长头部而采取的一种偶尔的不良做法，不过这些头骨的证据确实足以让我相信。

很可能最初是用柯利牧羊犬来改善俄罗斯猎狼犬的性格，而不是用猎狼犬来改善牧羊犬的外貌。根据桑德林汉姆皇家庄园前养狗人的描述，俄罗斯外交官将其中几只漂亮但冷漠的狗送给了维多利亚女王，并建议让它们偶尔与牧羊犬交配，以产生反应更敏捷的后代。维多利亚女王酷爱狗，特别喜欢牧羊犬。在牧羊犬作为工作犬的职业生涯与它们成为纯种明星之间的某个恰当时机，只要经过几次杂交，就足以改变将来所有子孙后代的外貌。

加拉帕戈斯群岛内个别岛屿特有的巨龟、雀类和嘲鸫之间的情况没有什么区别，还有数不清的家鸽、金丝雀、工作㹴犬，以及更多在工业城市和采矿社区的隔离中进化出来的品种之间情况也没有多少区别，在那些地方，与动物的接触为人们提供了一个从严酷的现实工作生活中解脱出来的快乐无比的喘息机会。当地农村家畜和饲养来为他们工作的狗也是如此。类似地，还有各种各样令人眼花缭乱的牛的品种，每种都有独特的颜色或角形，已经演变成各自部落文化的一个组成部分——富拉尼牛（Fulani）、马赛牛（Maasai）、安哥拉牛（Angoni），以及更多的牛种，遍布整个非洲。家养动物的种群还没有被隔离足够长的时间来实现真正的物种形成，但它们在各个层面上与各种岛屿上的动物群的相似性，使它们就如达尔文所深知的那样，成为进化论的完美类比。

达尔文称之为"畸变"甚至"畸形"的单步突变，如猫或鸡的无尾现象，或者颜色或羽毛突变，在一个有生态位可供选择的岛屿上，它们很可能会找到自己的最佳环境，就像育种者渴望新奇的事物一样——尤其是如果它是一个受到半保护的岛屿，没有捕食者，在那里可能会支持更广泛的变化形式。请记住，突变是随机的，在野生动物和驯养动物中发生的频率一样高。达尔文一直坚持循序渐进的变化，坚持认为这样的变种在野生状态下无法生存，但正如我们已经看到的那样，有大量的证据证明与此相反。

在这本书中，我已经多次提到鸟类中的各种丝毛突变，这些突变阻止了羽小枝的发育，羽小枝就是将羽枝锁定在一起的小钩。有许多不同的类型的突变，在一系列物种中产生的影响略有不同。丝毛鸽子的防水性能很差，但我们听说有一种黑水鸡（Common moorhen，一种水生水鸡）具有类似突变，在英国的一个鸟类保护区野外生活了几年。虽然那个个体已经有一段时间没有再出现，但很可能它的丝毛基因仍在斯林布里奇野鸟与湿地信托保护区的池塘周围游动，等待机会再次出现。事实上，这种突变过去曾在黑水鸡身上发生过数次。

防水性差并不一定意味着隔热性差。在一个天才时刻，丈夫用第9章中讨论的带有"尖出部位色变"等位基因的家养环鸽与丝毛的鸟（以正常羽毛的鸟为"对照"）进行实验性杂交，以观察是否会有体温较低的情况由羽毛颜色的相对浓度显示出来。结果是它们之间没有出现差别。这一点意义重大，因为这表明，被认为在羽毛进化的后期才出现的羽小枝对于体温调节不是必需的。然而，它们很可能是飞行所必需。

飞行是丝毛鸟做不到的一件事。对于大多数野生鸟类来说，这显然是一个问题，但在没有捕食者的岛屿上，这可能是倾向于不飞行的许多节能措施之一。许多鸟类意外地去到了海洋孤岛，并且很快就变得无法飞行；它们的翅膀变小，胸骨在没有飞行肌肉的情况下变平。这不仅仅是缺乏飞行选择的结果，更是主动地选择去对抗飞行。事实上，飞行及其所涉及的一切（从肌肉的发育到羽毛的生长）是代价很高的。在海岛的秧鸡和水鸡身上，飞行障碍的发生率的确非常高，其中一些被认为具有丝状羽毛结构。几维鸟（Kiwis）和平胸鸟类（ratites）的羽毛也不适合飞行。在一个由少数创立者衍生而来的封闭种群中，单一的羽毛突变很容易在短时间发展起来。谁知道呢，也许连渡渡鸟这种在任何地方都已经不存在完整羽毛样本的鸟儿也是不会飞的大型丝毛鸽子！

有一组大多数人会将其归入"怪物"类别的突变阻碍了鸡长出翅膀。甚至有人，可能是受到赛斯·怀特和他的安康羊的启发，认为这带来了利润丰厚的商业机会。20世纪40年代，艾奥瓦州得梅因的兽医商品旅行推销员彼得·鲍曼（Peter Baumann）从他巡视拜访的农场中收集到一小群翅膀缩小或缺失的雏鸡，并通过选择性繁殖，逐渐培育出了超过400只的一群无翅鸡。鲍曼不喜欢鸡翅膀，并且认为其他人也不喜欢。他也和赛斯·怀特一样，认为没有翅膀意味着可以省些围栏上的钱（忘记了家禽围栏的主要原因是将食肉动物拒之门外，而不是将鸟类关在里面）。但他毕竟是一名推销员，显然很有说服力，因为有35个鸡蛋被送到了英国什罗普郡的哈珀·亚当斯农学院（Harper Adams Agricultural College）。有6个被成功饲养到成熟期的鸟儿，在一部有趣的英国百代新闻社黑白小电影中

这种丝毛变异影响了羽毛的微观结构，阻止了羽小枝编织在一起形成一个连续的羽片，使鸟儿无法飞行。这对于大多数野生鸟类来说显然是一个缺点，但在隔绝的没有捕食者的环境中——在海洋岛屿上或者圈养状态下——长着全身丝毛的鸟类有可能会兴旺繁荣。

被自豪地展示了出来，你仍然可以在互联网上找到这部电影。

我曾下定决心要找到一个标本，并联系了什罗普郡的那个学院，还有我能想到的每一个实验繁殖中心，以及大西洋两岸每一个可能的博物馆。我的搜寻一无所获。据我所知，已经没有活的无翅鸡存在，也没有博物馆标本被保存下来，这对科学来说是一个可悲的损失。我特别感兴趣地想要查明，翅膀不存在时缺失了飞行肌肉在翅膀上的插入位点，是如何影响胸部的外观和胸骨骨骼的形成的。但我似乎永远都无法搞清楚了，除非突变再度出现，那就希望这次能够保存下来。

在你将无翅鸡视为不该让它繁殖下去的怪胎之前，想象一下，一个孤岛拥有自己真正古老的鸟类种群，在完全脱离哺乳动物影响的情况下进化——在这个岛屿上，数百万年来，鸟类确立了至高无上的统治地位。这样一个岛屿是存在的，尽管其特有的栖息鸟类几乎已经灭绝。新西兰已灭绝的恐鸟（moas）完全没有翅膀。它们的骨架上甚至没有任何关节可以连接翅膀骨骼。由于多个微小的步骤，恐鸟很可能已经逐渐失去了翅膀。或者可能是在它们的共同祖先中自发产生了一种无翅突变，并且能够繁衍生息。答案将不得不等到化石证据能够显示出恐鸟身上有退化的翅膀。迄今为止，已经发现了代表30多种恐鸟的数不清的标本，其中没有任何一个显示出任何有关翼骨的最细微证据，这可能需要漫长的等待。

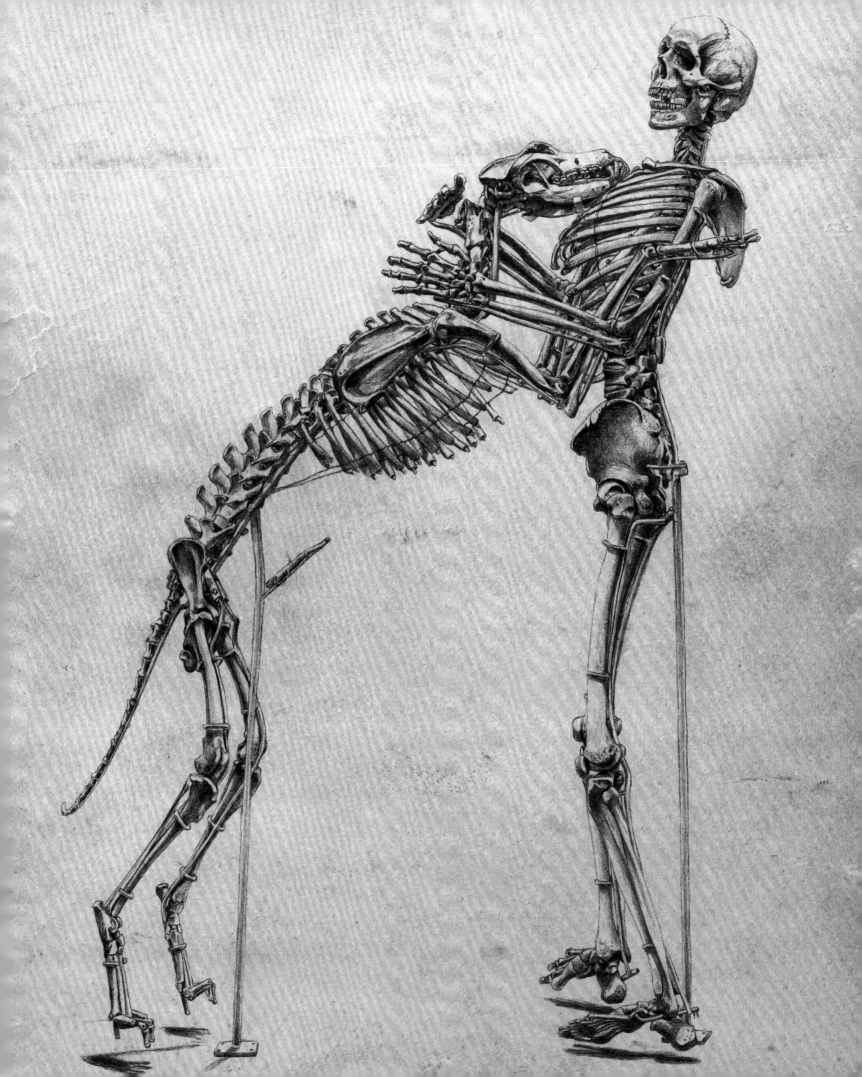

第 12 章　犬与狼之间

关于如何开始最后一章，我曾有一个宏伟且完美的计划，在一部关于进化和选择性育种的作品结尾高奏凯歌简直再合适不过。我曾决定在从莫斯科到新西伯利亚的西伯利亚大铁路的两天旅程中完成这一章。要计划这么一段特殊旅程的原因很快就会显现，虽然我相信你们中的一些人已经猜到了。我攒够了钱，甚至还查了时间表。不幸的是，计划没能实现。

我的这一章开始了，但不是在战后铁路上火车车厢蜿蜒穿过雪地的浪漫场景中，而是在一条阴暗的小巷里，被雨水弄得湿淋淋的，并且两旁都是溢满的垃圾桶。

然而，如果我能够交换，我仍然会选择这条巷子。

这条被提及的小巷离我家只有三扇门远，是一排排维多利亚式的小房子，靠近一个大城镇的中心。我刚离开家，正要赶在超市关门之前赶到那里，这时，我朝阴影里瞥了一眼，视线对上了一只成年狐狸的眼睛，它正站在那儿，看着我。我家附近有很多城市狐狸，但人们通常看到它们飞快跑开，或者完全无视人类。而这一个遇上了我的目光，并且与我对视。看到野生动物的眼睛并知道它也看到你是一回事，但长时间的眼神交流则完全是另一回事。

我蹲下来表示我不是一种威胁，狐狸走到我面前，啃了一下我伸出的那只手的手指（好吧，向一只野狐伸出我的手可能有点不负责任，但当时这样做似乎是礼貌之举）。意识到它可能以为我要提供食物，我急忙跑回家又跑回来，口袋里装满了带着肉香的狗粮，然后继续伸出我的手去喂狐狸，直到狗粮全

都没了。时不时，一辆路过汽车的前灯会照亮它美丽的黄褐色皮毛和琥珀色的眼睛。我可以看到每一个细节，甚至可以看到它尾巴尖附近的一小块秃斑，我几乎屏住了呼吸，感到无比的敬畏与荣幸，因我被允许和它如此亲近这么长的时间。

我马上意识到我开头的段落要如何下笔。

如果你像我一样已经活了几十年，可能会注意到世界上的人口比过去多得多。我相信你已经为失去童年时的绿草地而感到悲哀，因为它们消失在住宅区底下，并注意到城镇之间的距离越来越短。毫不夸张地说，这次人口爆炸正将地球带到下一次大灭绝的边缘。过去经历了很多变化，未来可能会经历更多。虽然世界上很大一部分动植物物种肯定会在下个世纪前后消失，但那些可能成功的物种将是那些能够忍受人类日益逼近的物种。

许多动物群体似乎已经意识到，克服对人类的恐惧是获得无限食物的途径。任何去往城市公园的旅途都会有麻雀、松鼠、海鸥、鸭子和天鹅前来，它们都聚在周围，希望能被投喂。一群群野生动物在世界各地和谐地生活在人类环境中，它们会从你的手上取食：亚洲寺庙中的猴子，甚至埃塞俄比亚哈拉尔的鬣狗！就像我在巷子里的毛茸茸的朋友一样，能够克制自己逃离人类本能的野生动物会得到一顿丰盛的晚餐，这可能会对它们的生存产生完全不同的影响，进而影响到它们繁衍的成功。问题是，这是文明进化还是基因进化的结果？所有动物都能学会这样做吗？还是只有那些对压力反应足够低的动物才能忍受

人与狗之间亲密关系的动人见证：人类学家格罗弗·克兰茨（Grover Krantz）和他的爱犬爱尔兰狼犬克莱德（Clyde）的骨架，在史密森自然历史博物馆永久展出。

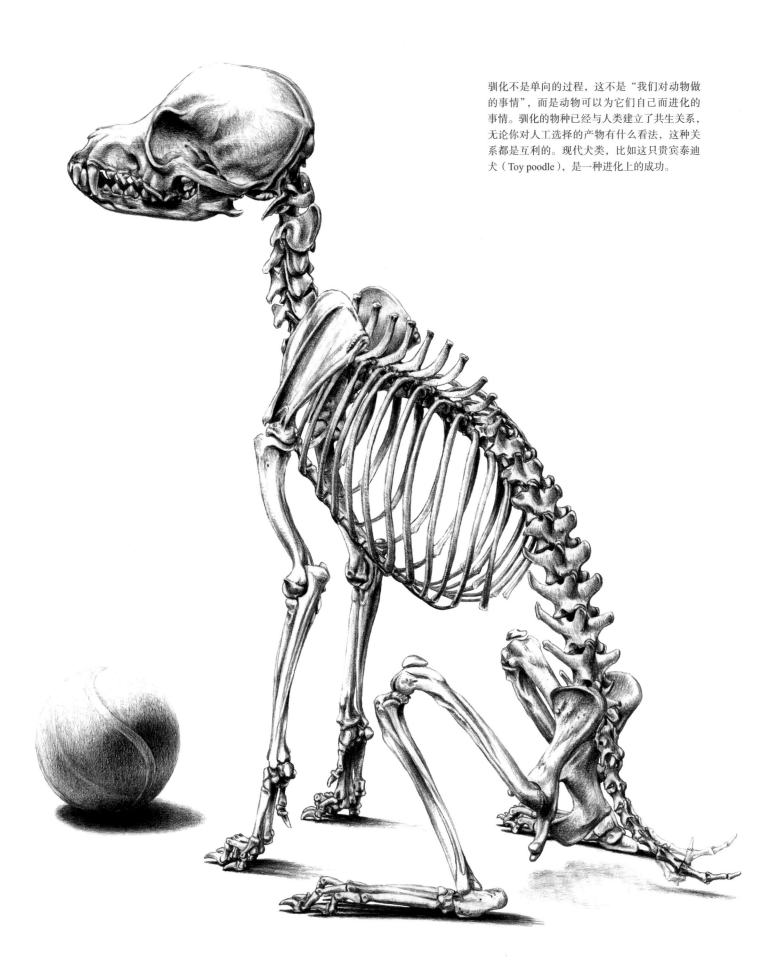

驯化不是单向的过程，这不是"我们对动物做的事情"，而是动物可以为它们自己而进化的事情。驯化的物种已经与人类建立了共生关系，无论你对人工选择的产物有什么看法，这种关系都是互利的。现代犬类，比如这只贵宾泰迪犬（Toy poodle），是一种进化上的成功。

原鸽是所有家鸽的野生祖先。对于其野化的后
代来说，市中心建筑提供的许多壁架窗台是它
们祖先栖息地崎岖海崖的完美替代品。

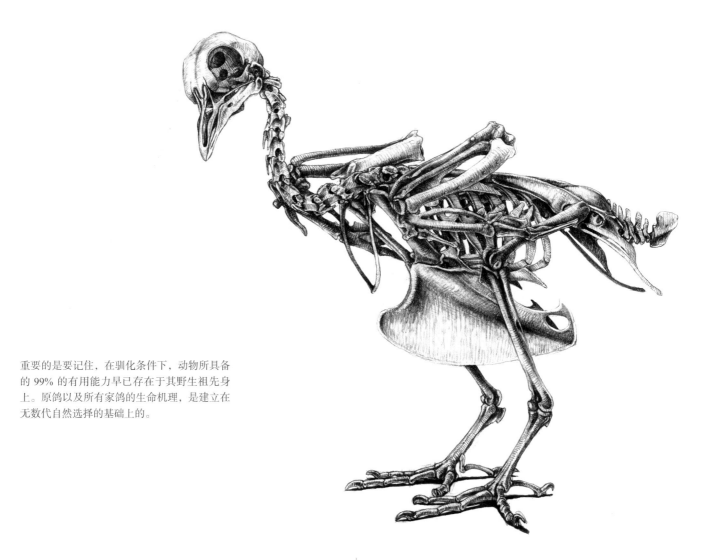

重要的是要记住，在驯化条件下，动物所具备的 99% 的有用能力早已存在于其野生祖先身上。原鸽以及所有家鸽的生命机理，是建立在无数代自然选择的基础上的。

人类的存在？这些动物是否只是习惯于接近人类获取食物的动物个体，还是生活在人口过多的人类环境中经过很多代自然选择的结果？

对于一些动物来说，城市环境提供了与它们及它们的祖先已经居住了数千年的类似的生态位。早在人类农业聚居区为麻雀提供充足的食物和屋檐处的人造的筑巢位置之前，麻雀就在岩石洞中筑巢。同样地，无论是原鸽还是游隼，在悬崖壁上筑巢还是在摩天大楼上筑巢，这对它们来说都没有区别。这两个物种在任何一种环境中都具有完全相同的捕食者/猎物的关系。它们并非各自移居到城镇之中，游隼尾随着鸽子而来。

城里的鸽子是野化的。这意味着它们是家养鸟在野外生活的后代，而家养鸟又是野生原鸽（游隼最初的主要食物来源）的后代。像上一章提到的杂种狗一样，我们城市中心的鸽子来

自一钵笼统的、非常古老的"汤"，由具有不同基因组的鸽子组成，而不是从鸽舍逃跑出来的杂交后代。它们表面上的温驯是它们以前被驯养的结果，再加上数千年来在人类居住地的街道和天空中赢得的对人类忍受能力的进化，成就了它们现在这个样子。没有城市鸽子，可能就没有城市游隼。

赤狐（red foxes）从20世纪30年代开始在城镇里定居，这一现象在整个20世纪受到了全世界的关注。虽然人们喜欢把狐狸与疾病和垃圾箱联系在一起，但它们开始只在最富裕的郊区地带定居，当郊区被它们占据之后，它们就往市中心迁移。尽管它们在必要时会去捡食垃圾，但它们的大部分食物都是由像我这样睿智、思想开明的人士小心翼翼地提供的，并且心怀对大自然的赞美。事实上，避免垃圾箱被扫荡的最好办法是自己去喂狐狸。招来捕杀人员只会为其他狐狸的迁徙开辟新的领地。

灰狼头骨：灰狼是所有犬类的野生祖先。狗在很久以前就被驯化了，那时候的狼可能与现在的非常不同，至少在行为上是这样的。关于狼是通过逐渐在人类居住地附近安家而被驯化，还是野生幼崽被捉来人工饲养的，一直存在争议。我更赞成前一种解释。

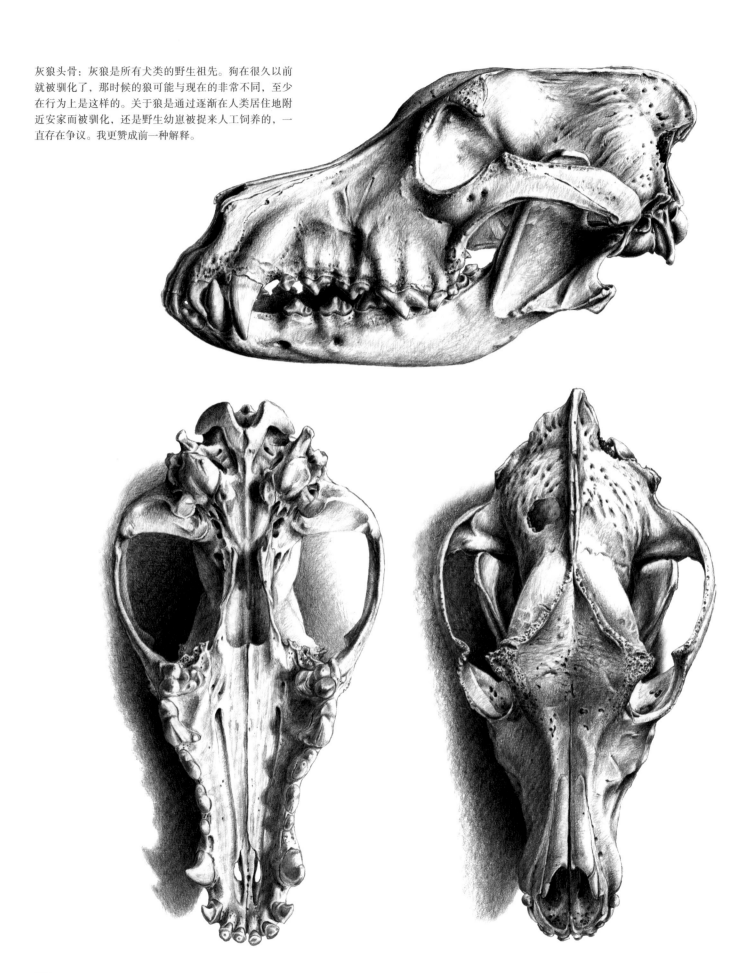

尽管乡村的动物仍然怕人，城市动物却对人类公然不屑一顾。而与此同时，人类的态度绝非如此。人们要么爱它们，要么恨它们。

在与狐狸的邂逅中，我心头汹涌起伏的许多情感之一就是我意识到自己感受到的是一种非常古老的气息，原始的震撼，那种数千年来人类在获得动物意料之外的信任那一刻体验到的震撼。在行为上，城市狐狸可能与我们家养狗的类似狼的祖先没有太大的不同（那时的狼在行为上可能与现在的狼有很大不同——没那么谨慎，更加大胆，因此将它们视为类似狼的动物而不是我们今天所知的狼可能更加准确）。野生狼群中的一小部分可能对生活在人类附近有更大的容忍度，就像我们的城市狐狸一样。它们可能是从垃圾堆中觅食，或者跟随狩猎队，以饱餐散落的血肉和内脏；它们甚至可能会对暴露在新挖土壤中的蠕虫和蛴螬加以利用。它们最初很可能会保持距离，只是逐渐地获得人类社区的接受甚至喜爱。毫无疑问，一些人给它们扔残羹剩饭，而其他人则对此抱怨不已。也许第一个用手去喂"城市"狼的那个人，与我有着一模一样的感觉。

关于狼是通过逐渐在人类居住地附近安家而被驯化，还是野生幼崽被捉来人工饲养的，一直存在争议。当然，与那些逐渐适应人类出现在附近的动物相比，人工饲养的动物对人类更加信任，也更容易被控制，尤其是那些自幼就被收养的动物，足以让它们将印随作用设定在主人身上。关于印随行为，最为人所知的是早熟鸟类，它们能够在孵化后不久就能离巢并独立进食，康拉德·洛伦兹（Konrad Lorenz）在其关于灰雁的研究中对这个概念进行了推广。在这种情况下，雏鸟具有一种预设的天赋，能够在孵化后的关键时段内与它们看到的第一个移动物体形成亲密关系。在理想情况下，这应该是动物的双亲，但它们很容易与人类，甚至是物体建立联系。然而，所有动物都会与养育它们的个体形成至少是暂时的联系。

我还是赞成前一种解释，虽然我确信我们的远祖曾多次尝试用手饲喂幼狼。小动物的吸引力是共性的，在许多部落文化中故意将它们从巢中带走，亲手饲养，甚至将它们与自己的婴儿一起哺乳，纯粹作为宠物。然而，一旦达到性成熟，它们就

不可避免地会带来问题。这种驯服与其说是对人类的熟悉感，不如说是对其自身身份的内在困惑，尤其是在没有同类动物陪伴的情况下饲养。随着人工饲养的野生动物的成熟，它们的压力程度变得愈加突出，而不是更放松。最重要的是，人工饲养野生动物的后代将没有驯服的遗传倾向。每一代都必须要重新开始。

还有一种预期，认为狼被驯养是为了一个目的，我个人觉得难以相信。例如，它们在狩猎途中的伴随在某种程度上被认为是有用的。如果你曾经与狗一起狩猎，你就会知道在半驯化的动物身上产生的肾上腺素水平是无法控制的。它们会成为一种更危险的妨碍，而不是有用的帮手。更有可能的是，家养狗的狼祖先在人类周围徘徊了数百年，甚至数千年，才被有意用来实现一个有用的目的，就像自古以来乡村的流浪狗所做的那样，就像现在的城市狐狸所做的那样。它们的"有用性"只在于充当人类以外的同伴，如果有入侵者靠近，可能会发出预警。在某种意义上，可以说是它们驯化了自己。

即使是熟悉人类陪伴的动物，一些个体的耐受力也明显不同于其他个体。以鸽子为例。丈夫在他浑浑噩噩的青年时代，也不过是从巢里偷走林鸽（woodpigeon）的小雏鸟，亲手饲养，然后卖给鸟类繁育者。他留意到，一些个体在一生中保持完全驯服，而另一些个体在相同年龄和相同条件下养大，一旦幼年依赖的初始阶段结束，就会突然转变为像成年鸟一样野性和敏感。所有的鸟都会成为这两种极端中的任何一种，没有中间状态。

同样，某些物种比其他物种更容易被驯服，一些物种抗拒所有驯化甚至圈养繁殖的尝试。灰斑鸠（Eurasian collared doves）的成功依赖于人类的扩张，但尽管它们很容易在圈养中繁殖，但它们很少被驯服，也从未被驯养过。另一方面，与灰斑鸠非常相似的粉头斑鸠（African collared dove），即使是野生捕获的成年鸟也很容易驯服，并被驯化为超级温和的环颈斑鸠（Ring-necked dove）或家养环鸽。家养环鸽和斑鸠（Collared doves）在圈养条件下很容易杂交，生产出具有斑鸠胆小性情的后代，这在涉及未驯化物种的杂交种中屡见不鲜。

丈夫回忆起20世纪80年代，雄性澳大利亚凤头鸠（Australian crested pigeons）的攻击行为如何恶名昭彰，它们总是会杀死放进同一个鸟舍里的任何雌性。少数成功的繁育者将它们的后代分配给其他爱好者，而这些爱好者继而又能够养育出后代。到现在，许多代之后，澳大利亚凤头鸠很容易就能圈养繁殖。知识和饲养水平的提高可能产生了一些影响，但同样可能的是，鸽子为它们自己选择了更顺从的行为，因为只有攻击性最小的个体才会将其基因传递给未来的后代。

这与索哥罗鸠（Socorro dove）的情况完全相同，索哥罗鸠以前是墨西哥外海火山岛雷维拉吉多群岛的索哥罗岛上的特有物种。索哥罗鸠现在已经在野外灭绝了，因此它们不愿意在圈养中繁殖后代至少可以说是连余地都不留。最后，伦敦动物园的一对鸟儿产下了单独一只雏鸟。它被叫作阿尼（Arnie），希望它的后代有一天会真正"回到"索哥罗岛上！如果圈养繁殖的鸟类在挤过这一遗传"瓶颈"之后再次引入，它们的性情可能会与原始种群大不相同。

这些观察结果表明，所有圈养繁殖的种群可能最终在基因上与野生的相应种群不同，仅仅是因为它们的处境以低压力阈值选择了排斥攻击性的个体。换句话说，被驯服的能力是一种可遗传的进化性状，与习得性行为完全无关。

这当然也是苏联遗传学家德米特里·贝尔雅耶夫（Dmitry Belyaev）的想法。然而，这么说的代价颇高。德米特里受到他哥哥尼古拉（Nikolai）的启发开始遗传学生涯的时代，正是介于达尔文的自然选择论和孟德尔的遗传学之间的现代综合论（modern synthesis）最终为进化生物学开辟了崭新且令人兴奋的道路之时。如果不是特罗菲姆·李森科（Trofim Lysenko）的伪科学农业运动，苏联科学家无疑会走在世界前列。

李森科主义不仅鼓吹了关于生产力几乎可以神奇转化的离奇、毫无证据的说法。它还否定了100年来的科学进步，特别是在遗传学和进化的领域，退回到几十年前已由魏斯曼证明是错误的获得性特征可遗传的理论。许多生物学家及其家人的生命遭到毁灭。幸运者则被剥夺了他们的学术地位，而那些敢于公开反对李森科所谓的"科学"的人则被逮捕。其中没有几个

能够再出来。受害者中就有德米特里的哥哥尼古拉·贝尔雅耶夫。

德米特里·贝尔雅耶夫借口研究动物生理学，在位于莫斯科的毛皮动物育种部继续了几年的遗传学工作，然后回到相对安全的西伯利亚，在那里他最终成了位于新西伯利亚的细胞学和遗传学研究所的所长。

他对驯化的起源感兴趣，主要是在家养狗与野生祖先的区别方面，并且确信答案在于选择一种单一的可遗传性状——驯服。他在实验中选择了银狐，一种具有黑色素的赤狐，和巷子里的我那个朋友是同一个物种。他的实验动物都没有被刻意驯服，它们只与人类进行了最短暂的接触。在简单的测试互动过程中，对幼狐的反应进行监测，只选择那些没有表现出攻击性的幼狐来繁殖下一代（贝尔雅耶夫还富有远见地进行了一项选择最具攻击性狐狸的实验作为对照）。在仅仅两代的时间里，这些动物中的一部分开始以积极的热情迎接人类来访者，摇着尾巴，舔着驯兽员的手，像小狗一样蹭来蹭去。每一代，这些动物的比例都在增加，直到现在，几乎所有被选作驯服对象的狐狸都属于这一类。

虽然这项实验证明了贝尔雅耶夫对驯服可以遗传的猜想，但也有一些完全出乎意料的发现。许多狐狸在很长一段时间内保留了耳朵下垂、尾巴卷曲的幼年特征。据称头骨宽度和长度也有所减少。这些特征符合幼态持续原理（neoteny），即行为和生理发育速度减缓，导致幼年性状表达延长（这样的话许多成年家养动物的顺从或亲昵的行为就能够解释了，想象一下你的狗翻过身来露出它的肚子）。此外，令人惊讶的是，幼崽中有很高比例的白变种，尤其是在它们的爪子尖上以及在它们的口鼻部和前额的白色斑，这在许多家养动物中很常见。驯服的遗传性状似乎与第5章讨论过的一揽子附加效应有关。

虽然驯服可以被解释为负责应对恐惧和压力的肾上腺功能降低，但这些额外副产物被统称"驯化综合征"（domestication syndrome）或"驯化表型"（domestication phenotype），它们所牵涉的过程仍然是个谜。有几种解释已经被提了出来。

一种是在人工选择下的突变表达，这种突变可能存在于野

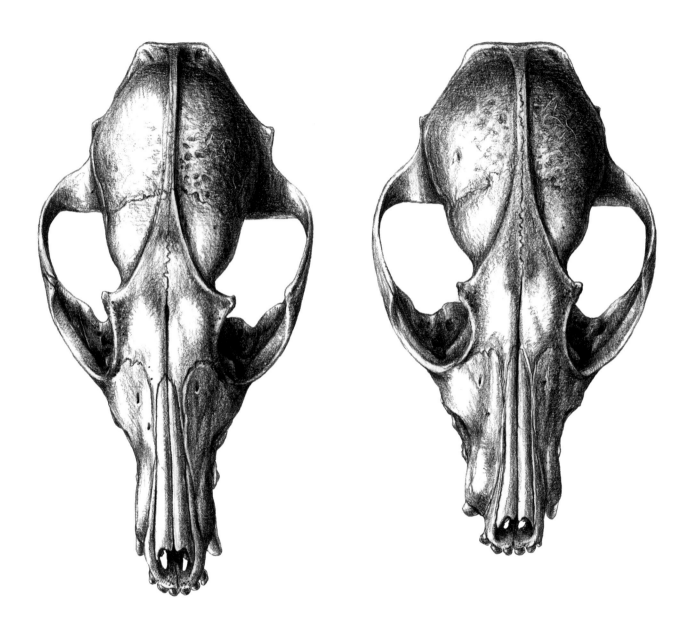

未驯化（左）和驯化（右）银狐的头骨。经过几代之后，新驯化的动物被认为表现出各种体形变化，包括头骨的缩短和加宽。这些特征，以及一系列其他看似不相关的特征，统称为"驯化综合征"。

生动物中却并未自己显示。我在别处提到过，现有的发育过程稳定了某些基因突变的表达，它们的激活机制根本没有被打开。它们不能被选择或是被阻止，因为自然选择只对表型起作用。所以这些突变在基因组中积累，直到情况发生变化。

另一种解释是，具有共同发育途径的性状，其性状效应的发生率很高。虽然肾上腺不会直接影响耳软骨和色素等因素，但所有这些特征都起源于发育过程中胚胎的神经嵴，然后向腹侧迁移，分化为不同的特化细胞类型（如果你还记得的话，我在第8章中提到了这一点与白变现象有关）。动物的足、鼻子和尾尖出现白色斑的原因是白变症阻止了迁移的色素细胞到达这些末端。同样的原理可能也适用于耳朵和尾巴的软骨。

我承认自己并未完全被驯化表型理论所说服。虽然当你刻意寻找这些性状时，很容易就能发现它们（如家猪与许多狗品种一样有着耷拉的耳朵和卷曲的尾巴），但也有很多例外。卷曲的尾巴和耷拉的耳朵是狐狸和狼的幼崽身上的正常性状，新

西伯利亚狐狸只将这些性状保留了稍长的一段时间。此外，正如我前面提到的，颜色异变现象在野生动物中经常发生。我也很想在其他动物身上看到这些特征的证据，那些无意中也因为温顺和易于操作而被选择的动物，比如动物园和实验室动物。目前尚未对后者因圈养繁殖导致的解剖学变化进行过研究，尽管在动物园动物中记录到了显著的变化，特别是头骨形状，但所有这些都可以归因于人工食谱和喂养行为，而不是可遗传的驯服。

除了头骨的变化以外，来自德米特里·贝尔雅耶夫实验繁殖计划的新驯养的银狐幼崽中，有高得惊人的比例是白变种，尤其是在它们的爪子尖端以及口鼻部和前额处出现白色色斑。

贝尔雅耶夫于1985年去世，与他长期合作的同事柳德米拉·特鲁特（Lyudmila Trut）成为他的继任者，她毕生致力于继续她良师的工作，并帮助使其获得应有的世界范围的认可。柳德米拉与我进行了一段时间的通信，并亲切地推荐了各种联系途径，以便我为访问计划请求官方许可。我的电子邮件却全都没有得到回复。

家养狐狸被认为结合了狗的忠诚和猫的独立。花7000美元，你也可以拥有一只完全接种过疫苗的驯养狐狸幼崽，从西伯利亚一路运送到你家门口。又或者，继续喂养你后院的狐狸，看看会发生什么。

对于我们关于驯化过程的一些问题，尤其是大型群居动物的驯化过程，我们可以在驯化早期的现代例子中找到线索，那就是驯鹿（Reindeer）。一个新驯化的物种获得的第一个特征是温顺（温顺也是驯养的动物野化时失去的最后一个特征），在成群的动物中，温顺程度可以通过逃避距离来测量。也就是说，在动物逃跑之前，你可以离得有多近。第二个特征通常是体形变小，随后颜色突变的表达增加。对此有很多种可能的解释：刚才讨论过的驯化综合征；对有吸引力的个体的无意识选择；有限基因库中变异等位基因的高百分比；或者在野生种群中对颜色变种的捕食概率较高（在鸟类中，对颜色异常的个体的捕食并不像你想象的那么常见，而且没有理由认为在更依赖气味而不太依赖视觉的哺乳动物中，捕食率会更高）。家养动物的大脑，也比野生动物的大脑更小。

这并不意味着它们的智力较低，但它们的视觉、嗅觉、听觉和运动控制感官区域因缺乏选择机制而缩小。野化的种群永远不会恢复这些能力。

驯鹿的两性都有鹿角，但雄性的鹿角更大。性特征，如鹿的较大鹿角或猪的獠牙，只有在人工选择之下，当配偶的选择完全由人类主人决定时，即当性选择停止发挥作用时，才会变小。在野化的种群中，它们很快就会恢复过来。驯鹿可能仍与野生驯鹿杂交，只有当圈养的驯鹿群被带到自然范围以外的地区，当它们被围栏围住，或者当野生种群灭绝时，才真正开始发生根本性的变化。只要它们选择自己的伴侣，雄性和雌性将

继续存在性别差异。驯鹿还有漫长的路要走。

激素应激反应的减弱使狐狸等机会主义动物更能容忍人类的存在，也影响了动物群落之间和群落内部的关系。虽然在需要保护领地的地方，减少攻击性可能不是一种进化优势，但竞争较少的环境可能确实有利于更被动的社会结构。

说到社会被动性，获一等奖的是……倭黑猩猩（Bonobos，以前被称为侏儒黑猩猩，Pygmy chimpanzees），动物界的嬉皮士。据认为，倭黑猩猩和非常相似的黑猩猩（Chimpanzee）的共同祖先可能在大约200万年前刚果河形成的时候分成了两个种群，北面的动物面临着来自其他猿类物种的竞争，而南面的动物则享受着更轻松的生活。与极其暴躁的黑猩猩相比，今天的倭黑猩猩是和平动物，喜欢游戏、性、社交理毛、性、友好交流，以及……性。这两个姊妹物种之间的压力和攻击程度的差距已经被用来与家养动物和野生动物之间的差距进行了比较，那就是犬与狼之间的差异。

倭黑猩猩完全独立于人类的影响之外，在一个被称为"自我驯化"（self-domestication）的过程中发展出了它们和谐、无压力的社会，毫无疑问它们是第一个。

因此，驯化不是单向的过程。这不是"我们对动物做的事情"，而是动物可以为自己而进化的事情。驯化的物种已经与人类建立了共生关系，无论你对人工选择的产物有什么看法，这种关系都是互利的（我们也在根据我们的动物而进化着。例如，我们消化牛奶中乳糖的能力完全归因于奶牛养殖的行为）。现代犬类，即使是短鼻子的狗，在进化上也是成功的。牛、马和骆驼也是如此，它们的野生祖先都灭绝了。无论灰狼或红原鸡发生了什么，狗和鸡总会一直存在。

关于驯化动物的定义有很多灰色地带，特别是考虑到外来宠物的增加趋势。爬行动物和水族馆鱼类；为了放鹰狩猎而饲养的鸟；鹦鹉和异国雀鸟，还有它们所有的颜色变化，这些动物又如何？如果这些动物不够资格，为什么虎皮鹦鹉和金丝雀就有资格呢？

在本书通篇我一直专注于论述选择性育种的"高端"，专注于讲述展览和商业动物已经被驯化了数千年，而非处于驯化

左边是尼安德特人的头骨（来自两个不同的标本），右边是从英国南部一个青铜时代的墓地发掘到的智人头骨。人类扁平的脸和巨大的头盖骨是否有保留未成年特征的迹象？如果是，这是我们经历了"自我驯化"的证据吗？

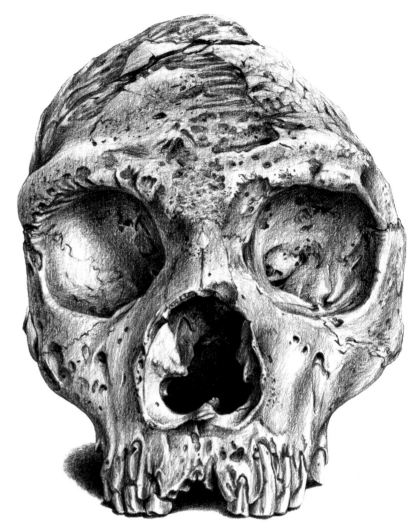

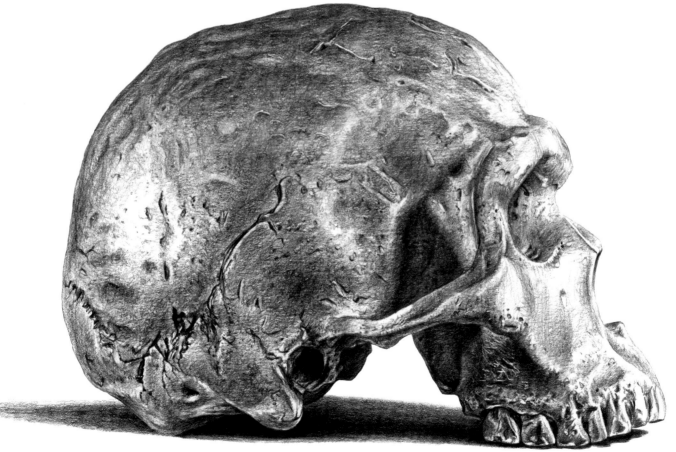

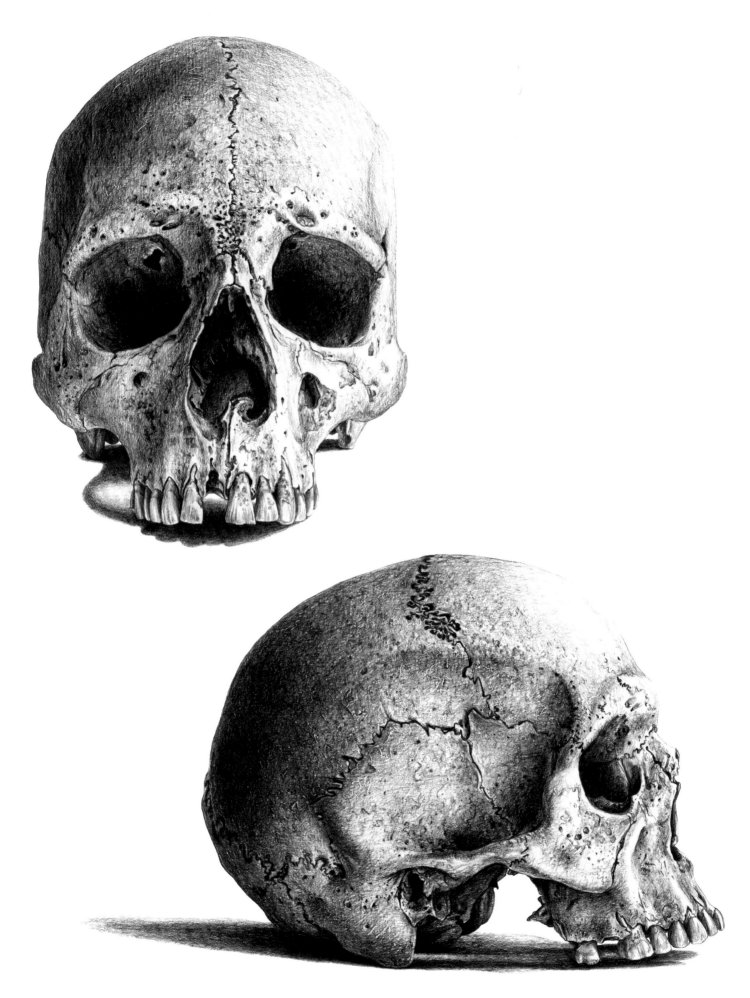

过程本身。这是有意为之，我不会为此抱歉。达尔文也是主要关注他所说的"有意识的"人工选择，他用这一点作为进化的隐喻，用来比较动物可以改变的机制。驯化最近已成为进化生物学中的一个热门话题，但尽管如此，尽管每篇论著都对达尔文的方向给予了必要的肯定，却很少有作者对他如此感兴趣的选择性育种过程及其产物表示欣赏。达尔文热衷于探究选择可以走到的最远的极端，到达那里的路径，无论这些是直线的路径还是分支的路径，以及经过多少个步骤，是大步骤还是小步骤。我敢肯定，他如果能在丈夫的鸽舍里讨论羽毛长度和颜色的繁殖实验，一定会非常满意。他若看到在过去的一百来年时间里皱背鸽变得如此多皱，一定会很兴奋，还会被裸颈筋斗鸽颈部羽毛脱落现象深深吸引。我希望他能够赞同本书的观点。

人工选择是自然选择的极好类比，甚至比达尔文曾经意识到的更具有可比性，但这种相似性不仅仅是比喻。并没有"驯养动物""野生动物"和"人类"之分，只有动物。并没有"自然环境"和"人造环境"之分，只有环境。人工选择不仅仅类似于进化，它就是进化。驯化的过程只是无数适应变化环境的过程之一，无须考虑人的存在。

虽然人类社会很难成为和谐合作的光辉典范，但问题已经被提了出来，我们是否也像倭黑猩猩一样是"自我驯化"的，是否我们扁平的脸和圆形的头部更像猩猩幼崽而不是成年黑猩猩，与尼安德特人伸长的头骨相比，它们是一种幼态持续的结果。尽管在人体解剖学中几乎没有关于驯化表型的确凿证据，但这仍然是一个有趣的想法。

虽然我在本书的许多其他插图中利用了国际博物馆的藏品，但我还是特意地依据我家乡艾尔斯伯里的白金汉郡博物馆的一个标本绘制了我们自身物种智人（*Homo sapiens*）的头骨画像，这是为了向这个博物馆表达我个人的敬意，小时候我作为志愿者在这里的自然历史展区度过了所有的学校假期。

画像绘成之后，我带着我的名叫羽毛（Feather）的狗去日常散步，经过一个青铜时代的土丘脚下，土丘被一棵古老椴树的树冠环绕，穿过起伏的草地，一直走到一条小河的岸边。我一辈子都熟悉这风景。在9月下旬的天空下，乌云密布，万籁俱寂，我突然回想起，根据博物馆标签上的文字描述，头骨正是从那个土丘中挖掘出来的。我不禁想着我刚刚画好了他头骨的那个男人，他4000年前在那儿生活并死去。如果他知道的话，会怎么想？书籍和写作对他来说毫无意义。与远隔重洋的各国人民交流超出了他的想象。即使是我这种类型的具象艺术也可能脱离了他的理解范围。我世界里的一切对他来说都是陌生的，只有一点除外。

他可能也曾经有条狗。

30年前我制作了这幅小小的蚀刻凹版画。这就是前页所示的人类头骨在1906年被挖掘出来的同一处青铜时代的墓丘——过去的半个世纪里我最喜欢和我的狗一起散步的地方。

注释

（如无特殊说明，注释均为译者注）

1　*The Unfeathered Bird*，是本书作者于2013年出版的一本关于鸟类解剖学的书，由普林斯顿大学出版社出版。

2　"nothing pleaseth but rare accidents"，莎士比亚《亨利四世》中的诗句。

3　*The Variation of Animals and Plants under Domestication*，继1859年出版《物种起源》之后，达尔文在1868年出版的第二部科学巨著。

4　创建于2013年的众筹网站，最早用于解决音乐人的创作和收益转化问题，后来发展成面对所有艺术创作的平台，允许大众为创作者提供资金支持。

5　英国摇滚乐队，由主唱兼吉他手和键盘手马修·贝拉米（Matthew Bellamy）、贝斯手兼键盘和合音吉他手克里斯·沃尔斯滕霍姆（Chris Wolstenholme）以及鼓手多米尼克·霍华德（Dominic Howard）三位成员组成。《非自然的选择》为该乐队创作的音乐作品。

6　英国独立乐队，其音乐受到摇滚、民间和朋克元素的影响。《犬与狼之间》为该乐队创作的音乐作品。

7　原牛（Aurochs）是一种颇具传奇色彩的野生牛种，它虽然分布在欧洲，却与欧洲野牛（European Bison）是完全不同的物种。在有记载以前，原牛的分布东至中国西至法国，最近的两千年，仅限于欧洲中部。在古代欧洲有很多神话以原牛作为原型。

8　原牛的英文名称"Aurochs"为单数，复数为"aurochsen"。

9　指美洲麻鳽，见本章前文。

10　摩弗伦羊（Mouflon），别称欧洲盘羊，是欧洲绵羊的野生祖先。本书在此处采用的拉丁学名 *Ovis orientalis* 在动物分类史上曾被用来指代不同的羊种。

11　"牧师的鼻子"（parson's nose），英文俚语，指禽类（尤其是鸡）尾部的肉。

12　无尾（rumplessness），鸡类的全部或部分缺尾遗传性畸形。因为不能形成尾椎骨和尾综骨，所以这种个体的尾部比正常个体的小。

13　在中文中，"dove"和"pigeon"这两个词都是鸽子的意思。

14　圣伯纳犬，是世界上体形最大的犬种之一，关于圣伯纳犬最早的书面记载来自瑞士的一家修道院在1707年的档案。这家有近千年历史的修道院为翻越阿尔卑斯山的游人和朝圣者们提供帮助，圣伯纳犬的名字也来源于此。其中一只叫"巴里"（Barry）的圣伯纳犬在14年的生命里共救援了41人，创下了最伟大的功绩。

15　英国克鲁夫茨狗展（Crufts Dog Show）是世界上最大的犬类展览，一年举办一次。

16　又名比利牛斯山犬。

17　Call duck，又名"小叫鸭"，最初被欧洲猎人利用其叫声来诱捕野鸭。

18　竞翔荷麦鸽（Racing homer）是一种家鸽，作为人工培育的比赛信鸽，它被选择性地繁殖以提高飞行速度，并且增强了在赛鸽运动中的归巢本能。

19 当时指称突变使用的是"sports"一词，含有畸形的贬义，并非现在通用的"mutations"。

20 别名乌鸡、竹丝鸡，英文名意思为丝毛鸡。

21 《阴阳魔界》(*The Twilight Zone*)，被誉为美国史上最优秀的电视剧之一，曾被多次翻拍。

22 先父遗传 (telegony)，该名词由希腊词根"距离"(tele-) 和"后代"(-gony) 构成，指一种认为后代能继承父母双方中一方以往伴侣的特征的迷信学说。

23 昏睡病 (sleeping sickness) 也被称为"非洲人类锥虫病"，是一种传播广泛的热带病，由锥虫属原生寄生虫感染所致，可引起多种并发症，如不给予治疗可能造成死亡。

24 畸形角位点 (scurs)。

25 无角位点 (polled)。

26 镰状细胞性贫血 (crescent cell anaemia，sickle-cell anemia) 是一种遗传性血液病。临床表现为慢性溶血性贫血、易感染和再发性疼痛危象引起的慢性局部缺血，从而导致器官组织损害。主要通过输血、药物等方法进行治疗。

27 别称腊肠犬。

28 苏格兰玉鸟 (Scottish fancy)，英文又称 Scotch Fancy Canary 或 Scottish Canary，是金丝雀的一个培育品种，外形独特，体形长而且呈月牙形。

29 玫瑰冠纯合公鸡的生育能力较低，后来的研究发现来自玫瑰冠公鸡纯合子的精子的竞争能力不如杂合子或者野生型。

30 1981 上映的美国电影，又名《法柜奇兵》。

31 古希腊雕刻家阿历山德罗斯创作的大理石雕塑，又名"米洛的阿芙洛狄忒"或"断臂的维纳斯"，现收藏于法国卢浮宫博物馆，与《蒙娜丽莎》和《胜利女神像》并称为卢浮宫三大镇馆之宝。

32 庞氏表 (Punnett square)，又称棋盘法，是用于预测特定杂交或育种实验结果的一种图表，这种分析方法也被称为庞纳特方格法 (Punnett square method)。

33 即桦尺蛾，也译为椒花蛾。

34 又称古尔德雀、胡锦雀、胡锦鸟、五彩文鸟、七彩芙蓉等。

35 小灵犬 (whippet，也称为惠比特犬)，一种专为竞赛或狩猎而培育的品种，是首选的赛犬之一。

36 管舌雀 (honeycreepers)，也称蜜旋木雀，是一群进化自同一原种雀的夏威夷鸟类。

37 Acanthostega (棘螈) 是现存最古老的两栖动物之一。这种生物已经演化出前后肢，但每肢都有 8 趾。这种生物是从鱼类进化到两栖类的过渡产物。

38 多指/趾性状 (polydactyly) 在人类中常被称为多指症。

39 小盗龙类 (Microraptoria) 是近鸟类的一个演化支，最早生存于 1.25 亿年前的中国，这类恐龙的腿部都长有羽毛。

40 托马斯·亨利·赫胥黎 (Thomas Henry Huxley) 是人类近代科学史上颇有影响力的人物，是达尔文进化论的忠实追随者，自称为"达尔文的斗犬"(Darwin's Bulldog)。

41 结构羽毛着生在体表的一定区域内，成为羽迹 (feather tract)。

42 飞蝇绑制（fly-tying），飞蝇是飞蝇钓中用于钓鱼的假饵，通常用细绳、羽毛等材料手工绑制成外形类似昆虫的精致羽毛钩。飞蝇钓是广泛流行于欧美的溪流钓法，以钓取凶猛掠食性鱼类为主。在飞蝇钓中，羽毛钩的作用非常关键，根据不同的季节、环境及所钓鱼种类通常选用不同样式的羽毛钩。

43 翎颌（ruff），流苏状或环形装饰颈毛。

44 大天使鸽，英文名为Archangels。

45 吉姆佩尔鸽，英文名为Gimpels。

46 索德定律（Sod's Law），也被认为是墨菲定律的别称。其意思为：如果某件事可能出错，那么它就会出错。

47 罗纳德·费希尔（Ronald Fisher），英国统计与遗传学家，现代统计科学的奠基人之一。费希尔将统计分析的方法带入进化论的研究，为解释现代生物学的核心理论打下坚实的基础。

48 原文为：Mulefoots（no, not "mulefeet"），意思是不要将缪尔福特猪（Mulefoots）的英文名字误认为复数单词骡蹄子（mulefeet）。

49 "发现狗狗"（Discover Dogs）展览会，是英国伦敦最盛大的年度狗展。

50 我很高兴告诉大家，欧内斯特·海明威的故居、那里的管理人，还有全部54只猫，在飓风厄玛的蹂躏下都躲过了灾难，正当本书付印之时这场飓风横扫了佛罗里达群岛。我说过多趾猫是很幸运的！——作者注

51 该物种应是指原分布在豪勋爵岛的已经灭绝的新不列颠紫水鸡（英文名：White Swamphen，学名：*Porphyrio albus*）。

52 Australasia，澳大拉西亚，指大洋洲的一个地区，包括澳大利亚、新西兰及太平洋西南岛屿。

53 即苏格兰圣基尔达群岛上品种古老的索艾羊（见第5章）。

推荐阅读

第一部分 起源

Barber, Lynn. *The Heyday of Natural History*. Doubleday, 1984.

Blunt, Wilfrid. *The Compleat Naturalist: A Life of Linnaeus*. Frances Lincoln, 2004.

Darwin, Charles. *The Annotated Origin*. A facsimile of the first edition of *On the Origin of Species* with annotations by James T. Costa. Harvard University Press, 2009.

. *The Autobiography of Charles Darwin: 1809–1882*. Rev. ed. Ed. Nora Barlow. W. W. Norton, 1993.

. Darwin Correspondence Project, University of Cambridge. www.darwinproject.ac.uk.

. *The Voyage of the "Beagle."* 1909. Reprint, Borgo Press, 2008.

Dennett, Daniel C. *Darwin's Dangerous Idea: Evolution and the Meanings of Life*. Penguin Books, 1995.

Dennis-Bryan, Kim, and Juliet Clutton-Brock. *Dogs of the Last Hundred Years at the British Museum (Natural History)*. British Museum (Natural History), 1988.

Desmond, Adrian, and James Moore. *Darwin*. Penguin Books, 2009.

Grande, Lance. *Curators: Behind the Scenes of Natural History Museums*. University of Chicago Press, 2017.

Grant, Peter R., and B. Rosemary Grant. *How and Why Species Multiply: The Radiation of Darwin's Finches*. Princeton University Press, 2011.

Homes, Tina, and Dennis Homes. *The Cavalier King Charles Spaniel: The Origin and Founding of the Breed*. Cavalier Club, 2010.

Levi, Wendell M. *Encyclopaedia of Pigeon Breeds*. Levi Publishing, 1996.

Porter, Valerie. *Pigs: A Handbook to the Breeds of the World*. Cornell University, 1993.

Reedman, Ray. *Lapwings, Loons and Lousy Jacks: The How and Why of Bird Names*. Pelagic Publishing, 2016.

Ruse, Michael, and Robert J. Richards, eds. *The Cambridge Companion to "The Origin of Species."* Cambridge University Press, 2009.

Schafberg, Renate, and Arila-Maria Perl. *Zucht und Ordnung: Historische Fotoglasplatten aus dem Ehemaligen* (a book of historical photographs documenting livestock at the Julius Kühn agricultural institute at Halle, Germany). Haustiergarten der Martin-Luther-Universität Halle-Wittenberg, 2014.

Townshend, Emma. *Darwin's Dogs: How Darwin's Pets Helped Form a World-Changing Theory of Evolution*. Frances Lincoln Ltd., 2009.

Weiner, Jonathan. *The Beak of the Finch: A Story of Evolution in our Time*. Alfred A. Knopf, 1994.

Wilkins, John. *Species: A History of the Idea*. University of California Press, 2011.

第二部分 遗传

Bateson, William. *Mendel's Principles of Heredity: A Defence, with a Translation of Mendel's Original Papers on Hybridisation*. Cambridge Library Collection. Cambridge University Press, 2009.

Crawford, R. D., ed. *Poultry Breeding and Genetics*. Elsevier Science Publishers, 1990.

Darwin, Charles. *The Variation of Animals and Plants under Domestication*. Originally published 1868. 2nd rev. ed., 1883. Johns Hopkins University Press, 1998.

Dawkins, Richard. *Climbing Mount Improbable*. W. W. Norton, 1996.

Henig, Robin Marantz. *The Monk in the Garden: The Lost and Found Genius of Gregor Mendel, the Father of Genetics*. Houghton Mifflin, 2000.

Levi, Wendell M. *The Pigeon*. Levi Publishing, 1986.

Mayr, Ernst. *What Evolution Is: From Theory to Fact*. W. & N., 2002.

Moore, John. *Columbarium or the Pigeon House: Being an Introduction to a Natural History of Tame Pigeons*. 1735. Gale ECCO, 2012.

Robinson, Roy. *Colour Inheritance in Small Livestock*. Fur and Feather, 1978.

Whitney, Leon F. *How to Breed Dogs*. Rev. ed. Howell Book House, 1986.

Wood, Roger J., and Vitézslav Orel. *Genetic Prehistory in Selective Breeding: A Prelude to Mendel*. Oxford University Press, 2001.

第三部分　变异

Bateson, William. *Materials for the Study of Variation*. 1894. Forgotten Books, 2015.

Birkhead, Tim. *The Red Canary: The Story of the First Genetically Engineered Animal*. Bloomsbury Publishing, 2003.

Carroll, Sean B. *Endless Forms Most Beautiful: The New Science of Evo Devo and the Making of the Animal Kingdom*. Quercus, 2005.

Dodwell, G. T. *The Lizard Canary and Other Rare Breeds*. Saiga Publishing, 1982.

Goldschmidt, Richard. *The Material Basis of Evolution*. Silliman Memorial Lecture Series. Yale University Press, 2009.

Hanson, Thor. *Feathers: The Evolution of a Natural Miracle*. Basic Books, 2012.

Held, Lewis I., Jr. *How the Snake Lost Its Legs: Curious Tales from the Frontier of Evo-Devo*. Cambridge University Press, 2014.

Hill, Geoffrey, and Kevin J. Mcgraw. *Bird Coloration*. 2 vols. Harvard University Press, 2006.

Naish, Darren, and Paul Barrett. *Dinosaurs: How They Lived and Evolved*. Natural History Museum, London, 2016.

Owen, Richard. *On the Nature of Limbs: A Discourse*. 1849. Ed. Aron Amundson. With supplementary essays. University of Chicago Press, 2007.

Zimmer, Carl. *At the Water's Edge*. Touchstone, 1999.

第四部分　选择

Bondeson, Jan. *Amazing Dogs: A Cabinet of Canine Curiosities*. Amberley Publishing, 2011.

Clutton-Brock, Juliet. *A Natural History of Domesticated Animals*. Heinemann, 1981.

Coppinger, Raymond, and Lorna Coppinger. *Dogs: A New Understanding of Canine Origin, Behavior and Evolution*. University of Chicago Press, 2001.

Cronin, Helena. *The Ant and the Peacock: Altruism and Sexual Selection from Darwin to Today*. Cambridge University Press, 1991.

Derry, Margaret E. *Bred for Perfection: Shorthorn Cattle, Collies, and Arabian Horses since 1800*. Johns Hopkins University Press, 2003.

Diamond, Jared. *Guns, Germs and Steel: The Fates of Human Societies*. W. W. Norton, 1999.

Dugatkin, Lee Alan, and Lyudmila Trut. *How to Tame a Fox (and Build a Dog): Visionary Scientists and a Siberian Tale of Jump-started Evolution*. University of Chicago Press, 2017.

Francis, Richard C. *Domesticated: Evolution in a Man-made World*. W. W. Norton, 2015.

Hall, Stephen, and Juliet Clutton-Brock. *Two Hundred Years of British Farm Livestock*. TSO, 1989.

Macgregor, Arthur. *Animal Encounters: Human and Animal Interaction in Britain from the Norman Conquest to World War One*. Reaktion Books, 2012.

Porter, Valerie. *Cattle: A Handbook to the Breeds of the World*. Christopher Helm, 1991.

Ritvo, Harriet. *The Animal Estate: The English and Other Creatures in the Victorian Age*. Harvard University Press, 1987.